南方湿润地区流域梯级水库
联合调度研究

谭文胜　邝录章　王　也　著

北京工业大学出版社

图书在版编目（CIP）数据

南方湿润地区流域梯级水库联合调度研究／谭文胜，
邝录章，王也著．— 北京：北京工业大学出版社，
2022.3
　ISBN 978-7-5639-8276-9

　Ⅰ．①南…　Ⅱ．①谭…　②邝…　③王…　Ⅲ．①南方地
区－梯级水库－水库调度－研究　Ⅳ．① TV697.1

中国版本图书馆 CIP 数据核字（2022）第 048508 号

南方湿润地区流域梯级水库联合调度研究

NANFANG SHIRUN DIQU LIUYÜ TIJI SHUIKU LIANHE DIAODU YANJIU

著　　者： 谭文胜　邝录章　王　也
责任编辑： 李　艳
封面设计： 知更壹点
出版发行： 北京工业大学出版社
　　　　　　（北京市朝阳区平乐园 100 号　邮编：100124）
　　　　　　010-67391722（传真）　bgdcbs@sina.com
经销单位： 全国各地新华书店
承印单位： 北京银宝丰印刷设计有限公司
开　　本： 710 毫米 ×1000 毫米　1/16
印　　张： 20
字　　数： 400 千字
版　　次： 2022 年 3 月第 1 版
印　　次： 2022 年 3 月第 1 次印刷
标准书号： ISBN 978-7-5639-8276-9
定　　价： 68.00 元

作者简介

谭文胜，正高级工程师，研究方向：水电运行、生产筹备、检修管理等。多次主持、参与重大科技创新项目，取得丰硕成果。

邝录章，高级工程师，研究方向：梯级水库洪水预报、防洪调度等。

王也，高级工程师。

前　　言

随着社会经济的发展，水库的功能由最初的蓄水发展到现如今的防洪、发电、生态保护等多个方面，兴建水库已经成为人类社会水资源利用、水能开发、环境改造必不可少的手段。随着水库大规模的兴建，梯级水库及水库群逐步建成，水库调度理论也取得了长足的发展。

由于人们早期对水文规律认识较浅，加上科学方法有限，当时的水库调度通常为半理论半经验，很难将水库调度中目标与目标之间、水库与水库之间的关系统筹考虑，导致对水库的潜力开发不足、水资源利用效率低。从 20 世纪 40 年代开始，国内外学者从横向到纵向由浅入深开展了大量关于水库调度的研究工作，水库调度理论经过几十年的不断完善，已经形成了可解决从单库到梯级多库、从单目标到多目标、从确定条件到不确定条件等涵盖各类调度问题的系统性理论，水资源利用效率大大提高，水库潜力得到极大开发。尤其是后期出现的水库优化调度，可以充分利用水库的调蓄作用，最大限度地提高用水效率和综合经济效益，这也是目前水利工作者研究的热点课题。

本书在对南方流域特性进行总结概括的基础上，对涉及流域梯级水库联合调度的理论和方法进行了总结与回顾，包括水库防洪调度及其风险分析和调度决策、流域梯级水电站的联合优化调度，以及与之相关的水文预报和数值天气预报技术的发展现状和方法等，以南方湿润地区的典型流域沅水流域梯级水库为例，在各章中细述了部分理论在梯级水库联合调度中的应用实践过程。全书以理论加实践的框架撰写，以期能为相关从业人员提供参考。

本书的出版得到了国家重点研发计划项目"山区暴雨山洪水沙灾害预报预警关键技术研究与示范"的指导和帮助。肖杨、钟平晖、杨欣怡、谭君、伍昕、范火生、李德清、曾义、贺伟、王义、邹林、胡浩远等在本书成稿过程中参与了部分研究和书稿的编辑整理工作，在此表示感谢。此外，感谢沙永兵、王立、肖丰明等专家领导在研究过程中的指导和帮助。

作者撰写本书参阅了大量的论文、著作和教材，在此对各位作者表示衷心的感谢。由于时间关系和作者水平有限，书中难免有不足之处，还望广大读者批评指正。

目　　录

1 南方湿润地区流域特性 ·· 1

  1.1 地形地貌 ··· 1

  1.2 水系河流 ··· 5

  1.3 气候气象 ··· 9

  1.4 水文特性 ·· 13

  1.5 沅江流域特性 ·· 15

2 南方湿润地区流域梯级水电站（群）概况 ························ 19

  2.1 水力发电梯级开发概述 ···································· 19

  2.2 我国南方梯级规划和开发现状 ······························ 20

  2.3 沅江流域梯级水库群概况 ·································· 25

3 水库调度 ·· 33

  3.1 水库调度概述 ·· 33

  3.2 水库常规调度 ·· 36

  3.3 水库优化调度 ·· 37

  3.4 水库群联合调度 ·· 41

  3.5 南方湿润地区梯级水库群调度方式 ·························· 44

  3.6 沅江流域水库调度概况 ···································· 47

4 南方湿润地区流域水文预报 ···································· 50

  4.1 水文预报概述 ·· 50

  4.2 流域水情监测 ·· 53

  4.3 短期水文预报 ·· 56

4.4 中长期水文预报 ··· 83

4.5 沅江流域水文预报系统建设与应用 ···················· 110

5 南方湿润地区流域梯级水库防洪调度 ······················· 124

5.1 水库防洪调度概述 ··· 124

5.2 水库常规防洪调度 ··· 143

5.3 水库群联合防洪调度 ·· 159

5.4 水库防洪优化调度 ··· 165

5.5 水库防洪调度风险分析与控制措施 ···················· 175

5.6 水库防洪调度存在的问题及发展趋势 ················· 194

5.7 沅江流域梯级水库防洪调度 ····························· 198

6 南方湿润地区流域梯级水库兴利调度 ······················· 210

6.1 水库兴利调度概述 ··· 210

6.2 水库兴利常规调度 ··· 226

6.3 水库发电优化调度 ··· 246

6.4 沅江流域梯级水库群发电优化调度 ···················· 304

参考文献 ··· 307

1 南方湿润地区流域特性

按我国地理位置和气候特点划分，南方地区指我国秦岭—淮河以南、青藏高原以东的地区，包括长江中下游地区、南部沿海地区和西南地区三大部分。湿润地区则包括青藏高原以东、秦岭—淮河以南的亚热带和热带地区，以及大兴安岭北段的寒温带地区。故本书的南方湿润地区指秦岭—淮河一线以南，青藏高原以东的东部季风区，其东部、南部分别濒临东海和南海，包括长江中下游地区、南部沿海地区和西南地区，含港澳台地区。从我国七大流域来看，南方湿润地区主要涵盖了淮河流域南岸、长江流域中下游及珠江流域。

由于南北方气候的差异，南方湿润地区的河流与北方河流在土壤、植被，甚至地形等产汇流条件上有所不同，由此导致雨洪特征、防洪措施等的不同。因此，了解南方湿润地区的流域特性，是进行流域洪水预报、编制水库调度方案的基础。

1.1 地形地貌

秦岭—淮河线（简称秦淮线）是我国区分北方地区和南方地区的地理分界线。在此线的北面和南面，自然条件、地形地貌、农业生产或是生活习俗，均有明显不同。以秦淮线为界，我国南方地区位于第二、三级阶梯，地势西高东低，地形主要包括高原、盆地与平原丘陵。地形以低山丘陵为主，除了巫山以西的四川盆地、以东的长江中下游平原，以及雪峰山以西的云贵高原外，南方地区大部分属东南丘陵。东南丘陵分三部分：南岭以北为江南丘陵，南岭以南为两广丘陵，武夷山以东为浙闽丘陵。

1.1.1 淮河流域

淮河流域西部、西南部及东北部为山区、丘陵区，其余为广阔的平原。山区、丘陵区面积约占总面积的 1/3，平原面积约占总面积的 2/3。

山区主要包括流域西部的伏牛山、桐柏山区，一般高程为 200～500 m，沙颍河上游的石人山高达 2 153 m，为全流域的最高峰；南部大别山区高程在 300～1 774 m；东北部沂蒙山区高程在 200～1 155 m。

丘陵区主要分布在山区的延伸部分，其西部高程一般为 100～200 m，南部高程为 50～100 m，东北部高程一般在 100 m 左右。

淮河干流以北为广大冲积、洪积平原，地面自西北向东南倾斜，高程一般为 15～50 m；淮河下游苏北平原高程为 2～10 m；流域内南四湖湖西为黄泛平原，高程为 30～50 m。

流域内除山区、丘陵区和平原外，还有为数众多、星罗棋布的湖泊、洼地。

1.1.2 长江流域

由江源至河口，整个地势西高东低，形成三级巨大阶梯。第一阶梯由青海南部、四川西部高原和横断山区组成，一般高程在 3 500～5 000 m。第二阶梯由云贵高原、秦巴山地、四川盆地和鄂黔山地组成，一般高程在 500～2 000 m。第三阶梯由淮阳山地、江南丘陵和长江中下游平原组成，一般高程在 500 m 以下。长江流域的地貌类型众多，有山地、丘陵、盆地、高原和平原。

1.1.2.1 西部断块抬升高原、高山区

西部断块抬升的高原、高山区为长江流域最高一级"台阶"，面积约 60 192 km²。东缘沿龙门山的活动断裂和小江活动断裂大致以广元—雅安—东川一线为界。地质结构多为断块与断褶形式，山脉走向与构造线一致。新构造运动强烈抬升，形成 46～68 km 的巨厚地壳，且在东界以西 240 km 距离内迅速增厚 16 km。该区活动断裂的分布及岩浆岩的出露也非常广泛。在此基础上，地表形成了高原浅谷和高山峡谷的地貌组合特征，山顶标高多在 3 500～5 000 m，向东南逐降，至东界附近地势迅速下降，沿断裂形成一向东倾斜的地形陡坎，而其下的莫霍界面却与地表倾向相反。

由于新构造运动的差异抬升，此地域北部形成了唐古拉山—巴颜喀拉山高原、川西北高原和沙鲁里山高原。高原面标高都在 4 000～6 000 m，向东南倾斜。第四系有较广泛的分布，基岩以出露三叠系砂、板岩为主，第三系零星分布。高原面上河谷宽而浅，小河谷宽 600～700 m，大河谷宽

4 000 ～ 6 000 m，切深一般仅有 200 ～ 300 m，谷坡宽缓，坡度多小于 20°，通天河谷蜿蜒曲折，两侧多湖泊和沼泽，在沙鲁里山高原面上湖泊和积水凹地也星罗棋布。

1.1.2.2 中部褶皱隆起中、低山区

东界与宜昌—都匀深断裂一致，大致以襄樊—宜昌—凯里一线为界，面积约 577 480 km²。地质结构以褶皱和断褶为主。山脉走向多与构造线方向一致。现今地壳厚度为 38 ～ 46 km。在东界以西 106 km 的距离内，地壳迅速增厚 4 km，莫霍界面与地面倾斜反向。

本区地壳稳定，新构造运动以褶皱隆起为主（武当山—武陵山一线幅度最大），盖层相当完整，活动断裂较少（仅秦岭和成都平原东西界有活动断裂），岩浆岩零星出露。地貌形态以中山为主，低山次之，无高山和高原。地势与西部"台阶"相比大幅度降低。区域内地势总体为四面高、中间低；北面有秦岭、大巴山（山岭标高为 1 600 ～ 3 300 m），东有华蓥山、大娄山、武陵山（山岭标高为 1 000 ～ 2 000 m），南有苗岭（山岭标高为 1 500 ～ 1 700 m）。这些山岭加上本区域西边的"台阶"，形成了呈菱形的"四川盆地"。另有一些山间盆地深嵌在秦岭—大巴山区。南侧的苗岭山区还广泛发育着各种岩溶地貌。

区域内出露的岩层主要有：分布在北部山区的元古界变质岩、岩浆岩和古生界碳酸盐岩，山间盆地中分布着黄土；南部山区以出露的碳酸盐岩为主；中部四川盆地主要出露有中生界的红色砂岩、泥岩，以及厚达 300 ～ 540 m 的第四系冲积、洪积物。

区域内水系稠密，以沿北东、北西向发育居多。嘉陵江、涪江、沱江、乌江、前河及长江涪陵以上河段以横向河段与斜向河段为主；白龙江、西汉水、汉江上游的任何河段，长江涪陵至三峡段，则以顺褶皱轴向或断裂走向的顺向河段为主。白龙江、西汉水、三峡等构造复合、岩体破碎、边坡陡峭的顺向河段，特别是有松散堆积物的斜坡地带，滑坡、崩塌和泥石流等随处可见。

1.1.2.3 东部掀斜沉降丘陵、平原区

这是长江流域最低的一级"台阶"，面积约 623 840 km²。自燕山期以来便有大面积的掀斜或断陷沉降。地壳厚度较小，为 33 ～ 36 km。地质结构以断陷或凹陷较普遍，构造方向以北北东—北东向为主。该区域经历了印支期—燕山期的强烈构造变动，直至喜山早期尚有岩浆喷发。新构造运动较中部强烈，往往是燕山期断裂运动的延续。燕山期岩浆岩出露也十分广泛。总体来说，该区

域是一个在时空上交替升降的地区。新生代以来的活动断裂数量和活动强度都仅次于西部"台阶"。这就大致决定了该区域断陷平原广阔、湖泊星罗棋布、河道水系纵横交错的地貌特征。地面标高一般为 -2 ~ 38 m，山顶标高也多小于 1 500 m。在广阔的长江中下游平原的南北缘，分布有桐柏山、大别山和南岭东西向山脉。

长江东西向横穿本区域中部、北岸的支流少，除汉江外均甚短小；南岸支流多，较长大的有湘江、资水、沅水、赣江和青弋江等。著名的洞庭湖、鄱阳湖和太湖也位于南岸。由于河谷宽阔、纵坡小、流速缓、河道弯曲，淤积和旁蚀作用十分强烈。洞庭湖、荆江及长江口是流域内淤积较严重的地区。自全新世以来，长江口沙洲平均每年向东海推进 40 m。本区域内，人类活动频繁，对改变局部地貌景观有一定的影响。

1.1.3　珠江流域

珠江流域位于东经 102° 14′ ~ 115° 53′，北纬 21° 31′ ~ 26° 49′。流域内多为山地和丘陵，占总面积的 94.5%，平原面积小而分散，仅占 5.5%。总的地势是西北高，东南低。西北部为平均海拔 1 000 ~ 2 000 m 的云贵高原，在高原上分布有盆地和湖泊群。在云贵高原以东，是一片海拔在 500 m 左右的低山丘陵，称两广丘陵。珠江下游的冲积平原是著名的珠江三角洲，河海交汇，河网交错，绿野平畴，美丽富饶，具有南国水乡的独特风貌。综上所述，珠江流域的地貌从西向东基本上可分为三大段，即云贵高原、两广丘陵、珠江三角洲。

1.1.3.1　云贵高原

云贵高原位于流域上游地区，属亚热带高原。由于地层挤压的高山影响，弧内地区被掀起而不断上升，形成弧后高原。弧后高原的地形特点是在弧前高峻山系处较高，离山系越远，海拔渐降，高原逐渐变为山地丘陵，直至降为海岸低地。因此，2 000 多 m 的云贵高原逐渐下降成为 1 000 多 m 的贵州高原。

位处华南弧中轴线的云贵高原脊线在北纬 27° 附近，地表径流向南、北分流，北流长江、南入珠江。分水岭处山丘不高，多为缓坡，所形成的河川河宽在 100 m 以内，水深为 0.5 ~ 1.5 m，可局部通航。如南、北盘江均发源于马雄山，分水岭平缓而不明显，两侧上游分别属地形较平缓的云南曲靖市沾益区和宣威市，其下游的高原边缘地区地面坡度变陡、河川下切作用加强，形成峡谷地形，水力资源丰富。

1.1.3.2　两广丘陵

从南宁到两广丘陵，基本上属于珠江中游区。本区域内水系发育在 200 m 以下的谷地或台地上，河道纵坡平缓，有利于通航，其中只有横切过山地、高丘的河段受岩层控制才形成峡谷或滩险地形（如横州—贵港河段有滩险 24 处）。沿河冲积平原和盆地不多，但台地分布广泛，由于河床下切，台地平原取水困难，不利于农业生产。

两广丘陵的山地只保存有 1 000 ～ 1 200 m 的夷平面地形。第四纪以来，由于地壳抬升和河流切割深入，夷平面面积逐渐缩小，外形多呈高峻山地，这些山地形成的河流主要有桂江、北流河、贺江、北江、连江、东江、西枝江等。

1.1.3.3　珠江三角洲

珠江三角洲基岩出露多，形成东北—西南走向的山丘。由于汇入浅海湾的各江都有自己的河口沉积，所以珠江三角洲实际上是由各大河口三角洲在溺谷湾中各自发育并联合而成的。狮子洋水道把珠江三角洲分成西北江三角洲和东江三角洲。

珠江三角洲地处北回归线以南，属热带性三角洲，河道纵横交错、含沙量少、河床稳定、水深变化不大，具有优越的内河航运和海运条件，也有许多条件优越的港口。狮子洋、西江等都属于一等的出海航道，发展潜力很大。

1.2　水系河流

我国南方地区水系发达，河网纵横交错、湖泊众多。南方地区内最长的河流为长江，长度约为 6 300 km；流域面积最大的也是长江，约为 180 万 km²；比较著名的湖泊有鄱阳湖、洞庭湖、太湖等。由于地形原因，南方地区多位于我国第二、三级阶梯，各个流域上游多山地、峡谷，河道比降较大，水能资源丰富但是不适宜通航；中下游河道比降不大，年平均径流深度较大，适宜修建水利枢纽，航运价值较大。

1.2.1　淮河流域

淮河发源于河南省桐柏山区，由西向东流经河南、安徽、江苏三省，在三江营入长江，全长约 1 000 km，总落差约 200 m。洪河口以上为上游，长 360 km，地面落差为 178 m，流域面积为 3.06 万 km²；洪河口以下至洪泽湖出口中渡为中游，长 490 km，地面落差为 16 m，中渡以上流域面积达 15.8 万 km²；中渡以下至三江营为下游入江水道，长 150 km，地面落差为 6 m，三江营以上流域面积为 16.46 万 km²。

淮河上中游支流众多。南岸支流均发源于大别山区及江淮丘陵区，源短流急，流域面积为 2 000～7 000 km² 的有白露河、史灌河、淠河、东淝河、池河。北岸支流主要有洪汝河、沙颍河、西淝河、涡河、漴潼河、新汴河、奎濉河，其中除洪汝河、沙颍河上游有部分山丘区以外，其余都是平原排水河道，流域面积以沙颍河最大，近 4 万 km²，其他支流面积都在 3 000～16 000 km²。

淮河下游里运河以东，有射阳港、黄沙港、新洋港、斗龙港等滨海河道，承泄里下河及滨海地区的雨水，流域面积为 2.5 万 km²。

沂沭泗水系位于淮河流域东北部，大都属江苏、山东两省，由沂河、沭河、泗河组成，多发源于沂蒙山区。流域面积大于 1000 km² 的平原排水支流有东鱼河、洙赵新河、梁济运河等。该水系直接入海的河流有 15 条，流域面积为 16 100 km²。

1.2.2 长江流域

长江是亚洲和中国的第一大河，世界第三大河。其发源于青海省唐古拉山，最终在上海市崇明岛附近汇入东海，全长约 6 300 km，自西而东横贯中国中部，经青海、西藏、四川、云南、重庆、湖北、湖南、江西、安徽、江苏、上海 11 个省、自治区、直辖市，数百条支流延伸至贵州、甘肃、陕西、河南、广西、广东、浙江、福建 8 个省、自治区的部分地区，总计 19 个省级行政区。流域面积达约 180 万 km²，约占中国陆地总面积的 1/5。

长江干流在宜昌以上为上游，长 4 512 km，流域面积达 100 万 km²。其中，巴塘河口至宜宾称金沙江流域，长 2 308 km。宜宾至宜昌河段均称川江，长 1 040 km。宜昌至湖口为中游，长 938 km，流域面积为 68 万 km²。湖口至长江入海口为下游，长 835 km，流域面积为 12 万 km²。

1.2.2.1 上游

金沙江段河流强烈下切，形成约 2 000 km 长的高山峡谷。河床比降大，滩多流急，水力资源十分丰富。其中，著名的虎跳峡全长 17 km，落差达 210 m。金沙江在四川省宜宾市新市镇以上，只有部分河段可季节性通航。新市镇以下进入四川盆地。两岸为低山和丘陵，河谷展宽，水流平缓，可全年通航。金沙江在攀枝花市左岸有大支流雅砻江汇入。雅砻江上游海拔在4 000 m以上，呈高原景观，河谷宽阔，径流以雪水补给为主。中下游高山峡谷，两岸山高达1 500 m，河宽100～150 m。

宜宾至重庆的川江河段，接纳岷江、沱江和嘉陵江径流。这些河流的源流地区，地势高峻，有的海拔达4 000 m，到四川盆地边缘地形突然下降至200 m。岷江上游属高山峡谷，河槽多呈"V"形，宽50～100 m；中游江口镇至乐山段进入丘陵区，水流平缓，个别河段河谷宽达数千米，江面宽155～500 m，水流分汊；下游为低山宽谷河段，河宽400～1 000 m。岷江的支流大渡河，除源头一带为高原宽谷，下游铜街子以下为丘陵宽谷外，其他均为典型的峡谷河流。沱江上游山区河段水浅滩多，流经成都平原时，水网纵横；中、下游丘陵区河道弯曲，滩沱相间，水流平缓。嘉陵江上游深切崇山峻岭，河谷狭窄，水流湍急，多滩险礁石；广元至合川段，河道逐渐开阔，先流经盆地北部深丘，而后过渡为浅丘区，曲流和阶地十分发育，比降变缓；合川至重庆段，河道经过盆地东部平行岭谷区，形成峡谷河段，谷宽400～600 m，水面宽150～400 m，其间有横切华蓥山脉所形成的"小三峡"（沥鼻峡、温塘峡、观音峡）。

川江自宜宾至江津段，流经四川盆地南缘，两岸为由红色砂页岩构成的起伏平缓的丘陵，河谷较宽，一般为2 000～5 000 m。江面宽500～800 m，沿河阶地发育。江津以下河段，进入川东平行岭谷区，区内有20多条近东北—西南向的条状背斜山地与向斜宽谷。当川江穿过背斜山地时，形成了猫儿峡、铜锣峡、黄草峡等峡谷。最窄的黄草峡下峡口江面仅宽250 m。当川江经过向斜层时，又形成宽谷，江面最宽达1 500 m。自重庆奉节县白帝城至湖北宜昌市南津关之间近200 km河段，为世界闻名的长江三峡，即瞿塘峡、巫峡和西陵峡。峡谷南岸山峰高1 000～1 500 m。

重庆以下南岸有乌江汇入。乌江流域地处云贵高原东部，属于石灰岩地层，山峦起伏，岩溶地貌十分发育，多溶洞、暗河。

1.2.2.2 中游

长江出三峡过宜昌后，右岸有清江汇入。清江流域除利川、恩施、建始三个较大盆地及河口附近有小片丘陵外，其余均为高山区。两岸大部分为石灰岩，小部分为石英砂岩，岩溶发育，清江属高山峡谷河流。经过一段丘陵过渡，进入荆江河段北岸，为江汉平原，其南岸为洞庭湖平原，并有三口与洞庭湖相通。长江洪水通过三口向洞庭湖分流,洞庭湖是调节洪水的天然水库。但由于多年泥沙淤积,洞庭湖日渐缩小,调蓄洪水的能力明显减弱。荆江河道迂回曲折,水流平缓,属蜿蜒型河道,经常发生自然裁弯,留下许多牛轭湖。荆江两岸受洪水威胁严重,两岸均有堤防保护,北岸为著名的荆江大堤。

长江在荆江北岸有汉江汇入,南岸有湘江、资水、沅江、澧水"四水"经洞庭湖汇入。汉江上游穿行于秦岭、大巴山脉之间,高山峡谷间有河谷开阔的盆地;中游流经丘陵和盆地,河床宽浅,属游荡性分汊河段;下游蜿蜒在冲积平原上。"四水"上游一般为高山区,山高 1 000 ～ 2 000 m,河谷狭窄;中游为丘陵区,间有盆地;下游进入洞庭湖平原,属冲积河流。其中,沅江的中游峡谷、盆地相间,最长的沅陵—五强溪峡谷,长达 90 km。

1.2.2.3 下游

长江过九江市湖口县,右岸有鄱阳湖纳赣江、抚河、信江、鄱江、修水"五水"后注入。赣江上游为高山峡谷,两岸山高 1 000 ～ 1 500 m;中游河谷狭窄,形成赣江十八滩;万安以下为山区宽谷,下游为滨湖平原与湖沼。

长江自城陵矶至江阴的河段,大部分流经地势平坦的冲积平原,平原上河网湖泊密布。部分河段流经山地和丘陵,河谷宽阔,阶地发育。河道呈藕节状,时束时放,多洲滩分汊。

江阴以下为长江河口段,全长约 200 km,呈喇叭形。长江口潮汐属非正规浅海河口半日潮,平均一个周期为 12 h 25 min,平均潮差 4.62 m。平均总进潮量洪季大潮为 53 亿 m³,枯季小潮为 13 亿 m³。长江的潮流界汛期至江阴、枯季可达镇江;潮区界汛期至大通、枯季可达安庆。长江年输沙总量为 4.86 亿 t。平均含沙量为 0.54 kg/m³,还有一部分泥沙来自口外,全潮平均含沙量为 1.55 ～ 2.52 kg/m³。长江口咸淡水以缓混为主。在潮汐、泥沙、地质、地貌、地球偏向力等复杂因素的影响下,口门处的沙洲不断消长移动,江口有多处分汊。经过多年的变迁,口门处已形成我国第三大岛崇明岛。

崇明岛将长江分为北支和南支,北支正在逐渐淤浅萎缩,南支是长江径流下泄的主要水道。南支在吴淞口附近由长兴岛分成南港和北港,南港又被九段沙分为南槽和北槽。南槽原是长江主泓道,但近年主泓道已逐渐转向北槽。长江口入海航道的滩顶水深一般在 6 m 左右。

1.2.3 珠江流域

珠江流域是一个复合的流域,由西江、北江、东江及珠江三角洲诸河四个水系所组成。西江与北江两江在广东省佛山市思贤滘、东江在广东省东莞市石龙镇汇入珠江三角洲，经虎门、蕉门、洪奇门、横门、磨刀门、鸡啼门、虎跳门及崖门八大口门汇入南海。

主干流西江发源于云南省曲靖市境内的马雄山，在广东省珠海市的磨刀门企人石入注南海，全长 2 214 km。西江由南盘江、红水河、黔江、浔江及西江等河段所组成，主要支流有北盘江、柳江、郁江、桂江及贺江等。思贤滘以上河长 2 075 km，流域面积为 353 120 km²，占珠江流域面积的 77.8%。

北江发源于江西省信丰县大茅塬，思贤滘以上河长 468 km，流域面积为4.01 万 km²，占珠江流域面积的 10.3%，是珠江流域第二大水系。其主要支流有武江、翁江、连江、绥江等。

东江发源于江西省寻乌县桠髻钵山，石龙河以上河长 520 km，流域面积为2.7 万 km²，占珠江流域面积的 5.96%。其主要支流有新丰江、西枝江等。

珠江三角洲流域面积为 26 820km²，河网密布，水道纵横，主要有流溪河、潭江、深圳河等十多条地域性河流注入。

1.3　气候气象

秦岭—淮河线实际上也是气候分界线，就热量带来说，是北方暖温带和南方亚热带的分界；在水分区划中，是北方干旱、半湿润气候和南方湿润气候的分界；在雨旱季节类型区划中，是北方春旱、夏雨气候和南方春雨、梅雨及伏旱气候的分界。

我国南方地区气候以亚热带、热带季风气候为主，气温高、降水多、湿度大。由于纬度、地形等原因，南方各流域 1 月平均气温均在 0 ℃以上，夏季高温多雨，冬季温和少雨，蒸发量大。平均年降水量均大于 800 mm，雨季在4～9 月，由南向北变短。总体来说，雨季绵长，降水比较分散。

1.3.1　淮河流域

淮河流域地处我国南方雨量丰沛和北方干旱少雨的过渡地带，属暖温带半湿润季风气候区。流域内季风显著、四季分明、雨热同季。春季因受季风交替影响，时冷时热；夏季西南气流与东南季风活跃，气温高、降水多；秋季天高气爽，多晴天；冬季受干冷的西北气流控制，常有冷空气侵入，气温低、降水少。年均相对湿度为 66%～81%，南高北低，东高西低。流域无霜期为 200 ～ 220 天，年平均日照时数为 1 990 ～ 2 650 h，从东北部向西南部逐渐减少。

1.3.1.1 气温

淮河以北属暖温带地区，淮河以南属北亚热带地区，气候温和，年平均气温为 11 ～ 16 ℃，最高月平均气温为 25 ℃左右，出现在 7 月；最低月平均气温在 0 ℃，出现在 1 月。气温变化由北向南、由沿海向内陆递增，气温年均差为 25.1 ～ 28.8 ℃，极端最高气温达 44.5 ℃，极端最低气温为 -24.1 ℃。

1.3.1.2 降水

春末及夏季，西太平洋副热带高压移近淮河流域，且比较稳定；来自印度洋孟加拉湾和西太平洋的水汽随西南和东南季风输入本流域，因此流域内水汽充足。

淮河流域西部、西南部及东北部为山区和丘陵区，东临黄海。来自印度洋孟加拉湾、西太平洋的水汽，受边界上大别山、桐柏山、伏牛山、沂蒙山和内部局部山丘地形的影响，产生抬升作用，利于降水；在广阔的平原及河谷地带，缺少地形对气流的抬升作用，则不利于降水。因此，在水汽和地形的综合影响下，降水呈现自南部、东部向北部、西部递减，山丘区降水大于平原区，山脉迎风坡降水大于背风坡的规律。流域多年平均年降水量为 883 mm，年降水量的幅度为 600 ～ 1 400 mm。

降水的年内分配不均匀，通常集中在汛期，最大和最小月降水相差悬殊。淮河上游和淮南雨季一般为 5 ～ 8 月，其他地区为 6 ～ 9 月。多年平均最大连续 4 个月的降水量为 400 ～ 800 mm，占年降水量的 50% ～ 80%。降水集中的程度自南向北递增，淮南山丘区及淮河干流上游集中程度最低，为 50% ～ 60%；伏牛山丘区、豫东、淮北及淮河下游平原为 60% ～ 70%，沂沭泗水系为 70% ～ 80%。

1.3.1.3 典型天气系统

1. 切变线和低涡

淮河流域切变线常形成在西风带移动性高压和副热带高压之间。它的东南大多属暖性高压，西北侧多属冷性高压。汛期开始前后，副热带高压脊线北跳，增强越过北纬 20°，并维持在北纬 22° 附近及其以北时，北方冷空气南下，在高空形成江淮切变线，在地面形成静止锋。南侧的偏南气流将东南沿海的水汽输送到流域内部。在输送过程中，这股偏南气流沿着锋面上滑，使水汽凝结形成降雨。切变线主要发生在 6～7 月。当南北暖冷气流相对均衡时，在静止锋控制的地带形成大范围长历时的降水过程，也称梅雨。

2. 台风

台风是一个热带天气系统，本身带有充沛的水汽及强烈的上升运动，并具有巨大的不稳定能量。常常在每年的 8～9 月出现台风暴雨。其特点是范围较小、历时较短、强度较大。

1.3.2　长江流域

长江流域气候温暖，雨量丰沛。由于幅员辽阔，地形变化大，有着多种多样的气候类型，也经常发生洪、涝、旱、冰雹等自然灾害。长江中下游地区四季分明，冬冷夏热，年平均气温为 16～18 ℃，夏季最高气温达 40 ℃，冬季最低气温为 -4 ℃左右。四川盆地气候较温和，冬季气温比中下游升高约 5 ℃。昆明及其周围地区则是四季如春。金沙江峡谷地区具有典型的立体气候，山顶白雪皑皑，山下四季如春。江源地区属典型的高寒气候，年平均气温为 -4.4 ℃，四季如冬，干燥、气压低、日照长，多冰雹大风。

1.3.2.1　气温

长江流域气候是在太阳辐射能量、东亚大气环流、青藏高原和北太平洋大地形及各地区不同的地形条件共同影响下形成的。年平均气温呈东高西低、南高北低的分布趋势，中下游地区高于上游地区，江南高于江北，江源地区是全流域气温最低的地区。由于地形的差别，在以上分布趋势下，形成了四川盆地、云贵高原和金沙江谷地等封闭式的高低温中心区。

中下游大部分地区年平均气温为 16～18 ℃。湖南、湖北南部至南岭以北地区达 18 ℃，为全流域年平均气温最高的地区；长江三角和汉江中下游地区气温在 16 ℃附近；汉江上游地区气温为 14 ℃左右；四川盆地为闭合高温中心区，大部分地区气温为 16～18 ℃；重庆至万县地区气温达 18 ℃；云贵高原地区西部高温中心气温达 20 ℃，东部低温中心气温在 12 ℃以下，冷暖差别极大；金沙江地区高温中心在巴塘附近，年平均气温达 12 ℃，低温中心在理塘至稻城之间，平均气温仅 4 ℃左右；江源地区气温极低，年平均气温在 -4 ℃上下，呈北低南高趋势。

1.3.2.2 降水

长江流域平均年降水量为 1 067 mm，由于地域辽阔，地形复杂，季风气候十分典型，年降水量和暴雨的时空分布很不均匀。江源地区年降水量小于400 mm，属于干旱带，而流域内大部分地区降水量为 800 ～ 1 600 mm，属湿润带。年降水量大于 1 600 mm 的特别湿润带，主要位于四川盆地西部和东部边缘、江西和湖南、湖北部分地区。年降水量在 400 ～ 800 mm 的半湿润带，主要位于川西高原、青海、甘肃部分地区及汉江中游北部。年降水量超过2 000 mm 的多雨区都分布在山区，范围较小，其中四川荥经的金山站年降水量达 2 590 mm，为全流域之冠。

长江流域降水量的年内分配很不均匀。冬季（12 ～ 1 月）降水量为全年最少。春季（3 ～ 5 月）降水量逐月增加。6 ～ 7 月，长江中下游月降水量可达 200 mm。8 月，主要雨区已推移至长江上游，四川盆地西部月降水量超过200 mm，长江下游受副热带高压控制，8 月的降水量比 4 月还少。秋季（9 ～ 11月），各地降水量逐月减少，大部分地区 10 月的降水量比 7 月减少 100 mm左右。

暴雨出现最多月，在长江中下游南岸、金沙江巧家至永兴一带和乌江流域为 6 月，6 月暴雨日约占全年暴雨日的 30%。长江中下游北岸、汉江石泉、澧水大坪、嘉陵江昭化、峨眉山等地以 7 月暴雨最多，占全年的 30% ～ 50%。沱江李家湾、岷江汉王场及云南昆明一带 8 月暴雨最多，然后是 7 月，这两月所降暴雨占全年的 80% 左右。长江上游，雅砻江的冕宁、渠江的铁溪、三峡地区的巫溪及长三角一带以 9 月暴雨最多，占全年的 25% ～ 30%。

1.3.3 珠江流域

珠江流域为亚热带气候，多年平均气温在 10 ～ 23 ℃，年际变化不大，但地区差异大，最高气温为 42 ℃，最低气温 -9.8 ℃。流域内雨量丰沛，降水量由东向西递减，一般山地降水多，平原河谷降水少。

1.3.3.1 气温

流域内年平均气温最高可达 22.6 ℃，最低可达 10.6 ℃，平均气温为19.5 ℃左右，流域内东部、中部年平均气温较高而西部较低，从西部到东部呈总体增加趋势。其中，珠江三角洲、左江、北江下游、东江下游与西江干流等地区的平均气温最高，多在 21 ℃以上，有的地区高达 22.3 ℃；流域西部特别是南盘江、北盘江平均气温最低，多低于 16 ℃，有的地区仅有 12.95 ℃；流域中部大部分地区平均气温在 16 ～ 21 ℃。

1.3.3.2 降水

珠江流域雨量充沛，特点是历时长、强度大，但时空分布不均匀。流域内降水量地区分布趋势是由东向西递减，受地形变化等因素影响形成众多的降水高、低值区。多年平均降水量为 1 200 ～ 2 200 mm，年平均降水量为 1 470 mm。

珠江流域降水量年内分配不均匀，4 ～ 9 月降水量占全年降水量的 70% ～ 85%。年径流模数从上游向中、下游递增；径流年内分配不均匀，每年 4 ～ 9 月为丰水期，径流量约占全年的 78%；10 月至翌年 3 月为枯水期，径流量约占全年的 22%，最枯月平均流量常出现在 12 月至翌年 2 月，多出现在 1 月。

珠江流域暴雨强度大、次数多、历时长，主要出现在 4 ～ 10 月，一次流域性暴雨过程一般历时 7 天左右，主要雨量集中在 3 天。流域洪水由暴雨形成，洪水出现的时间与暴雨一致，多发生在 4 ～ 10 月，流域性大洪水主要集中在 5 ～ 7 月；洪水过程一般历时 10 ～ 60 天，洪峰历时一般 1 ～ 3 天。

1.4 水文特性

河流的水文特性一般包括径流量、含沙量、汛期、结冰期、有无凌汛、流速及水位等。在自然环境和气候条件的影响下，各个流域的水文特性会有一定的区别，如松花江流域因为纬度较高，流域内会存在较长时间的结冰期；黄河流域因为水土流失比较严重，流域内部分河流的含沙量会显著高于其他流域。水文特性是区分不同河流的重要指标，了解一个流域内河流的水文特性可以帮助我们制定更好的水库调度方案和防洪减灾措施。

南方湿润地区水系发达、水能资源丰富，其河流主要特点为水量大，汛期长，含沙量小，无结冰期，水能资源丰富，航运价值高。我国南方地区流域年径流量十分庞大，长江流域、珠江流域平均年径流量均能超过 3 000 亿 m³，淮河流域则由于地理位置、流域大小等原因，其平均年径流量在 600 亿 m³ 左右；各流域汛期基本都在 4 ～ 9 月，珠江流域汛期稍长于其他流域。

1.4.1 淮河流域

本流域多年平均径流量为 621 亿 m³，其中淮河水系为 453 亿 m³，沂沭泗水系为 168 亿 m³。平均年径流深约 231 mm，其中淮河水系为 238 mm，沂沭泗水系为 215 mm。径流的年内分配也很不均匀，主要集中在汛期。淮河干流各控制站汛期实测来水量占全年的 60% 左右，沂沭泗水系各支流汛期水量所占比重更大，为全年的 70% ～ 80%。

淮河流域暴雨洪水集中在汛期 6 ～ 9 月：6 月主要发生在淮南山区；7 月全流域均可发生；8 月则较多地出现在西部的伏牛山区、东北部的沂蒙山区，同时受台风影响东部沿海地区常出现台风暴雨。9 月流域内暴雨减少。一般在 6 月中旬至 7 月上旬淮河南部进入梅雨季节，梅雨期一般为 15 ～ 20 天，长的可达一个半月。

淮河流域蒸发量由南向北增大，年平均蒸发量为 900 ～ 1 500 mm，无霜期为 220 天左右。淮河流域多年平均降雨量约为 950 mm，分布特征为由北向南递增，平原少于山区，内陆少于沿海。淮河流域 5 ～ 8 月的汛期降水量可达 600 mm，特别是 6 ～ 7 月，江淮地区特有的梅雨季节，降雨可持续一两个月，范围可覆盖整个流域；丰水年和枯水年交替，降水量平均相差四五倍。

淮河干流的含沙量自上游向下游逐渐减少。上游中，息县站为 0.88 kg/m³，王家坝站为 0.63 kg/m³（多年平均输沙量为 707 万 t）；中游中，正阳关（鲁台子）站为 0.54 kg/m³（1 277 万 t），蚌埠站为 0.42 kg/m³（1 217 万 t）；下游中，中渡站为 0.23 kg/m³（$\lambda=$ 多年平均输沙量为 767 万 t）；支流中，沙颍河年输沙量最大，漷河最小。

1.4.2 长江流域

长江流域内河流夏季水位高、水量大，冬季形成枯水期；含沙量较小；冬季无结冰期；中上游流速较快，下游流速较慢。

年径流量为 8 890 亿 m³，其中，上游占 47%，洞庭湖占 21%，鄱阳湖占 17%。长江干流寸滩至宜昌的三峡区间全长约 660 km，面积约 14 万 km²；若不包括乌江，则区间面积为 5.6 万 km²。长江三峡区间面积约占宜昌以上面积的 5.6%，虽然这段面积所占的比重不大，但区间洪水常来势凶猛，对宜昌洪峰常起"戴帽"作用。

流域内河流含沙量低、输沙量大。宜昌段多年平均含沙量为 1.2 kg/m³，但水量大，多年平均年输沙量达 5.3 亿 t；大通站多年平均含沙量为 0.157 kg/m³，多年平均输沙量达 4.7 亿 t。

长江是雨洪河流，洪水变化规律与暴雨大体相应。入汛时间中下游早于上游。一般年份，鄱阳湖水系和洞庭湖水系湘江 4～6 月为主汛期，洞庭湖水系的资水、沅水、澧水则为 5～7 月，上游各支流为 7～9 月，如遇有秋汛，10 月也会发生大洪水。长江干流各控制站年最高水位和最大流量出现时间一般在每年的 6～9 月，而以 7、8 月为最多。

1.4.3　珠江流域

珠江年均河川径流总量为 5 697 亿 m³，其中，西江径流量为 2 380 亿 m³，北江径流量为 1 394 亿 m³，东江径流量为 1 238 亿 m³，三角洲径流量为 785 亿 m³。径流年内分配极不均匀，汛期 4～9 月径流量约占年径流总量的 80%，6～8 月径流量则占年径流总量的 50% 以上。珠江水资源丰富，全流域人均水资源量为 4 700 m³，相当于全国人均水资源量的 1.7 倍，但年际变化大、时空分布不均匀，致使流域内洪、涝、旱等自然灾害频繁。

珠江属少沙河流，多年平均含沙量为 0.249 kg/m³，年平均含沙量为 8872 万 t。据统计分析，每年约有 20% 的泥沙淤积于珠江三角洲网河区，其余 80% 的泥沙由八大口门输出到南海。

珠江流域洪水特征是峰高、量大、历时长。造成流域洪水的天气系统首先是锋面或静止锋、西南槽，其次是热带低压和台风，每年的暴雨洪水多出现在 6～8 月。枯水期一般为 11 月至翌年 3 月，枯水径流量多年平均值为 803 亿 m³，仅占全流域年径流总量的 24% 左右。西江梧州站枯水期出现的最小径流量为 720 m³/s，北江石角站为 130 m³/s，东江博罗站为 31.4 m³/s。

珠江口门的潮汐属不规则的半日周潮。珠江口为弱潮河口，潮差较小，平均潮差为 0.86～1.6 m，最大潮差为 2.29～3.36 m。八大口门涨潮总量多年平均值为 3 762 亿 m³，落潮多年平均值为 7 022 亿 m³，净减量为 3 260 亿 m³。

1.5　沅江流域特性

1.5.1　自然环境

沅江属长江流域，发源于贵州省东南部，有南北二源：南源出自云雾山，称马尾河（或称龙头河）；北源起于麻江和福泉间的大山，称重安江。两源汇合后称清水江。清水江曲折东流，沿程纳入巴拉河、南哨河、六洞河等支流，在托口纳入渠水，至洪江与潕水（沅水左岸最上端一级支流，贵州区域内称为潕阳河，湖南区域内称为潕水）汇合后始称沅江。洪江以下沿程流经湖南的江口、辰溪、泸溪、沅陵、桃源及常德等地，至常德德山汇入洞庭湖。沅水干流全长 1 028 km，流域面积为 8.98 万 km²。流域涉及贵州、重庆、湖北、湖南、广西五省、自治区、直辖市，包括贵州的黔东南苗族侗族自治州、黔南布依族苗族自治州、铜仁市，重庆的秀山土家族苗族自治县、酉阳土家族苗族自治县，湖北的恩施土家族苗族自治州，湖南的邵阳市、怀化市、湘西土家族苗族自治州、张家界市、常德市，以及广西柳州市。贵州、重庆、湖北、湖南、广西五省、自治区、直辖市所占流域面积分别为 33.67%、5.16%、2.98%、58.17%、0.02%。干流流向大体是由西南向东北。流域四周均为高山环绕，东以雪峰山与资水分界，西与梵净山、乌江为邻，南以苗岭与柳江分流，北与武陵山、澧水相隔。流域南北长而东西窄，形状略呈自西南斜向东北的矩形。流域内大部分是山地，西部、南部及西北部地势较高，东部及东北部地势较低。以洪江、凌津滩为界，分为上、中、下游三段。

1.5.2 气候气象

沅江支流众多，沅水流域属亚热带季风气候。流域内温湿多雨，四季分明。以气候平均气温划分季节，每年的 3 月 21 日～5 月 31 日为春季，6 月 1 日～9 月 20 日为夏季，9 月 21 日～11 月 30 日为秋季，12 月 1 日～次年 3 月 20 日为冬季。

流域内年平均气温为 14.3～17.2 ℃，上游最低，中游最高，有自西向东递增的趋势。年内 1 月气温最低，平均为 3.5～5.9 ℃，7 月气温最高，平均为 23.7～28.8 ℃。极端最低气温多出现在 1 月，各地都在 -6 ℃ 以下。极端最高气温出现在 7～9 月，以 8 月出现最多。

流域内各站年平均降水量为 1 090～1 506 mm，以北部和南部山区降水量较多，中部偏西地区降水量较少。降水量年内分配不均匀，最多月和最少月一般相差在 200 mm 以上。降水量变化有明显的季节特点，春夏降水量较多，秋冬降水量较少。每年 4～8 月降水量占年总量的 66%，12 月～次年 2 月只占 9%。

沅江流域北部和南部均为多雨和多暴雨区，暴雨中心多出现在北部的沅陵、古丈及南部的雷山、丹寨一带，中游则是少雨和少暴雨区。暴雨的地区分布，大致分为全流域、中下游、上游、中上游四种情况，中下游以暴雨居多，且常与澧水、清江形成同一雨区。暴雨走向，一般是自北向南或自西北向东南。一般每年 3 月下旬到 4 月初，沅江流域各地陆续进入雨季，先后发生暴雨，大面积长历时的暴雨一般出现在 6～7 月。雨水在时间上、地域上的分配集中，常造成洪涝灾害。

沅江流域 4～6 月为雨季，流域南部 5 月可能出现大暴雨，但大面积的强暴雨则出现在长江梅雨季节，其突出特点是持续时间长、范围广，由大型天气过程所形成。梅雨一般出现在 6 月中旬～7 月中旬，最早 6 月初开始，最迟 7 月下旬结束。梅雨环流形势的共同点是 500 hPa 的高纬度地区存在阻塞形势，在东亚 110°E 附近有梅雨锋，而西太平洋副热带高压与青藏高压分别在其两侧。梅雨的稳定和强弱与副热带高压脊线的位置有密切关系，500 hPa 副热带高压脊线位置（在 115°～120°E）6 月平均在 20°N 附近，在 25°N 以南时则多雨。沅江流域出现大面积强暴雨的一个重要条件是，副热带高压脊线位于 20°～25°N，春夏相交副热带高压脊线第一次北跳时间为 6 月初～6 月中旬，在此以前主要雨带在南岭地区。

沅江流域梅雨结束时间一般在 7 月中旬以前，个别年份因环流形势异常，梅雨结束时间会推后到 8 月初甚至中下旬，如 1993 年最大流量出现在 8 月 1 日，1952 年最大流量出现在 8 月 25 日。

1.5.3 水文特性

沅江自河源至德山，全长 1 050 km，总落差为 1 035 m，河道弯曲系数为 2.0，德山以上流域面积为 9 万 km²。沅江支流众多，呈羽状分布，流域面积大于 2 000 km² 的有渠水、潕水、巫水、溆水、辰水、武水、酉水，以及二级支流花垣河和猛洞河等，其中潕水和酉水的流域面积均大于 1 万 km²。两岸支流分布不对称，左岸支流集水面积为右岸的 2.8 倍，其中较大支流潕水、辰水、酉水均在左岸，较小支流渠水、巫水、溆水均在右岸，各主要支流情况如表 1-1 所示，沅江流域主要水电及水文遥测站见图 1-1。

表 1-1 沅江流域主要支流情况

序号	支流名称	流域面积 /km²	河长 /km	河口至德山距离 /km	支流河口高程 /m	总落差 /m
1	渠水	6 500	220	543	201.7	272.3
2	潕水	11 000	410	501	178.7	514.0
3	巫水	4 100	210	479	164.5	435.5

序号	支流 名称	流域面积 /km²	河长 / km	河口至德山距离 / km	支流河口高 程 /m	总落差 /m
4	溆水	3 400	117	358	122.1	363.1
5	辰水	7 400	295	317	112.4	587.6
6	武水	3 800	172	255	99.3	350.7
7	酉水	20 000	440	227	88.3	661.0

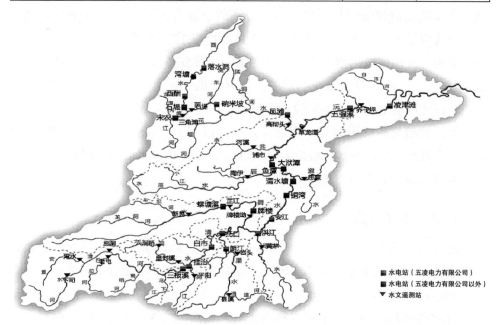

图 1-1 沅江流域主要水电及水文遥测站示意图

2 南方湿润地区流域梯级水电站（群）概况

2.1 水力发电梯级开发概述

水能是一种可再生能源，是一种经济、清洁能源。水力发电始于1880年前后，当时法国的塞尔美兹制糖工厂、英国的下屋化学工厂、美国的可拉矿山等都建立了小规模水电厂，主要用于自备的动力驱动。

河流梯级开发也叫梯级水电开发，指从河流或河段的上游到下游，呈阶梯形地修建一系列水电站，以充分利用水能资源的开发方式。河流梯级开发是利用河流水能资源的一种方式。河流梯级开发中的每一座水电站，称为梯级水电站或梯级工程。其特点是根据经济建设需要和自然条件的可能，自上游至下游沿河选择合适的地方建立水利枢纽并呈阶梯状排列，故称梯级开发。

1933年，美国在田纳西河流域的开发方案中首次提出多目标梯级开发的主张，并加以实施。与此同时，苏联在1931—1934年间完成了伏尔加河的梯级开发规划，并付诸实施。水力发电发展的第二个时期是梯级开发迅猛发展的时代。大多数发达国家在这一时期都以开发水能作为自己国家能源建设的重点，优越的水电电源点大都获得了开发。发达国家水电建设从20世纪70年代以后开始走向平稳发展时期。

我国水力发电起步虽然较晚，梯级开发的尝试却并不比国外差。1912年，在云南昆明滇池的出口上建造了我国第一座水电站——石龙坝水电站，安装了两台240 kW的水轮发电机。1936年，我国开始对四川长寿区境内的龙溪河进行梯级开发的规划设计。但因处于战争动乱时期，到中华人民共和国成立时仅完成了很少部分工程。中华人民共和国成立后，河流水能资源的梯级开发迅速发展。1959年建成了龙溪河梯级水电站，1972年建成了以礼河梯级水电站，1973年建成了古田溪梯级水电站，1980年建成了猫跳河梯级水电站，1986年建成了田洱河梯级水电站。特别是近些年,水电开发日益引起人们的重视,梯级水电站建设出现新的势头。

梯级开发存在许多益处,如拦河大坝可以拦水发电;水库可以养殖、发展旅游业;防洪、灌溉;加深航道,利于航运。但是河流水系的梯级开发也存在许多问题,诸如影响鱼儿回溯产卵(物种多样性可能遭到破坏);回水淹没农田,有时需要移民;施工会破坏地表和水体的生态环境;水流减缓不利于污染物的扩散(水的自净能力下降);下游淤积来源减少等。

2.2 我国南方梯级规划和开发现状

南方地区以热带、亚热带季风气候为主,夏季高温多雨,冬季温和少雨。该区域降水量在 800 mm 以上,山地迎风坡降水较多。受夏季风影响大,雨季长。每年 5 月,夏季风从华南沿海登陆,雨季开始;6、7 月,夏季风势力增强北抬,形成江淮准静止锋,阴雨连绵,主要影响长江中下游地区和淮河流域;7、8 月,易形成伏旱;9 月,降雨锋面南移至该区域;10 月后,冷空气势力进一步增强,夏季风移出该区域,雨季结束。南方地区的主要河流有长江干支流、西江干支流、淮河、钱塘江、闽江等,主要特点为水量大、汛期长、含沙量小、无结冰期、水能资源丰富、航运价值高,其中,长江因其航运价值高被称为"黄金水道"。诸如这些原因,了解南方地区的梯级规划和开发现状十分重要。

2.2.1 长江流域

长江上游已建有三峡、溪洛渡、向家坝等一大批防洪库容大、调节能力强的大型水库,不仅极大地保障了长江上游、中游地区人民的生命和财产安全,更借助发电、供水等综合利用措施,发挥出了巨大的经济效益。长江上游在 2020 年度纳入联合调度范围的水库共 22 座,总调节库容为 440 亿 m³,防洪库容为 387 亿 m³,总装机容量为 86 380 MW。其中,三峡、乌东德、溪洛渡、向家坝四库防洪库容合计 301 亿 m³,占长江上游参与联合调度总防洪库容的 78%。此外,纳入联合调度的重要大型水库还包括白鹤滩水库,水库总库容为 206 亿 m³,调节库容为 104 亿 m³,规划预留最大防洪库容为 75 亿 m³,它是长江防洪体系的重要组成部分。

长江中上游涉及金沙江、雅砻江、长江上游干流、岷江、嘉陵江、乌江、长江中游干流 7 个流域,各流域梯级开发概况如表 2-1 所示。

表 2-1　长江中上游梯级开发情况

序号	流域	涉及水库数量	年均径流/亿 m³	总装机容量/万 kW	总调节库容/亿 m³	发电水头/m
1	金沙江	6	566	1 376	17.9	590
2	雅砻江	3	482	990	145.6	633
3	长江上游干流	4	1 440	4 646	204.1	656
4	岷江	3	543	702	38.2	500
5	嘉陵江	4	653	260	33.6	289
6	乌江	7	390	872	92.8	825
7	长江中游干流	2	4 250	2 512	228.6	115
	合计	29	—	11 358	790.8	3 610

长江中上游涉及梨园、阿海、金安桥、龙开口等调蓄性水库，各水库的基本参数如表 2-2 所示。

表 2-2　长江中上游水库群基本参数

序号	水库名称	流域	正常水位/m	汛限水位/m	装机容量/MW	调节库容/亿 m³
1	梨园		1 618	1 605	2 400	1.73
2	阿海		1 504	1 493	2 000	2.38
3	金安桥	金沙江	1 418	1 410	2 400	3.46
4	龙开口		1 298	1 289	1 800	1.13
5	鲁地拉		1 223	1 212	2 160	3.76
6	观音岩		1 134	1 122	3 000	5.42
7	两河口		2 860	2 860	3 000	62.75
8	锦屏一级	雅砻江	1 880	1 859	3 600	49.1
9	二滩		1 200	1 190	3 300	33.7
10	乌东德		975	962	10 200	26.15
11	白鹤滩	长江上游干流	820	790	16 000	104.36
12	溪洛渡		600	560	13 860	64.6
13	向家坝		380	370	6 400	9.03

序号	水库名称	流域	正常水位/m	汛限水位/m	装机容量/MW	调节库容/亿m³
14	紫坪铺		877	850	760	7.74
15	三江口	岷江	2 500	2 425	2 000	21.52
16	瀑布沟		850	836	4260	38.94
17	碧口		704	695	300	2.21
18	宝珠寺		588	583	700	13.4
19	亭子镇	嘉陵江	458	447	1 100	17.32
20	草街		203	200	500	0.65
21	洪家渡		1 140	1 140	600	33.6
22	东风		970	970	570	4.9
23	乌江渡		760	760	630	13.6
24	构皮滩	乌江	630	626	3 000	29.52
25	思林		440	435	1 050	3.17
26	沙沱		365	357	1 120	2.87
27	彭水		293	287	1 750	5.18
28	三峡	长江中游干流	175	145	22 500	221.5
29	葛洲坝		66	66	2 715	7.11
30	水布垭	清江	400	—	1 840	23.83
31	筱溪	资江	198	—	135	0.15
32	洪江		190	187	225	0.75
33	托口		250	246	830	6.15
34	三板溪	沅水	475	—	1 000	26.16
35	白市		300	—	420	1.72
36	江垭	澧水	236	224	300	7.4
37	柘林	抚河	65	—	420	32
38	万安	赣江	100	88	530	10.19
39	泰和		68	66	133	0.123

2.2.2　淮河流域

淮河流域是我国水利工程建设密度最高的地区之一，目前全流域已经修建了5 700多座水库和5 400多座闸门，总库容达到近300亿 m³，约占整个流域年均径流量的50%。流域内平均每50 km²有一个水库，平均每条支流有近10个闸门或水库。其中，大型水库有38座，总库容约190亿 m³，兴利库容约74亿 m³，防洪库容约56亿 m³。38座大型水库中，有20座位于淮河流域，其中燕山水库和白莲崖水库修建于2000年以后，另外18座位于沂沭泗流域。这38座水库控制面积约达3.5万 km²，约占整个流域山丘区面积的1/3。中型水库166座，总库容达48亿 m³。有大中型闸门600多座，主要用于拦蓄河水，调节径流以及补充地下水。

淮河上游的大型水库（库容为1亿 m³以上）有14座，特大型水库（库容为10亿 m³以上）有3座。其中大型水库分布情况是：湖北1座，信阳5座、驻马店3座、平顶山4座、许昌1座。水库在南北两岸均有分布，其中南岸6座、北岸8座。一级支流上有4座，二级支流上有9座，三级支流上有1座。

总体来讲，淮河上游大型水库数量较多，且集中于淮河流域西南部的边缘一带，均在淮河一、二级支流的中上游。以干流为界，淮河上游大型水库南岸少于北岸，而特大型水库集中于南岸。另外，从城市分布上看，水库主要集中在河南的信阳、驻马店和平顶山。详情见表2-3。

表2-3　淮河上游大型水库一览表

序号	水库名称	所在河流	总库容／亿 m³
1	南湾	浉河	16.3
2	花山	浉河	1.73
3	石山口	小潢河	3.72
4	五岳	青龙河	1.1
5	泼河	小潢河	2.14
6	鲇鱼山	灌河	11.06
7	薄山	臻头河	6.2
8	宿鸭湖	汝河	15.56
9	板桥	汝河	6.76

序号	水库名称	所在河流	总库容 / 亿 m³
10	石漫滩	洪河	1.2
11	孤石滩	澧河	1.57
12	白龟山	沙河	7.31
13	昭平山	沙河	7.13
14	白沙	颍河	2.95

此外，淮河上游的中型水库大大小小有41座，主要分布在淮河二级或三级的支流的中上游河段。其中，信阳的中型水库数量最多，有13座，约占1/3，具体情况不再赘述。

2.2.3 珠江流域

珠江包括西江、北江和东江三大支流，其中，西江最长，通常被称为珠江的主干。西江流域水力资源十分丰富，是我国重要的水电开发基地，其水电梯级开发被列为国家重点开发项目，现已开发的有红水河梯级、郁江梯级、柳江梯级等主要梯级水电站。各梯级水电站的建设和投产使用，为珠江三角洲地区提供了持续的清洁能源。西江流域骨干水库概况见表2-4。

表2-4 西江流域骨干水库概况

水库名称	正常蓄水位 / m	总库容 / 亿 m³	死库容 / 亿 m³	调节库容 / 亿 m³	调节 / 性能
天一	780	102.6	26	58	年
光照	745	32.5	11	20.4	年
龙滩	375	162.1	50.6	111.5	多年
岩滩	223	34.3	15.6	10.5	季
百色	228	56.6	21.8	26.2	年
西津	61.5	30	8	6	季
红花	77.5	30	3.1	26.9	日
长洲	20.6	56	15.2	40.8	周

2.3 沅江流域梯级水库群概况

沅江流域多年平均径流量为 670 亿 m³，干流水量丰沛，占全流域的 60%。沅江流域水力资源丰富，是湘西水电基地的重要开发部分。

按照《沅江凌津滩—桃源河段补充规划报告》，沅江干流水电规划布置有13级，从上至下依次为：三板溪（475 m）、挂治（322 m）、白市（300 m）、托口（250 m）、洪江（190 m）、安江（165 m）、铜湾（152.5 m）、清水塘（139 m）、大洑潭（129 m）、渔潭（115 m）、五强溪（108 m）、凌津滩（51 m）、桃源（39.5 m）。支流酉水水电规划布置有10级，从上至下依次为：落水洞（443 m）、湾塘（423 m）、塘口（389.6 m）、纳吉滩（370 m）、金龙滩（344.5 m）、酉酬（335 m）、石堤（290 m）、碗米坡（248 m）、凤滩（205 m）、高滩（118 m）。沅江干流水电梯级开发方案主要指标见表 2-5。

表 2-5　沅江干流水电梯级开发方案主要指标

序号	水电站名称	流域面积 / km²	正常蓄水位 / m	死水位 /m	调节库容 / 亿 m³	装机容量 / MW	调节性能	建设情况
1	三板溪	11 051	475	425	26.16	1 000	多年	已建
2	挂治	11 372	322	320	0.071	150	日	已建
3	白市	16 530	300	294	1.72	420	季	已建
4	托口	24 450	250	235	6.15	830	不完全年	已建
5	洪江	24 600	190	186	0.73	270	日	已建
6	安江	40 100	165	163	0.197	140	日	已建
7	铜湾	41 720	152.5	150.5	0.233	180	日	已建

序号	水电站名称	流域面积/km²	正常蓄水位/m	死水位/m	调节库容/亿 m³	装机容量/MW	调节性能	建设情况
8	清水塘	42 140	139	138	0.089	128	日	已建
9	大狈潭	46 230	129	127.5	0.345	200	日	已建
10	渔潭	53 921	115	114	0.12	100	日	可研
11	五强溪	83 800	108	90	20.21	1200	季	已建
12	凌津滩	85 800	51	49.1	0.46	270	日	已建
13	桃源	86 700	39.5	39.3	0.056	176	日	已建

目前，沅江干流已建成的水电工程有三板溪、挂治、白市、托口、洪江、安江、铜湾、清水塘、大狈潭、渔潭、五强溪、凌津滩、桃源水电站等，支流酉水已建的水电工程主要有碗米坡、凤滩和高滩水电站。沅江干流梯级剖面图见图 2-1。

2.3.1 三板溪水电站

三板溪水电站位于贵州省黔东南苗族侗族自治州锦屏县境内，是沅江干流梯级规划的第 2 级，下距锦屏县城 25 km。三板溪水电站是沅江干流 14 个梯级水电站中唯一具有多年调节性能的龙头水电站。本工程以发电为主，兼有航运、旅游等综合利用功能。三板溪枢纽工程由混凝土面板堆石坝（主坝、副坝）、右岸地下引水发电系统及左岸开敞式溢洪道、泄洪洞、驳运码头等部分组成。水库正常蓄水位为 475.00 m，相应库容为 37.48 亿 m³，死水位为 425.00 m，调节库容为 26.16 亿 m³。电站总装机容量为 100 万 kW，采用 4 台单机容量为 25 万 kW 的混流式机组，保证出力 23.49 万 kW，设计多年平均发电量为 24.28 亿 kW·h。2006 年 12 月，机组全部投产。

2.3.2 挂治水电站

挂治水电站位于贵州省黔东南苗族侗族自治州锦屏县境内，是沅江干流梯级规划的第 3 级，上距三板溪水电站 18 km，下距锦屏县城 7 km。本工程以发

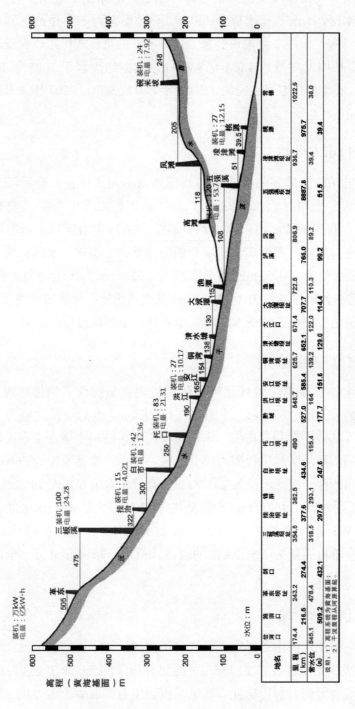

图 2-1 沅江干流梯级剖面图

电为主，兼有改善航运条件等综合利用功能。本水电站枢纽主要由溢流坝、河床式厂房、两岸非溢流坝及消力池等部分组成。水库正常蓄水位为322.00 m，相应库容为4 184万 m³，死水位为320 m，调节库容为710万 m³，水电站装机容量为15万 kW，采用3台单机容量为5万 kW 的贯流式机组，保证出力4.24万 kW，多年平均发电量达4.021亿 kW·h。本枢纽工程于2005年1月开工，2006年12月底首台机组安装完成、2007年8月底发电。2007年9月底，全部机组投产发电。

2.3.3　白市水电站

白市水电站位于贵州省黔东南苗族侗族自治州天柱县，是沅江干流梯级规划的第4级，上距挂治水电站56.3 km。本工程以发电为主，兼有改善航运条件等综合利用功能。白市水电站枢纽主要由河中溢流坝、右岸坝后式厂房、左岸垂直升船机、两岸非溢流坝及消力池等部分组成。水库正常蓄水位为300.00 m，死水位为294.00 m，调节库容为1.72亿 m³。水电站装机容量为42万 kW，采用3台单机容量为14万 kW 的混流式机组，保证出力9万 kW，多年平均发电量达12.36亿 kW·h。2013年5月，全部机组投产发电。

2.3.5　托口水电站

托口水电站位于湖南省怀化市洪江市境内，是沅江干流梯级规划的第5级，上距白市水电站56.2 km，下距洪江市11 km。本工程以发电为主，兼有防洪、航运等其他综合利用功能。水电站枢纽由东游祠主坝、王麻溪副坝、白土冲副坝及河湾地块防渗工程四大部分组成。水库正常蓄水位为250.00 m，相应库容为12.49亿 m³，死水位为235.00 m，有效库容为6.15亿 m³，汛期6～7月的控制运行水位为246.00 m，相应防洪库容为1.98亿 m³。水电站总装机容量为83万 kW，多年平均发电量为21.31亿 kW·h，采用4台单机容量为20万 kW 和2台单机容量为1.5万 kW 的混流式机组。2014年4月，全部机组投产发电。

2.3.5　洪江水电站

洪江水电站位于湖南省怀化市洪江市境内的沅江干流上，是沅江干流梯级规划的第6级，上距洪江市21 km，下距洪江区4.5 km。本工程以发电为主，兼有航运、灌溉等综合利用功能。水电站枢纽由右岸混凝土重力坝、船闸、溢流坝、河床式厂房和左岸混凝土重力坝（包括灌溉取水口）等组成。水库总库容为 3.2 亿 m³，正常蓄水位为 190.00 m，汛限水位为 187.00 m，调节库容为0.75 亿 m³，属周调节水库。水电站装机容量为 27 万 kW，采用 6 台单机容量为 4.5 万 kW 的贯流式机组，多年平均发电量为 10.17 亿 kW·h。2003 年 12 月，全部机组投产发电。

2.3.6 安江水电站

安江水电站位于湖南省怀化市洪江市境内沅江干流中游，为沅江干流梯级规划的第 7 级，下距安江镇约 7.9 km。本工程以发电为主，兼有航运等综合利用功能。水电站枢纽由左岸土石连接坝、船闸、左汊溢流闸坝、河床式厂房、河心洲土石连接坝、右汊溢流闸坝等组成。水库正常蓄水位在 165.00 m，相应库容为 0.773 亿 m³，死水位在 163.00 m，调节库容为 0.197 亿 m³，具有日调节能力。水电站装机容量为 14 万 kW，保证出力 3.3 万 kW，多年平均发电量为5.62 亿 kW·h。2012 年 10 月，首台机组并网发电。

2.3.7 铜湾水电站

铜湾水电站位于沅江干流中游、湖南省怀化市中方县铜湾镇上游 0.5 km处，为沅江干流梯级规划的第 8 级。本工程以发电为主，兼有航运等综合利用功能。水电站枢纽由左岸船闸、溢流闸坝、右岸河床式厂房及安装场、副厂房等组成。水库正常蓄水位在 152.50 m，相应库容为 1.2 亿 m³，死水位在150.50 m，调节库容为 0.233 亿 m³，具有日调节性能。水电站装机容量为 18万 kW，保证出力 3.93 万 kW，多年平均发电量为 7.111 亿 kW·h。本工程于2005 年 1 月 12 日正式开工，2008 年 12 月全部机组投产发电。

2.3.8 清水塘水电站

清水塘水电站，位于沅江干流中游的湖南省怀化市辰溪县境内，为沅江干流梯级规划的第 9 级。它是一个以发电为主，兼有航运等综合利用功能的水利枢纽工程。枢纽主要包括大坝、电站厂房、船闸和护岸工程四部分。水库正常蓄水位在 139 m，相应库容为 0.533 亿 m³，死水位为 138.00 m，调节库容为0.089 亿 m³，具有日调节性能。水电站装机容量为 12.8 万 kW，保证出力 2.77万 kW，多年平均发电量为 5.07 亿 kW·h。本工程于 2006 年 7 月正式开工。2009 年 10 月，全部机组投产发电。

2.3.9　大洑潭水电站

大洑潭水电站位于沅江干流中上游,地处湖南省怀化市辰溪县境内,距辰溪县城 4 km。本工程以发电为主,兼有航运等综合利用功能。水电站枢纽由水电站厂房、溢流闸坝、右岸船闸等组成。水库正常蓄水位为 129.00 m,相应库容为 1445 亿 m³,死水位为 127.50 m,调节库容为 0.345 亿 m³,具有日调节性能。水电站装机容量为 20 万 kW,保证出力为 4.29 万 kW,多年平均发电量为 8.064 亿 kW·h。本工程于 2004 年 12 月正式开工,2008 年 12 月全部机组投产发电。

2.3.10　渔潭水电站

渔潭水电站位于沅江干流中游、湖南省怀化市泸溪县与辰溪县交界处。本工程以发电为主,兼有航运等综合利用功能。水电站枢纽由溢流坝、厂房、船闸、土坝及重力坝等部分组成。水库正常蓄水位为 115.00 m,相应库容为 6 941 万 m³,死水位为 114.00 m,调节库容为 1 199 万 m³,具有日调节性能。水电站装机容量为 10 万 kW,保证出力为 2.18 万 kW,多年平均发电量为 4.355 亿 kW·h。

2.3.11　碗米坡水电站

碗米坡水电站位于沅江支流酉水中下游、湖南省湘西土家族苗族自治州保靖县境内。该工程以发电为主,兼有航运等综合利用功能,水库正常蓄水位为 248 m,相应库容为 2.56 亿 m³,水电站装机 3 台,总容量为 24 万 kW,保证出力为 1.86 万 kW,多年平均发电量为 7.92 kW·h,它是一座不完全季调节水电站。工程于 2000 年 8 月正式开工,2003 年 11 月下闸蓄水,2004 年 8 月三台机组全部投产发电。

2.3.12　凤滩水电站

凤滩水电站地处湖南省西部,位于怀化市沅陵县境内。坝址控制流域面积为 17 500 km,多年径流量为 195 亿 m³。凤滩水电厂以发电为主,兼有防洪、航运、灌溉、水产养殖等综合利用功能。正常蓄水位为 205 m,总库容为 17.4 亿 m³,有效库容为 10.6 亿 m³。老厂装机容量为 40 万 kW,保证出力为 10.3 万 kW,多年平均发电量为 20.43 亿 kW·h。2004 年,左岸扩机两台 20 万 kW

机组投运，随后进行老厂 2 号机组增容工程，总装机容量达到 81.5 万 kW。

2.3.13 高滩水电站

高滩水电站位于湖南省怀化市沅陵县明溪口镇境内，属沅江最大支流酉水最末一级电站，上游距凤滩水电站 13.77 km，下游距沅陵县城 29 km、距沅水干流碗米坡水电站 112.4 km，是利用凤滩与碗米坡两座水电站的区间水头发电的低水头河床式电站。坝址以上控制流域面积为 17 697 km²，占酉水总流域面积的 95.5%，多年平均径流量为 157.3 亿 m³。水库正常蓄水位在 118 m、死水位在 114.2 m、尾水位在 108 m，正常蓄水位库容为 2730 万 m³，总库容为 6240 万 m³，库区回水线长度为 13.77 km，属于日调节水库。

2.3.14 五强溪水电站

五强溪水电站位于沅江干流中下游河段，为沅水干流梯级规划中最大的水电站。工程以发电为主，兼有下游尾闾防洪及沅水干流航运等综合利用功能。水库正常蓄水位为 108.00 m，相应库容为 30.48 亿 m³，死水位为 90 m，调节库容为 20.20 亿 m³。水电站装机容量为 120 万 kW，采用 5 台单机容量为 24 万 kW 的混流式水轮发电机组，保证出力为 25.5 万 kW，多年平均发电量为 53.7 亿 kW·h。该工程于 1988 年 10 月开始施工，1991 年 11 月实现大江截流，1996 年 5 台机组全部投产发电。

2.3.15 凌津滩水电站

凌津滩水电站位于湖南省常德市桃源县境内，是沅江干流梯级规划的第 13 级，坝址上距五强溪水电站 47.5 km，下距桃源县城 40 km。本工程以发电为主，兼有航运等综合利用功能，是五强溪水电站的反调节电站。水电站枢纽主要由大坝、河床式发电厂房和船闸等部分组成。水库正常蓄水位在 51 m，防汛限制水位为 51 m，总库容为 6.34 亿 m³，水电站装机容量为 27 万 kW，采用 9 台单机容量为 3 万 kW 的贯流式机组，多年平均发电量为 12.15 亿 kW·h。本工程于 1995 年由国家批准开工，2000 年底 9 台机组全部投产发电。

2.3.16 桃源水电站

桃源水电站为低水头径流式水电站，是沅江干流最末一个水电开发梯级，坝址位于湖南省常德市桃源县漳江镇双洲，水电站上游距凌津滩水电站 38 km，下游距常德市城区 31 km。它是以发电为主，兼顾航运、旅游、防洪等综合利用的省、市重点工程。水库正常蓄水位在 39.50 m，死水位在 39.30 m。水电站装机容量为 18 万 kW，采用 9 台单机容量为 20 MW 的贯流式机组，水电站多年平均年发电量为 7.93 亿 kW·h，装机年利用小时数达 4 404 h。2014 年 9 月底，9 台机组全部投产发电。

3　水库调度

3.1　水库调度概述

水库调度，也称水库控制运用。水库调度工作是根据水库承担水利任务的调度原则，运用水库的调蓄能力，在保证大坝安全的前提下，有计划地对水库的天然径流进行预泄，达到除害兴利、综合利用水资源、最大限度地满足国民经济各部门需要的目的。它是水库运行管理的中心环节，主要内容包括：拟定各项水利任务的调度方式；编制水库调度规程和年调度计划；确定面临时段（月、旬）水库蓄泄计划及日常实时操作规则等，这是保障水库安全、充分提升水库综合效益的最重要的环节。水库调度工作关系到国民经济各部门的发展，调度得当，其增加的效益十分可观；调度失误，将造成严重的损失。因此，各级有关部门对水库调度工作应当十分重视。在水利工作的重点已经转移到管理上来的今天，进一步加强水库调度工作就更加具有特殊的意义。

3.1.1　水库调度的发展

国外最早有关水库调度的研究起步于 20 世纪 40—50 年代。1955 年，相关学者将动态规划应用于水库调度，采用马尔可夫链描述入库径流过程，建立了水库调度随机动态规划数学模型，开创了数学规划理论应用于水库调度领域的先河。1957 年，《动态规划》（*Dynamic Programming*）一书正式出版，为动态规划理论的推广应用奠定了基础。随后，大量数学规划理论成果形成，水库优化调度也逐渐从理论走向实际。

随着大规模水库工程的兴建，水库群联合运行方式的研究得到了国内外学者的重视。在过去的半个多世纪，相关研究人员开展了一系列水库群多目标优化调度研究工作。相关学者将动态规划方法应用于水库群系统优化调度的研究，其后的学者针对传统的优化方法做了大量改进与发展。随着数学理论的发展，控制理论与模糊理论先后被引入水库群联合调度研究，同时为理解复杂水库群系统多目标优化问题的本质提供了新的思路。此后，随着人工智能和计算机技术的成熟，启发式优化方法被广泛应用于水库群优化调度研究，为解决复杂约束条件下的大规模水库群优化求解提供了更加灵活、高效的工具。

经过60多年的研究，业界对水库群调度已经形成了较为统一的认识，即水库群调度是对相互间具有水文、水力联系的水库及相关设施进行统一协调调度，从而获得单独调度难以实现的更大效益的调度。对水库群系统开展联合调度能够充分发挥水库间的水文补偿和库容补偿作用，最大限度地提高水资源的利用效率。

3.1.2 水库调度的功能

水库调度的功能发展也经历了复杂且漫长的过程。中华人民共和国成立后的70多年中，水库调度的功能发展到了发电、防洪、供水、灌溉、改善民生和生态保护六大方面，并且随着水系交通网的构建，今后水库调度的功能将会更加完善、更加多样化。下面对水库调度功能发展主要经历的阶段进行详细介绍。

一是发电。水库调度根据水库调度图和电力系统运行调度命令进行。水库调度图是根据历史水文资料以及水文气象预报，经分析计算编制而成的，它指明了水库在运行时段水头和流量的相应的合理运行方式。发电调度是根据电力调度及各用水部门对水库的要求，编制年度汛期、供水期的发电调度意见，以指导水库的实际运行。

二是防洪。我国降雨分布不均，各大流域汛期大约能降下全年80%的雨水，没有水库的拦蓄，大江大河的水位会起伏很大。中华人民共和国成立70多年来，我国建设的水库总库容有9 300多亿 m³，其中防洪库容有1 800多亿 m³，可以在汛期用于调节洪水。通过防洪库容把水位比较高的洪水拦在水库里，所谓的错峰、削峰就是这个意思。

三是供水。水库存蓄的水，除了防洪库容，其他的库容还可以发挥供水的作用。我国现在全年大中型水库供水量为2700多亿 m³，约占总供水量的40%。一方面水库是很多城市的水源；另一方面很多水库是重大调水工程的源头水库，如丹江口水库就是南水北调的源头。

四是灌溉，水库调度在这方面的作用十分显著。我国耕地面积有19.18亿亩（1亩 ≈666.67 m²），其中不乏一些没有灌溉能力的耕地。在有灌溉能力的耕地当中，靠大中型水库控制灌溉的有3.5亿多亩。众多的小型水库也是农村重要的源头水库，在抗旱减灾、农村人口饮用水安全、保障粮食安全等方面起到积极作用。

五是改善民生，水库调度在这方面产生的效益也很明显。由于绝大多数的水库都在农村，特别是小型水库主要在农村，它们可以发挥很大的积极作用。如果水库的水没有达到饮用水要求，可以利用水库的资源发展养殖业或旅游业。这样，既可以增加农、牧业的效益，也可以增加农民的收入，对农村经济发展起到积极的作用，对乡村振兴也会起到促进作用。

六是生态保护。水库对周边的环境有一定的降温、增湿、净化空气的作用。当然，不同地区不同水库的大小是不一样的。有调节能力的水库通过"蓄丰补枯"，保证了枯水期水库的下泄流量，可以改善枯水期水库流域水质，使流域下游的河道流量更加均衡，对生态保护有正面的作用。采用日平均最小出库流量方式可以保证下游生态用水需求，有效缓解生态恶化。

3.1.3　水库调度的目的及意义

水库的科学管理、合理调度可以实现"一库多用，一水多用"，更好地满足各部门对水库和水资源的综合利用要求。通过合理调度，可以协调防洪、兴利的矛盾，力求使同一库容能综合使用，既用于防洪，又用于为兴利供水。可使水电站水库在承担电力负荷的同时，尽可能满足下游航运、灌溉用水的要求。

生产实践中水库工程在管理上存在一定的困难，主要原因是：水库工程的工作情况与所在河流的水文情况密切有关，而天然的水文情况是多变的，即使有较多的水文资料也不可能完全预测未来的水文变化。目前，水文和气象预报科学的发展水平还不能进行足够精确的长期预报，对河川径流的未来变化只能进行一般性的预测。因此，如管理不当可能造成损失，这种损失可能是洪水调度不当带来的，也可能是不能保证水利部门的正常供水而引起的，还可能是不能充分利用水资源或水能资源而造成的。

在难以确切掌握天然来水的情况下，管理上可能出现各种问题。例如，担负有防洪任务的综合利用水利枢纽，若仅从防洪安全的角度出发，在整个汛期都要留出全部防洪库容，等待洪水的来临。在一般的水文年份中，水库在汛期结束后可能蓄不到正常蓄水位，减少了充分利用兴利库容来获利的可能性，得不到最大的综合效益。反之，若单纯从提高兴利效益的角度出发，过早将防洪库容蓄满，则汛末再出现较大洪水时就会措手不及，甚至造成损失严重的洪灾。从供水期水电站的工作情况来看，也可能出现类似的问题。在供水期初，如水电站发的出力过大，水库很早放空，而当后来的天然水量不能满足要求水电站保证的出力时，则系统的正常工作程序将遭受破坏；反之，如供水期初水电站发的出力过小，到枯水期末还不能腾空水库，而后来的天然水量又可能很快蓄满水库并开始弃水。这样就不能充分利用水能资源，也是很不经济的。

为了避免上述因管理不当而造成的损失，或将这种损失降到最低，应当对水库的运行进行合理的控制。换句话说，要提出合理的水库调节方法进行水库调度。

3.2　水库常规调度

水库常规调度常根据水库调度图来实现。水库调度图由一些基本调度线组成，这些调度线是具有控制性意义的水库蓄水量（或蓄水位）变化过程线，是根据以往水文资料和水利枢纽的综合利用任务绘制的。有了水库调度图后，即可根据水利枢纽在某一时刻的水库蓄水情况及其在水库调度图中相应的区域，决定该时刻的水库操作方法。根据兴利要求编制水库运行方案就是兴利调度，根据防洪要求编制防洪库容的运行方案就是防洪调度，水库基本调度图如图3-1所示。

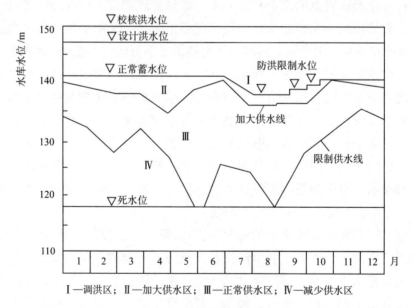

I—调洪区；II—加大供水区；III—正常供水区；IV—减少供水区

图 3-1　水库基本调度图

应该指出，水库调度图不仅可用以指导水库的运行调度，增大编制各部门生产任务的预见性和计划性，提高各水利部门的工作可靠性和水量利用率，更好地发挥水库的综合利用作用，同时也可用来合理决定和校核水库的主要参数

（如正常蓄水位、死水位及水电站装机容量等）。

大型水利枢纽在规划设计阶段也常用水度调度图来全面反映综合利用要求，以便寻求解决矛盾的途径。

绘制水库调度图的基本依据如下：

①来水径流资料，包括时历特性资料（如历年逐月或逐旬的平均来水流量资料）和统计特性资料（如年或月的频率特性曲线）。

②水库特性资料和下游水位、流量关系资料。

③水库的各种兴利特征水位和防洪特征水位等。

④灌溉用水过程线。

⑤水电站保证出力图。

⑥其他综合利用要求，如航运、给水、旅游等部门的要求。

由于水库调度图是根据过去的水文资料绘制的，所以只反映了以往资料中几个带有控制性的典型情况，而未能包括将来可能出现的各种径流特性。实际上，来水量变化情况与编制水库调度图时所依据的资料是不尽相同的，如果机械地按水库调度图操作水库，就可能出现不合理的状况，比如发生大量弃水或汛末水库蓄不满等情况。因此，为了做到使水库有计划地蓄水、泄水和利用水，充分发挥水库的调度作用，获得尽可能大的综合利用效益，就必须把水库调度图和水文预报结合起来考虑，根据水文预报成果和各部门的实际需要进行合理的水库调度。

应该强调指出，在防洪与兴利结合的水库调度中，必须把水库的安全运用放在首位，要保证设计标准条件下的安全运用。水库在防洪保障方面要保护国家和人民群众的最根本的利益，尤其是当工程还存在一定隐患和其他不安全因素时，水库调度过程中更要全面考虑工程安全，特别是大坝安全对洪水调度的要求。兴利效益务必服从防洪调度统一安排，通过优化调度，把可能出现的最高洪水位控制在水库安全允许的范围内。在此大前提下，再统筹安排满足下游防洪和各兴利部门的要求。

3.3 水库优化调度

常规调度方法是在实测资料的基础上绘制水库调度图来指导水库的运用，具有简单直观和一定可靠性的优点。但是，由于水库调度图带有一定的经验性，所以调度得出的结果一般只是可行解而不是最优解。另外，由于水库调度图的绘制，往往不考虑短期或中长期预报；或者即使按某些判别式进行调度，又要考虑本时段的预报来水量，所得结果也只是局部最优解而非全周期最优解。至于满足各种约束条件，考虑不同的最优准则，进行水库群和水利系统的联合调度，常规调度都存在着不足之处。因此，需要应用系统分析的方法来研究水库和水库群的优化调度。这就是，将单一目标水库或综合利用水库以至水库群看成一个系统，应用系统工程中的某些优化方法，来研究水库优化调度问题。

3.3.1　优化调度中系统分析的基本概念

所谓系统，指具有相互依赖和相互作用关系，在完成特定功能上相互制约和相互影响的若干元素所构成的统一的有机整体。

系统具有整体性、相关性、目的性和环境适应性等特性。构成系统的各元素具有不同的性能，系统不是简单的集合，而是一个统一成具备良好功能的整体。任何系统都不能孤立存在，必定存在于一定的环境之中。那些具有相互关系的基本单元所构成的统一体的内部就属于系统，而与之有相互作用的其他部分则属于环境（或系统界限）。环境可按事物本身的特性和研究问题的需要而划分范围和边界。一个系统必然与外部环境产生物质的、能量的和信息的交换，必须适应环境的变化。

系统本身一般可由输入、转换和输出三个部分组成。外部环境实质上就是系统工作的约束条件。系统在特定环境下对输入进行处理、加工，满足一定的目标而变为输出。因此，从这个意义上来说，系统又可理解为一个把输入转换为输出的转换机构。基本的系统模型可由图 3-2 表示。

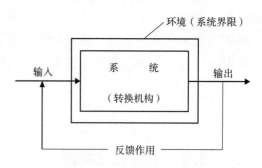

图 3-2　基本系统模型

所谓系统分析，就是从系统的全局出发，统筹考虑系统内各个组成部分的相互制约关系，力求将复杂的生产问题和社会现象，用物理方法和数学语言来描述，按照拟定的目标准则，通过模拟技术和最优化方法，从多种比较方案中识别和选择最优方案。其一般包括以下几个阶段：明确问题的内容与边界，确定系统的目标；建立数学模型；运用最优化理论和方法对数学模型求解；进行系统评价，确定最优系统方案。

3.3.2 水库调度的数学模型及最优化调度的基本内容

运用系统工程的观点和方法来研究水库的调度，就是要在水库枢纽工程的参变数已定的条件下，确定完成任务最多或发挥作用最大而不利影响最小的优化操作方法。当把水库或水库群看作一个系统，则水库及有关建筑物和设备就是系统的各个元素。入库径流就是输入；防洪、发电和灌溉等综合利用就是输出。库容大小、水位变幅、水电站装机容量和下游防洪要求等限制就是环境。当把水库或水库群系统的各元素以及输入和输出等通过一定的简化和某些假定后，可用数学形式来描述表达，就可以得到水库调度的数学模型，进而可以采用最优化方法对数学模型求解而获得最优调度方案。因此，研究水库的最优化调度，需要研究入库径流以便拟定输入、构造数学模型以及探讨最优化的求解方法。

水库调度的数学模型，通常由最优化的目标函数和约束条件两部分组成。最优化的目标函数，即最优化问题优化目标的数学表达式，一般以效益或费用表达为主，与最优化准则有关。约束条件反映各种设备运行的能力和各种限制要求。

3.3.2.1 最优化准则

它是衡量水库运行方式是否达到最优的标准。对于单目标或以某一目标为主的水库，最优化准则较为简单。如发电为主的水库，可以是在合理满足其他部门用水要求的前提下，电力系统计算支出最小或电力系统总耗量最小或水电站发电量最多等。对于以防洪为主的水库，可以是在合理考虑其他综合利用要求下，削减洪峰后的下泄成灾流量最小或超过安全泄量的加权历时最短等。对于多目标水库或复杂的水利系统，则应以综合性指标最优为好，如以国民经济效益最大或国民经济费用最小等。

3.3.2.2 目标函数

目标函数的一般表达形式为

$$Z = \max f\left(x_i, s_j, p_k\right) \qquad (3\text{-}1)$$

式中，x_i——决策变量；

$\quad\quad s_j$——状态变量；

$\quad\quad p_k$——系统参数。

目标函数取极大化（max）或极小化（min）应依拟定的准则而定。当以效益为标准时，取极大化。当以成本或费用为标准时，取极小化。具体而言，需要视目标准则而定。如水电系统以水电站群总发电量最大为最优化准则时，目标函数就可写为

$$Z = \max \sum_i \sum_i E_t^i \qquad (3\text{-}2)$$

式中，E_t^i——第 t 时取第 i 个水电站的发电量。

3.3.2.3 约束条件组

水库调度中的约束条件，一般有水库蓄水量（或蓄水位）的限制、水库泄水能力的限制、水电站装机容量的限制、水库及下游防洪要求的限制和水量与电量平衡的限制等。通常以数学函数方程表示，组合成一组约束方程组。

水库调度的目标函数和约束方程组成的数学模型，按照输入、输出的不同，以及目标函数和约束条件的差异，又可分别分为静态模型和动态模型、确定性模型和随机模型、线性模型和非线性模型。当系统变化与时间进程无关时，就称为静态模型。当在一定的时空范围内，变量和参数均采用确定值，通过优化求得的效益指标也是确定值时，这就是确定性模型。当模型中所有数学方程都是线性时，就是线性模型；当模型中的全部或部分数学方程是非线性时，就是非线性模型。

研究水库调度，常将水库蓄水量（或蓄水位）作为状态变量。调度开始时即初始状态的水库蓄水量，一般为已知。若沿时间坐标取定时段（或阶段），则水库调度的主要任务就是确定时段内水库的供水量、蓄水量和泄水量，同时得出时段末水库的蓄水状态。一般将第一时段所采取的蓄泄决定称为决策。由于每一时段都要采取一种决策，于是计算周期内各时段取定的决策所组成的时间序列称为策略。一种策略实际上就是一个调度方案。

因此，水库优化调度的基本内容就是根据水库的入流过程，通过最优化方法，对水库调度的数学模型求解，以寻求最优的控制运用方案。水库照此最优方案蓄泄运行，可使防洪、灌溉、发电等部门所构成的总体在整个计算周期内

总的效益最大、不利影响最小。从数学观点来看，寻求水库最优调度方案，就是求解包含时间因素的多步决策的最优化问题。

3.4 水库群联合调度

20 世纪 60 年代以来，国内外诸多学者对水库优化调度理论和方法进行了研究，但主要是针对单个水库或单个目标开展工作。进入 21 世纪以来，随着大批水库电站的建成和投入使用，我国已形成了一批巨型水库群，如黄河上游、长江上游、第二松花江、三峡梯级和清江梯级水库群等，我国水电工程已经进入由建设到管理运行的关键转型期，国家能源发展战略规划对我国的水电发展提出了新的要求，因此开展水库群联合调度是顺应"节能发电"与"洪水资源化"的时代需求，具有重大的理论价值和现实意义。近年来，水文气象预报精度的提高、系统决策科学理论的日益完善和计算机软硬件技术的快速发展，为水库群联合调度创造了条件。

3.4.1 水库群相关基础知识

在河流的治理开发中，人们兴建了水库，一方面是根治洪涝灾害，另一方面是开发水利资源，进行灌溉发电。水库群的水利计算和水库调度与单一水库比较是有很大不同的。为此，我们对水库群必须有个正确的理解。

为了从全流域的角度达到防灾和兴利的双重目的，需要在干流与支流上布置一系列水库，形成一定程度上能相互协作，共同调节径流，满足流域整体中各用水部门的需要。这样一群共同工作的水库整体称为水库群。

水库群与单一水库比较有两个特征。

①共同性，即共同调节径流，共同为一些开发目标（如防洪、灌溉、发电）服务。

②联系性，即水库群中各水库之间常常存在着一定的水文、水力、水利上的相互联系。由于库与库之间有联系性，才产生了"群"的概念，并发挥"群体"的作用。例如，对水库群的联合调度与水库单独调度相比较，在防洪方面，前者可以提高总的防洪效益，减少水害；在灌溉方面，可以提高总的设计灌溉供水量，扩大灌溉效益；在发电方面，可以提高总的保证出力，增加发电量。

水库群按照各水库在流域中的相互位置和与水力有无联系，可以分成三种类型：并联水库群、串联水库群和混联水库群。

①并联水库群。它包含位于几条相邻的干流、支流上的并排水库。它们有各自的集雨面积，并无水力联系，仅当为同一目标共同工作时，才有水利联系，如图 3-3 中的水库 1 ～ 3。

②串联水库群，又称梯级水库。它包含的水库布置在同一条河流上，各水库的径流之间有着直接联系，又因在同一河流上，有着水力联系，共同为某一目标工作，有着水利联系，如图 3-3 中的水库 2，4，5，6。

③混联水库群。并联与串联混合的更一般的水库群，如图 3-3 中的水库 1 ～ 6。

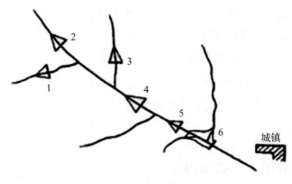

图 3-3　水库群示意图

由于组成水库群的各个水库的特点和相互联系性不同，水库群的水利计算和调度也不相同，问题较为复杂，主要表现在以下几个方面。

①调节性能上的联系。各水库库容有大有小，库容大调节性能强的水库可以帮助库容小调节性能差的水库，发挥所谓"库容补偿"的作用，提高总的开发效益。

②利用水文情势上的差别。由于各水库的地理位置不同，各水库的来水量、年内分配也可能不同，有水文同步和不同步的情况。作为水库群联系考虑，将发挥"水文补偿"的作用，也可以提高效益。

③径流和水力上的联系。在梯级水电站开发中，下库的入库径流过程与上库的放水有关，下库的正常水库蓄水量常受到上库的水库蓄水量的制约，这使得各水库的参数选择和联合调度有着密切的相互联系。

④水利和经济上的联系。流域上总的开发治理，往往不是单一水库就能完成的。例如，洪涝的根治、大面积的灌溉、电网电力的供应常常是全流域内（甚至跨流域）由各水库共同来承担，这样的总效益会更好。这就使得水库群中各

水库之间有一定水利和经济上的相互联系，所以要发挥各水库的特点，取长补短，充分利用各种"补偿"作用，使全流域的治理开发总的效益最大。

3.4.2　水库群联合调度原则

对以防洪为主的水库群，应采用补偿方式调度，一般以梯级水库的上游水库或距防洪保护区较远的并联水库群先行补偿，对洪水的调节能力较高、距下游防洪保护区较近的水库最后控制泄量；对于以灌溉及供水为主的水库群，以总弃水量最小拟定各个水库的蓄放水次序，梯级水库上游水库应先蓄水后供水，水库群中如有调节能力高、汛期结束较早的水库则应先蓄水，在供水期按总供水要求进行补偿调节；对于以发电为主的水库群，在满足系统正常供电要求的前提下，以总发电量最大拟定各个水库的蓄放水次序，梯级水库上游水库一般应先蓄水后供水；对于并联水库群，需要采用一些方法（如判别式法、库容效率指数法），根据各水库具体判别情况来确定最佳的蓄放水次序。外国在水库群调度领域有许多应用成功的案例，如美国加利福尼亚中心流域工程优化调度系统、田纳西流域机构的水资源优化调度系统、美国陆军工程兵团开发的防洪兴利调度系统等。

3.4.3　水库群联合调度目标函数及约束条件

水库群联合优化目标必须尽可能满足国民经济和社会发展的各项具体要求，如防洪、发电、灌溉、供水和生态保护等能以定量指标表示的具体目标。在以发电为主的水库群系统中，常以发电量最大、总出力最大或发电效益最大等为目标函数；在以防洪为主的水库群系统中，常以最大削峰准则、最大防洪安全保证准则和最短洪灾历时准则等为目标函数。在不同类型水库的调度中，发电、灌溉及供水一般主要是兴利调度的对象，防洪是各水库在汛期的主要调度对象，灌溉、供水、航运、防洪和生态保护等主要是在兴利调度中通过给定限制条件来实现的。近年来随着水资源可持续发展观念的日益加强，综合考虑水资源经济、环境、生态和社会的和谐发展，水库群联合调度已成为多目标调度问题，是近来国内外研究的一大热点。

处在同一流域的梯级水电站不仅有水量水头的联系，也有电力方面的联系。由不同调节性能和不同入库径流特性的水库组成的水电站群，约束条件常用上下游水位、水头、水电站出力、额定用水、下泄流量等指标组成等式或不等式表示。对于承担防洪、发电、灌溉、航运及生态保护等任务的水库群系统，如果各目标效益可以公度则其运行调度可采用单一经济目标的优化模型；若不能公度则需转化为多目标问题来处理。

3.5 南方湿润地区梯级水库群调度方式

三峡—葛洲坝梯级水电站装机容量为 25 235 MW，发挥着防洪、航运、发电、水资源利用、生态保护等综合利用的作用。一直以来，由于水库调度和电力调度在调度职能及调度任务上存在一定的差异，实时调度中，三峡梯级水电站延续了传统调度管理模式，水、电分开调度。随着三峡梯级水库调度目标逐步提升和调度限制逐渐增加，调度运行中对调度实施的有效性、控制的可靠性及联合调度的融合性提出了更高要求。溪洛渡—向家坝、大渡河、澜沧江等流域集控中心也开始探索"调控一体化""水电合一""运维合一"等多类型调度管理模式，并取得了较好的效果。

3.5.1 "调控一体化"调度管理模式

"调控一体化"调度管理模式的基本含义，即在三峡水利枢纽梯级调度通信中心（以下简称"梯调中心"）实现对电站既调度又控制的一体化管理，兼容电站电力调度和集中监控两方面的职能。"调控一体化"调度管理模式的工作程序如下。

①调度运行管理。梯调中心根据水情预报、设备状态、电网约束条件、电力市场因素等按"以水定电"的原则编制年、月、日发电计划和机组运行方式安排，报上级调度和主管机构审批，实时调度运行过程中需要变动计划的在调度台进行申请变动。梯调中心直接接收和执行电网调度指令，并对梯级水电站机电设备、水工泄洪设施实施远方操作和监控，组织协调运行日常管理及事故处理。

②电厂运行值守管理。电厂由常规的现场运行值班管理转变为现场运行值守管理。电厂运行人员的主要职责是：熟悉当值期间机组的运行方式和设备运行状态；负责紧急或异常情况下水电站设备的运行监视和控制等工作；负责现场设备操作、应急处理、设备巡检、工单办理、隔离措施的操作、配合现场维修调试操作及设备"诊断运行"等工作。

同时，实施"调控一体化"调度管理模式有以下必要性。

①梯调中心可以依托先进可靠的水情预报和实时采集系统，根据流域特性

和流域来水情况，实时调节流域水库的水量平衡，科学安排梯级水电站机组的检修，充分利用全流域的水资源，提高水头，减少弃水，增大发电量，实现发电效益最大化。

②根据机组运转特性，科学调整机组开机台数，合理分配机组出力，降低发电耗水率，提高机组效率，避免机组运行在震动区，延长机组的使用寿命，提高水电站经济运行指标。

③对于调度管辖的设备，正常情况下都不需要转发调度令，对机组、线路、闸门、厂用电等主辅设备进行远程操作控制，缩短了调令来回传递的时间，减少了中间管理环节，优化了工作流程，确保了重要设备操作的及时性，提高了调度运行工作效率。

④集中监控，可以有效地优化人力资源配置，减少现场运行人员，降低运行管理成本。

3.5.2　"水电合一"调度管理模式

"水电合一"调度管理模式的基本内涵，即实现对水库、电力的联合统一调度。"水电合一"调度兼顾多专业、多层级调度，根据流域水雨情信息，合理制订发电计划，实时控制水库出库流量平衡水量；充分利用水能资源，提升发电机组发电效率，减少水库弃水，增加发电量；综合调配航运、生态保护等调度需求；统筹协调梯级水电站实时调度生产业务，充分发挥梯级水电站效益。

"水电合一"调度管理模式的应用有以下必要性。

①有利于流域防洪调度安全和优化梯级水库调度。比如三峡—葛洲坝梯级水库最主要的任务是防洪。在洪水调度过程中，若存有水雨情预报误差、发电计划制作误差、电网设备稳定性差及电网系统对负荷要求达不到等情况，都会导致洪水调度精度降低。特别是三峡水电站作为一个调峰、调频功能的巨型电站，电网的调度需求会对水库调度的准确性有一定的影响。

②有利于提高电网和厂站设备运行的可靠性。在"水电合一"调度管理模式下，调度员减少了设备操作过程中调度指令的流转环节，可以直接将调度指令统一下发至三峡水电厂和葛洲坝水电厂厂站运行人员，减少了多对一的调度指令下达情况，避免执行下达的失误，提高了设备操作安全性。

③有利于优化调度运行人力资源。实施"水电合一"调度管理模式，将原来的水库调度员和电力调度员培养成"水电合一"复合型的全能调度员，调度值由原来的五值每值四人调整为六值每值三人，将一部分人从调度运行倒班工作中轮换出来进行业务学习和身心调整，进一步提升调度运行人员的综合业务能力。

④是应对电力市场改革的需要。随着电力市场改革的深入推进和电力市场交易规模的不断扩大，水电站将逐步高度参与电力市场交易。梯级水电站在电力市场秩序下构建符合电网系统运行规律、水库调度规则，并遵循电力市场交易的崭新模式，是梯级水电站实时调度研究的一个新方向。

⑤是建设智慧型流域调度机构改革的重要手段。"用好每一方水、调好每一度电"是梯调中心的核心理念，"水电合一"调度正是基于这一核心理念进行的水电联合调度，在保证三峡梯级水电站安全的前提下，合理利用水资源，配合长江流域进行防洪、航运、生态保护调度，保障电网系统和电站设备安全。

3.5.3 "运维合一"调度管理模式

"运维合一"调度管理模式的着力点在于：其有机地将水电厂的运行与维护环节综合成一个整体，不需要各自安排运行工作者和检修维护工作者，而是通过同一批次的工作者来开展水电厂的运行及维护工作。"运维合一"调度管理模式可以更深层次地改善与升级水电厂的组织结构，提升水电厂工作者的综合业务能力，是将来我国水电厂调度管理模式的重要发展趋势。相对于传统的调度管理模式，这一模式的特征主要体现在以下几个方面。

3.5.3.1 组织结构明确简化

该模式可以高效地将水电厂的组织结构精简化，过去的调度管理模式所引发的水电厂机构冗杂、部门协调不便的问题得到了合理解决。在"运维合一"方向发展管理模式下，水电厂的组织结构开始朝着扁平化方向发展。在各个水电厂中，一般都会专门安排一个部门负责设备日常运行维护。这也在很大程度上提高了来水电厂的运维效率，契合聚集管控、统一运营的工作理念。

3.5.3.2 重视团队之间的协作能力

培养团队理念是水电厂"运维合一"调度管理模式的关键内容，也是提升水电厂生产经营效率的重要一环。"运维合一"调度管理模式重视培养运维人员的认知与沟通能力，也就是水电厂需要通过多种手段提升员工的团队理念及协作能力。在工作过程中，一般以团队作为单位予以部署。这样一来，就可以实现提升工作效率、培养团队凝聚力的目标。

3.5.3.3 员工业务能力强

在"运维合一"调度管理模式下，同一个工作者既是运行工作者也是维护检修工作者，每个人都需要承担多方面的义务与职责，这就对工作人员的业务能力提出了更高的要求。为了能够契合这样的标准，水电厂会对职工开展定期的技能培训，这就在很大程度上提升了员工的业务能力以及公司的核心竞争力。

3.5.3.4 运维工作标准化

在我国水电厂传统的调度管理模式下，水电厂组织机构数量繁多，很难设定出具有针对性的制度来统筹各部门工作，各部门的合作协调能力及生产效率很难得到提升。反之，在水电厂的"运维合一"调度管理模式下，部门组织结构日趋精简化，在很大程度上有助于企业制定统一、具有针对性的规章条例及机制，有助于水电厂运行维护等多方面工作的推进，从规章制度层面提升了职工的生产积极性，提升了各项工作完成的质量水平，最终提升了水电厂的工作效率经济效益。

综上所述，"运维合一"调度管理模式有助于提升水电厂的生产经营效率以及水电厂的市场竞争力，还能够降低运营成本，最终推动水电厂良性发展。

3.6 沅江流域水库调度概况

3.6.1 防洪

沅水流域防洪治理采取"蓄泄兼筹、以泄为主"和"标本兼治、综合治理"的方针，初步建立了综合防洪减灾体系。

流域内干支流已建堤防工程 1 589.2 km、岸坡防护工程 1 162.2 km；建成水库 3 160 座，重要防洪水库有干流上游的托口水库（防洪库容为 1.98 亿 m³）、干流中游末端的五强溪水库（防洪库容为 13.6 亿 m³）及支流酉水下游的凤滩水库（防洪库容为 2.80 亿 m³）等；设立了车湖、木塘和陬溪垸三个省级蓄洪区。现状条件下沅水尾闾地区的部分防洪能力约 30 年一遇。各级政府和有关部门加大了山洪灾害防治力度，山洪灾害防治工程措施逐步实施。流域内修建了机电排灌、涵闸、撇洪渠及洼排工程等治涝工程，提高了易涝农田的除涝能力。

沅水中下游干流主要防洪保护对象为桃源、常德及尾闾地区，均位于五强溪水电站以下河段。其中，常德市城区规划防洪标准为 50～100 年一遇，桃源及尾闾地区规划防洪标准为 20 年一遇，防洪调度任务主要由五强溪和凤滩梯级水电站完成。

3.6.2 发电

沅水干流主要水电站如五强溪、三板溪等水电站主要供电湖南,将承担湖南电力系统的调峰、调频和事故备用职责,水电站本身对其上下游梯级水电站的补偿作用将显著改善湖南电力系统的电源结构。沅水干流主要水电站发电指标如表3-1所示。

表3-1 沅水干流主要水电站发电指标

序号	水电站名称	装机容量/万kW	装机台数/台	容量构成/台×万kW	保证出力/万kW	多年平均年发电量/亿kW·h	年利用小时/h
1	三板溪	100	4	4×25	23.49	24.28	2 428
2	挂治	15	3	3×5	4.25	4.021	2 681
3	白市	42	3	3×14	8.97	12.36	2 943
4	托口	83	6	4×20+2×1.5	12.93	21.31	2 567
5	洪江	27	6	6×4.5	3.34	10.17	4 311
6	五强溪	120	5	5×24	25.5	53.7	4 470
7	凌津滩	27	9	9×3	5.66	12.15	4 500

3.6.3 生态

为落实最严格的水资源管理制度,加强流域水资源的统一管理和调度,规范用水秩序,确保水生态安全,促进经济社会可持续发展,湖南省水利厅、湖南省发展和改革委员会、湖南省生态环境厅下达了《湖南省主要河流控制断面生态流量方案》,以沅水流域梯级水库群为例,为切实保障人民群众的生产生活和沅水下游的生态安全,对沅水流域各水电站明确了最小生态流量,具体见表3-2。

表3-2 沅水流域生态流量控制指标表　　　　　　　　　　　m³/s

序号	河流	水电站名称	生态流量	最小流量
1	清水江	三板溪	40	65
2	清水江	挂治	40	65

序号	河流	水电站名称	生态流量	最小流量
3	清水江	白市	56.4	78
4	沅水	托口	82.4	120
5	沅水	洪江	120	145
6	沅水	安江	135	151
7	沅水	铜湾	140	155
8	沅水	清水塘	141	156
9	沅水	大洑潭	153	167
10	酉水	落水洞	9.5	9.5
11	酉水	碗米坡	28.3	29.4
12	沅水	五强溪	295	395
13	沅水	凌津滩	298	398

3.6.4 航运

水库调度不仅承担着防洪、发电任务，同时承担着十分重要的航运任务。以沅水流域梯级水库群为例，三板溪、白市、托口、洪江、安江、铜湾、清水塘、大洑潭、渔潭、五强溪、凌津滩、桃源等工程开发任务均以发电为主，并兼有航运功能。其中，三板溪水电站仅承担对上游的航运任务，水库本身没有船闸、升船机等通航建筑物；白市水电站通航建筑物采用一级桥吊升船机，布置于枢纽左岸河床位置，航道等级为Ⅶ级；托口水电站通航建筑物采用一级垂直吊升船机，布置于左岸紧邻厂房坝段，最大跨越水头 61.6 m，航道等级为Ⅶ级；洪江水电站采用二级船闸通航，由上游引航道、（船闸）上游进水口、3 个闸首、2 个闸室、（船闸）下游泄水口和下游引航道 9 部分组成；五强溪水电站采用三级船闸通航，由上游引航道、（船闸）上游进水口、4 个闸首、3 个闸室、（船闸）下游泄水口和下游引航道 11 部分组成，全长达 1.66 km，航道等级为Ⅳ级；凌津滩水电站采用一级船闸通航，由上游引航道、2 个闸首、1 个闸室、下游引航道 5 部分组成。

4　南方湿润地区流域水文预报

4.1　水文预报概述

水文预报指根据前期或现时的水文气象资料，对某一水体、某一地区或某一水文站在未来一定时间内的水文情况做出定性或定量的预测。它是现代水文学的一个重要组成部分，是水库实施防洪预报调度的重要依据，对防洪、抗旱、水资源合理利用和国防事业都有重要的意义。它是建立在充分掌握已出现水文情势的基础上，通过及时准确的分析来预报未来水文情势变化的一门学科。水文预报不但是防汛抗旱和水库调度决策的依据，也是非常重要的防洪减灾非工程措施之一，可直接为防汛抢险、水库调度及工农业生产服务。

4.1.1　水文预报

水文预报技术是依据20世纪30年代霍尔顿下渗理论的提出而发展起来的，至20世纪60年代主要集中于对经验方法的研究。20世纪60年代以来，随着计算机技术的发展、流域水文模型和水情自动测报系统的建立，水文预报逐步实现了联机作业预报。20世纪80年代开始，随着系统控制论、模糊数学、灰色系统理论和神经网络技术等的引入，水文预报在理论与实践方面都得到了突飞猛进的发展，模型预报精度有了很大程度的提高。

现有的水文预报方法可以粗略地分为数据驱动模型方法和过程驱动模型方法两大类。数据驱动模型方法是基本不考虑水文过程的物理机制，而以建立输入、输出数据之间的最优数学关系为目标的黑箱子方法。数据驱动模型以回归模型最为常用，近年来新的预测模型也得到了快速发展，如神经网络模型、非线性时间序列分析模型和灰色系统模型等。同时，水文数据的获取能力及计算能力的飞速发展，使数据驱动模型在水文预报中得到了越来越广泛的关注和应用。

过程驱动模型指以水文学概念为基础，对径流的产流过程与河道演进过程进行模拟，从而进行流量过程预报的数学模型。其中，20 世纪 80 年代后逐渐发展起来的分布式水文模型因其对水文过程的空间描述能力和对空间信息的强大应用能力，逐渐成为水文模拟领域的研究热点，并随着地理信息系统等技术的发展而快速成长起来，在无 / 缺资料地区的水文过程模拟、流域水资源管理评价中取得了广泛的应用。

4.1.2 气象预报

气象预报又称天气预报，是根据气象观测资料，应用天气学、动力气象学、统计学等原理，参考某一区域的气候背景和天气演变规律，对指定区域未来一定时段的天气状况作出定性或定量的预测。近年来，随着信息技术、水文模拟技术的发展，将气象预报与水文预报相耦合，以延长水文预报的预见期，已成为广泛使用的手段。

作为一门预测学科，由于受到各种类型的天气系统的制约且影响天气变化的因素众多，关系极为复杂，因此，气象预报存在一定程度的不确定性。

目前，气象预报主要使用 4 种预报处理方法：第一种是经验预报方法，在天气图形式预报的基础上，根据天气系统的未来位置和强度，对未来的天气分布做出预测；第二种是统计预报方法，通过统计某一现象在历史上特定的环境条件下出现的概率，来推测在未来存在类似环境时其出现的可能性；第三种是数值预报方法，利用大气运动方程组，在一定的初值和边值条件下对方程组进行积分，预报未来的天气；第四种是集成预报方法，即把不同预报方法对同一要素的多种预报结果综合在一起，从而得出一个优于单一预报方法的预报结果。

近一个世纪以来，随着计算机技术的快速发展，立足于大气内部物理规律（如质量守恒、水相变化规律等）、需要海量计算的数值天气预报已成为现代天气预报业务的基础和天气预报业务发展的主流方向，改进和提高数值预报精度是提高天气预报准确率的关键。最近几年来，大气科学及地球科学的快速进步，以及高速度、大容量的巨型计算机及其网络系统的快速发展，加快了数值天气预报的发展步伐。在这一发展过程中，数值预报水平和可用性都有了很大提高，天气图形式可用预报目前达到甚至超过 7 天；制作更精细的数值预报也成为可能，数值模式的应用范围也从中短期天气预报拓展到短期气候预测、气候系统模拟、短时预报以及临近预报，涉猎领域从大气科学到环境科学甚至地球科学。

目前常见的数值预报产品有加拿大气象中心产品、美国环境预测中心和美国国家大气研究中心等科研机构着手开发的中尺度数值天气预报模式、欧洲中期天气预报中心产品、中国中央气象台的产品等，很多产品可以直接在网上下载使用，在很大程度上促进了气象预报与其他领域的协作发展。

同时，计算机技术的发展也促使气象预报中的统计预报方法取得了巨大进步，预报质量也逐步提高。近年，国际上借助先进的智能计算和数据挖掘技术研究和改进了气象预报方法和模型，来提高对未知气象规律的认识、提高气象预测预报能力，其已逐渐成为气象、数学和计算机领域的专家和学者关注的热点。

4.1.3 水文气象预报

水文气象预报指根据前期和现时的大气与流域水文状态，使用气象学、水文学原理及预报技术，对未来水文循环中某一水体、某一流域或者某一站点／格点的降水、蒸发、土壤水分、径流等水文气象要素的状态及可能影响进行预报预测。

水文气象预报始于 20 世纪 30 年代。美国为了满足防洪工程设计需要，专门成立了水文气象实体机构从事根据气象资料推算可能最大降水和可能最大洪水的研究与应用。随后，水文学与气象学逐步有机结合，使得水文气象学成了具有独立体系的一门学科。水文气象预报的发展，主要依赖于气象学与水文学的发展。20 世纪 70—80 年代，西方发达国家和我国先后进入广泛应用客观定量的数值天气预报的现代天气预报阶段。20 世纪 60—80 年代，流域水文模型得到蓬勃的发展与应用。尤其是 20 世纪 80 年代以后，随着计算机技术、地理信息系统、数字高程模型和遥感技术的快速发展，一系列分布式水文模型得到了发展和应用。同时，数值天气预报的定量化预报水平逐步提升，使得提高水文气象预报精度与延长预报预见期成为可能。自 20 世纪 90 年代起，欧美发达国家逐步实现了基于数值天气预报与流域水文模型的现代水文气象预报，并形成模型系统在业务中的广泛使用。最为典型的为欧洲洪水预报系统和美国水文预报服务系统。由此引发了一系列与水文气象预报相关的研究热点，如基于卫星雷达等遥感技术的定量降水估算、分布式水文模型在各领域的应用研究、流域水文气象耦合的降尺度技术和单双向耦合技术研究等。在信息技术引发的巨大变革中，我国科学家和各相关部门也在各领域取得了可喜的成果，极大地推动了我国水文气象预报技术的进步和发展。

4.2　流域水情监测

4.2.1　水情监测概述

水情监测指通过科学方法对自然界水的时空分布、变化规律进行监控、测量、分析及预警等的一个复杂而全面的系统工程，是一门综合性学科。其主要用于水文部门对江、河、湖、水库、渠道和地下水等水文参数进行实时监测，监测内容包括水位、流量、流速、降雨（雪）、蒸发、水质等。

水情监测一般由信息采集、信息存储和信息传输三个部分组成。水情信息通过传感器或人工方式获取后，以一定的方式记录和存储。一些需要实时水文信息的监测站采取一定的方式传输到相关部门。

改革开放前，我国资料收集一般为人工方式。目前经过近十几年的飞速发展，资料收集的自动化程度和现代化水平得到了极大提高。总体来说，水位和雨量收集的自动化程度要远远高于流量。一些流域和地区的水位和雨量信息收集已经具备了较高的自动化水平，其中的一些（如长江干流及其主要支流出口处的所有水位、雨量项目）已经实现了采集、存储和传输的全程自动化。

水情信息传输方式主要有卫星传输、无线公网传输、电台传输、话传、人工数传等。卫星传输是经过监测站的卫星数据发射器传送再通过卫星转发的方式，长江流域目前普遍采用的卫星有海事卫星和我国自主研发的北斗卫星。卫星传输方式基本不受区域限制，但是通信费用相对较高。无线公网传输是通过移动服务提供商提供的无线通信服务发送数字信息的传输方式，如常见的短信方式，该种方式只能在无线网络覆盖的地区使用。电台传输是通过超短波进行信息传输的方式，不需要通信费用，但通信距离有限，且受地形影响。话传和人工数传都属于人工传输方式，不同的是话传是人工打电话，人工数传是人工发电报，均属于较陈旧的工作方式。

目前，用于水文测验的仪器设备主要包括巡测车、测量船、水位观测设备、降水观测设备、流量测验设备等。

4.2.1.1　巡测车

巡测车是配备较齐全的水文测验设备，包括常用测量仪器、救生衣、涉水测验服装、安装工具等，有的巡测车上还配有机械臂，用于桥上测流。巡测车起到了我国水文站站房的部分作用，可形象地喻作"流动的水文站"。

4.2.1.2　测量船

使用测量船的种类需要根据监测站的水流特性配置。一般来说，船长为 $4\sim6\,\mathrm{m}$，宽为 $2\sim3\,\mathrm{m}$，船体材质为不锈钢、玻璃钢、铝合金、橡胶等，通常安装有两个汽油发动机。船上无抛锚设备，配备的主要仪器设备有激光测距仪、红外水温测量仪、小型电动水文绞车、救生衣等。

4.2.1.3　水位观测设备

水位观测设备主要有气泡式、压力式、浮子式、非接触式水位计等，用得较多的是压力式水位计。用于检校水位自记仪测量误差的设备主要有悬垂式水尺，除此之外也有一般的直立式水尺，还有为便于洪峰过后洪痕测量的洪峰水尺。

20世纪60年代以前是以直立式水尺观测为主的阶段。20世纪70—80年代是以运用浮子－测井式自记水位计为主的阶段。20世纪90年代以后，非接触式水位计、压力式水位计得到较多的应用。

4.2.1.4　降水观测设备

20世纪60年代以前，以人工雨量筒观测为主。20世纪70—80年代，为了掌握降水量的瞬时变化过程，逐步使用日记式虹吸自记雨量计。但虹吸部分容易发生故障，雨量自记成果需进行修正，这使得此类雨量计的使用受到一定的限制。后采用双翻斗日记式自记雨量计，它的观测精度比较好。但这两种设备都需要人工从自记纸上摘录并整理，从而分析得到降水结果。随着技术的发展，20世纪90年代开始使用翻斗式自记＋固态存储雨量计，其能够进行连续长期观测并可用计算机进行降水资料处理，逐步在全国得到广泛应用。

4.2.1.5　流量测验设备

20世纪60年代中期以前，以人力为主，采用较为原始的测验方法。大河流的干流及较大支流主要用木船测流，采用人力拉纤，费时费力，精度较低；小支流多采用人力投放浮标法、涉水测流法进行流量测验。20世纪70—80年代，为提高流量测验精度，水文部门不断提升设施设备的技术水平，在干流及较大支流建设大跨度吊船缆道，重要水文监测站配备动力船；在中小河流普遍建成过河索升降缆车、流速仪过河缆道。浮标投放由人力变为电动循环。20世纪90年代，在水文绞车、浮标投放器及缆车动力方面采用变频调速控制技术，建设流速仪自动测流缆道，在暴涨暴落河段使用电波流速仪、雷达测速枪，利用计算机软件计算实测流量。进入21世纪，流量测验根据不同河段、不同量级和不同特性洪水，因地制宜选用不同的测验方法和仪器，在水流条件较好的水文监测站用声学多普勒流速剖面仪测流，自动测得断面流量。

流量的记录形式主要有自动测报、固态存储和人工观读。自动测报实际上是指流量测验从采集、存储到传输的一系列过程的自动化，目前只有极少数监测站达到这一水平，固态存储均指流量信息采集后通过计算机等电子设备加以计算处理和记录存储，人工观读是最为传统和效率最低的方式。

4.2.2　水情站网布设

水情站网是按照一定原则布设的水情监测站体系。按目的和作用可将其分为基本站、实验站、专用站和辅助站。基本站按照测验工作内容分为流量站、水文站、雨量站、蒸发站、水质站等。基本站是综合国民经济各方面的需要，由国家统一规划而建立的，其任务为收集基本水文资料，探索基本水文规律，满足各方面的共同需求。

水情站网布设的总体原则是：以最经济的监测站数量达到能控制和掌握对象流域水文情势变化，满足水情服务需要的目的。布设时应考虑这三个方面：满足防汛抗旱、水利工程建设和管理运用以及其他国民经济建设对水情的需要；满足水文作业预报的需要；具备可监测、可传递水文要素信息的基础条件。

国外水情站网布设研究最早可追溯到1939年，相关学者提出可根据雨量的监测数据和降水估算的误差得出雨量站的合适布设密度，这是最早的关于水情站网布设方法的研究。此后，人们逐渐认识到水文数据收集的重要性，站网布设开始成为科学家和研究人员的研究内容。关于站网布设的定量化方法，按具体计算指标可分为基于统计学的方法、基于信息熵的方法、专家知识法、其他方法及混合法。基于统计学的方法在很长一段时间都是站网布设的主流方法，基本原理是统计相关系数、最小二乘法等指标以最小偏差作为最终站网布设目标；基于信息熵的方法的基本原理是通过计算边际熵、相关熵等多种信息熵表征站网的信息量，然后以站网的综合信息量最大作为优化布设目标；专家知识法是指根据区域地形特征、实际需求、用户调查等从整体站网分布角度出发进行设计；其他方法包括信息价值法、网络理论法等跨学科应用方法；

混合方法是综合应用以上两种及两种以上方法进行监测站网的选点布设。

我国水情站网布设的历史相对早于国外，我国在清代末期就开始有正式连续纪录的水位、雨量观测，并开始有流量观测。据统计，直至 1937 年，我国大陆地区包括实验站、水文站、水位站、雨量站等共 2 637 处。1937—1949 年，多数站点遭受损坏，数据缺失。到中华人民共和国成立时，水文监测站减少到 353 处，其中流量站仅有 148 处。这个时期的水文监测由于隶属关系不明确，缺乏统一的规划和管理，站点设置不稳定，设备简陋，记录数据不全，资料也很少整编刊印。

中华人民共和国成立后，鉴于水利和经济发展的需要，水情站网的建设逐渐得以恢复。据记载，1949—1959 年，基本水文站年均增长近 100 处。直至 1960 年，我国基本水文站点数达 3 611 处。

我国于 1992 年提出《水文站网规划技术导则》，使得水情站网规划和调整工作更加系统化、规范化，促使各类站网更好地协调运行和发展。2013 年，对其进行了修订，新增墒情站网、专用站网规划内容，补充了水位站、实验站技术内容等。到 20 世纪 80 年代，站网数量达到了 3400 处，此后一直在稳定中调整和发展。

据 2018 年《全国水文统计年报》可知，全国水文部门共有各类水文监测站 121 097 处，包括国家基本水文站 3 154 处（含非水文部门管理的国家基本水文站 80 处）、专用水文站 4 099 处、水位站 13 625 处、雨量站 55 413 处、墒情站 3 908 处、蒸发站 19 处、地下水站 26 550 处、水质站 14 286 处、实验站 43 处。与 2017 年度相比，水文监测站总数增加 7 852 处，增幅 7%。站网密度达到了中等发达国家水平，实现了对基本水文情势的有效控制。

4.3 短期水文预报

4.3.1 短期水文预报概述

进行防洪预报调度的重要条件是：预报的预见期、预报洪峰与洪量的精确度与可靠性。传统的水文 / 径流多尺度预报以流域汇流时间为界划分时间尺度，这是因为应用落地雨推算产流的最大时效不超过汇流时间，凡预报的预见期小于或等于流域汇流时间的称为短期水文预报，否则称为中长期水文预报。

近年来，随着数值天气预报技术的发展，国内外许多学者将数值天气预报产品与水文模型进行耦合，开展短期的水文预报研究。研究结果表明：在现代水文气象耦合预报方法下，洪水预报可以提供更多的预报信息并提高预报结果的可靠性，水文径流预报的预见期大大延长，传统的多尺度水文预报概念也随之改变。一般对于大尺度流域而言，3 天内预见期的洪水预报精度基本可满足业务要求，可称为短期水文预报；4～10 天预见期的水文预报能够定量报出河段的涨水退水趋势，但其预报精度尚难保证，称为中期水文预报；月及以上预见期的水文预报，目前的预测精度较低，以等级或范围预测为主，一般称其为长期水文预测。

短期水文预报一般指降雨径流预报或上下站水位、流量对应关系的预报，其预见期一般不长，但精度较高、合格率较高，一般考虑短期水文预报进行防洪调度比较可靠。自 20 世纪 30 年代起，短期水文预报已成为水文学科的一个重要分支。

现代洪水预报是根据前期和目前已出现的水文气象等要素对洪水的发生和变化过程作出定量定时的科学预报，其主要预报项目有最高洪水位或流量、峰现时间、洪水涨落、洪水总量等。

4.3.2　南方常用短期水文预报模型

流域水文预报模型是对复杂的水文系统的简单表述，从系统的角度来模拟降雨径流关系，是进行洪水短期预报的关键技术，也是实施实时洪水预报调度的核心部分，更是提高洪水预报系统精度和延长预见期的关键技术。同时是分析研究气候变化和人类活动对洪水、水土流失、水资源和水环境影响的有效工具。

流域水文预报模型通过采用数学模拟方法对复杂的水文系统进行刻画，实现对流域径流等水文要素的变化模拟和预报。根据系统建模原理的不同，水文预报模型一般可分为具有物理意义的概念性水文预报模型与类似"黑箱"的系统理论水文预报模型。根据对流域空间的离散程度，概念性水文预报模型又有集总式水文预报模型与分布式水文预报模型之分。

概念性水文预报模型通过对流域水文过程的概化，建立一系列具有水文学意义的数学方程来模拟水文循环过程。从相关学者于 1960 年提出第一个概念性水文预报模型——斯坦福（Stanford）模型开始，众多学者相继提出了许多著名的概念性水文预报模型，如萨克拉门托流域水文预报模型、水箱模型、暴雨洪水管理模型、降水径流模型、新安江三水源水文预报模型（以下简称"新安江模型"）、陕北模型和大伙房模型等。概念性水文预报模型可以较为准确地模拟流域水循环过程，加之计算简洁、对数据要求不高，在生产实践中得到了广泛的应用，但是由于概念性水文模型难以精细化考虑流域的地形地貌和水文预报特性，20 世纪 70 年代后，同样具有物理机制的分布式水文预报模型被提出，如半分布式模型 TOPMODEL、分布式模型 SWAT 与 VIC 等，它们将流域划分为若干个相互联系的计算单元进行分析，准确地反映出流域水文差异性，给出了流域局部水文循环的变化过程。

系统理论水文预报模型的主要思想是将水文循环系统当作一个类似"黑箱"的整体，在预报中只关注输入与输出数据之间的数学关系，忽略其中的物理机制和因果关系，所建立模型的参数也不具备明确的物理意义，较为常用的有自回归模型、自回归移动平均模型、神经网络模型和支持向量回归模型等。

由于构建模型的基本假设和边界条件不同，不同的模型适用的时间尺度、空间尺度及流域环境也不尽相同，合适的时间、空间尺度和相匹配的流域产汇流条件可以使模型的模拟效果更优更合理。例如，适用于北方干旱地区的陕北模型，适用于南方湿润地区的新安江模型，适用于大尺度水资源评估的 VIC 模型，适用于实验流域的 SWAT 模型，等等。下文将重点介绍广泛应用于南方洪水短期预报的传统新安江模型和 API 模型、近些年发展起来且应用广泛的半分布式模型 TOPMODEL、易于与遥测信息和数值天气预报模式耦合的 SCS 模型及河道演算马斯京根（Muskingum）模型。

4.3.2.1　新安江模型

20 世纪 80 年代，河海大学赵人俊教授领导的研究组借鉴山坡水文学的概念和国内外产汇流理论的研究成果，提出了新安江模型。新安江模型包括蒸散发量计算、产流量计算和分水源计算三部分。

流域蒸散发量采用三层蒸散发模型计算，计算公式如下：

$$E_p = K \cdot E_0 \tag{4-1}$$

式中，E_p——蒸散发能力；

E_0——实测蒸散发量；

K——蒸散发折算系数。

$$E = \begin{cases} E_{\mathrm{p}}, & P+WU \geqslant E_{\mathrm{p}} \\ \left(E_{\mathrm{p}}-WU-P\right)\dfrac{WL}{WLM}, & P+WU < E_{\mathrm{p}} \text{且} \dfrac{WL}{WLM} > C \\ C\cdot\left(E_{\mathrm{p}}-WU-P\right), & P+WU < E_{\mathrm{p}} \text{且} \dfrac{WL}{WLM} \leqslant C \end{cases} \quad (4\text{-}2)$$

式中，C——深层蒸散发折算系数；

WU，WL——上、下层土壤含水量；

WLM——下层张力水容量；

P——降雨量；

E——蒸散发。

新安江模型引入一条流域蓄水容量曲线来刻画流域内各点蓄水容量的不均匀性，把流域内各点的蓄水容量概化成一条抛物线，其方程为

$$\frac{f}{F} = 1-\left(1-\frac{W_{\mathrm{M}}}{W_{\mathrm{mm}}}\right)^{b} \quad (4\text{-}3)$$

式中，$\dfrac{f}{M}$——产流面积；

W_{M}——点蓄水容量；

b——蓄水容量曲线指数；

W_{mm}——流域内最大蓄水容量。

据此可求得流域平均蓄水容量：

$$W_{\mathrm{M}} = \frac{W_{\mathrm{mm}}}{1+b} \quad (4\text{-}4)$$

与流域土壤初始蓄水量 W 相应的前期影响雨量为

$$a = W_{\mathrm{mm}}\left[1+\left(1-\frac{W}{W_{\mathrm{M}}}\right)^{\frac{1}{1+b}}\right] \quad (4\text{-}5)$$

当扣除蒸发后的有效降雨量 P_{E} 小于 0 时，不产流，大于 0 时则产流。产流又分局部产流和全流域产流两种情况。

当 $P_E + a < W_{mm}$ 时，局部产流量为

$$R = P_E - W_M + W + W_M \left[1 - \frac{P_E}{W_{mm}} \right]^{1+b} \qquad (4\text{-}6)$$

当 $P_E + a \geq W_{mm}$ 时，全流域产流量为

$$R = P_E - \left(W_M - W \right) \qquad (4\text{-}7)$$

如流域不透水面积占全流域面积的百分比（IMP）不等于 0，只要将式（4-4）改写成

$$W_M = \frac{W_{mm} \left(1 - \text{IMP} \right)}{1+b} \qquad (4\text{-}8)$$

即可，这时各式也会有相应的变化。

对湿润地区及半湿润地区汛期的流量过程线进行分析，径流成分一般包括地面、壤中径流和地下径流三部分。由于各种径流的汇流速度有明显的差别，所以水源划分是很重要的一环。在本模型中，水源划分是通过自由水蓄水库进行的。

由产流得到的产流量 R 进入自由水蓄水库，连同水库原有的尚未出流完的水，组成实时蓄水量 S。自由水蓄水库的底宽就是当时的产流面积 FR，它是时实变化的。KI 与 KG 分别为壤中流和地下水的出流系数。各种水源的径流量的计算公式如下：

当 $S+R \leqslant SM$ 时，有

$$RS = 0$$
$$R = \left(S + R \right) \times K \times FR \qquad (4\text{-}9)$$
$$RG = \left(S + R \right) \times KG \times FR$$

当 $S+R > SM$ 时，有

$$RS = \left(S + P - SM \right) \times FR$$
$$R = SM \times K \times FR \qquad (4\text{-}10)$$
$$RG = SM \times KG \times FR$$

由于在产流面积上的自由水的蓄水容量不是均匀分布的，将流域平均自由水蓄水容量 SM 取为常数是不合适的，也要用类似流域蓄水容量曲线的方式来考虑它的空间分布。

新安江模型是一个概念性水文预报模型，其参数都具有明确的物理意义，原则上可以根据其物理意义来确定其值。但由于量测上的困难，在实际工作中又难以做到，大多按规律与经验，或者参照流域的参数值，确定模型参数的初始值，然后用模型模拟出产汇流过程，并与实际过程进行比较和分析，以计算误差最小为原则，用人工试错和自动优选相结合方式率定参数。模型参数及其调试率定参见表 4.1。

表 4.1   新安江模型参数及其调试率定

参数	作用	调试率定
流域蒸散发折算系数 K	由蒸发皿观测值乘以 K 可得流域蒸散发能力	目标函数为多年的水量平衡
流域平均蓄水容量 W_M	反映流域干旱程度	取值要保证在全部过程中流域土壤初始蓄水量 W 不出现负值
深层蒸散发折算系数 C	对久旱后洪水影响较大	与三层系数有关
流域不透水面积占全流域面积的百分比 IMP	降雨在不透水面积上直接产生径流	由径流过程线上的小凸起合确定，一般取 0.01 或 0.02
流域蓄水容量曲线指数 b	表示流域面上蓄水容量分布的不均匀性	取决于流域地质地貌等的变化程度，一般取 0.15～0.3
自由水蓄水库的地下水出流系数 KG 及壤中流出流系数 KI	自由水蓄水库总出流系数为 KG+KI，消退系数则为 1-（KG+KI），	从流量过程线落水段的转折点，粗估 KI/KG 的值；KG+KI 取决于直接径流退水历时 N
流域平均自由水蓄水容量 SM	决定地面径流与另两种径流在量上的比例关系	以洪峰为主要目标，时段越短，相应的 SM 越大

4.3.2.2   API 模型

API 模型，全称为前期雨量指数模型（Antecedent Precipitation Index Model），属于黑箱子模型，它以流域降雨产流的物理机制为基础，以主要的影响因素作参变量，建立降雨量和产流量之间的定量相关关系，汇流部分则常采用纳升（Nash）单位线法计算，是流域面积较小的山区中小河流最为广泛应用的有效方法。其中，产流计算最普遍使用的是产流量、降雨量及前期雨量指数 P_a 三者间的关系图见图 4.1。

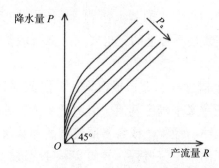

图 4-1 产流量 – 降雨量关系曲线示意图

1. 前期雨量指数的计算

前期雨量指数由前期雨量计算，也称前期影响雨量，是反映土壤湿度的参数。其经验计算公式为

$$P_{a,t} = kP_{t-1} + k^2 P_{t-2} + \cdots + k^n P_{t-n} \tag{4-11}$$

式中，$P_{a,t}$——本时段的前期雨量指数；

　　　P_{t-1}——上时段降雨量；

　　　n——影响本次径流的前期降雨天数，常取 15 天；

　　　k——土壤含水量衰减系数，对于日模型，一般取 $k \approx 0.85$。

当计算时段 $\Delta t \neq 24$ h 时，土壤含水量衰减系数可用式（4-12）换算

$$k = k_0 d^{1/N} \tag{4-12}$$

式中，$N = 24/\Delta t$；

　　　k——土壤含水量日衰减系数；

　　　k_0——计算时段是 Δt 的土壤含水量衰减系数。

2. 产流量推求

根据建立的产流量 – 降雨量的关系曲线，可以由降雨量及前期雨量指数查得相应的产流量，即汇流计算中的净雨量。具体地，使用产流量 – 降雨量关系曲线进行净雨量计算一般有两种途径：一种是根据洪水初的前期雨量指数值，把时段雨量序列变为累积雨量序列，用累积雨量查出累积净雨量，将累积雨量序列再转化成时段净雨量序列；另一种是根据时段雨量序列资料直接推求时段净雨序列。第一种方法的缺点是：在整个洪水过程中，使用一条产流量 – 降雨量曲线分析，没有考虑洪水期中前期雨量指数的变化。第二种方法的不足是：当时段较短时，一般时段净雨量不大，推求净雨时的查找计算易集中在曲线的

下段。

3. 汇流计算

单位线的概念是由谢尔曼于 1932 年提出的。他认为给定流域的地面径流（直接径流）过程线的形状反映了该流域所有的物理特征，包括三个基本假定：单位时段内净雨量不同，但所形成的地面径流过程线的总历时（底宽）不变；单位时段 n 倍单位净雨量所形成的出流过程稳定；各单位时段净雨所产生的出流过程不相干扰，出口断面的流量等于各单位时段净雨所形成的流量之和。概言之，上述单位线的假定，就是将流域视为集总的线性时不变系统，适用倍比和迭加原则。

应用单位线法进行计算对流域面积有一定的要求，可按流域自然地理特征和降雨特征而定，一般不宜过大。每场洪水可以分析出一条单位线，流域单位线是根据多次洪水所推求的综合值。通过实测资料分析单位线，宜选择一些在时空分布均匀、短时段降雨所形成的较大单峰洪水过程。推求单位线的方法有分析法、图解法、试错法、最小二乘法、赛德尔迭代法及各种系统识别法。现以最简单的原型单位线为例，介绍单位线的推求过程。

推求单位线之前需先做好下列准备工作：选择几场历时较短的单独降雨所形成的单峰洪水过程（最好是大中洪水），点绘流量过程线后分割基流及前期洪水的退水，计算本次洪水的径流量；利用产流计算方法分析净雨过程，然后与第一步计算的径流量平衡；确定合适的单位线时段。

利用原型单位线是最简单的推求单位线的方法，因为所求单位线的过程分配与洪水原型过程一致，因此常称为原型单位线。对一次单独时段降雨所形成的单峰流量过程线进行直接径流分割，得直接径流过程。那么，单位线为

$$q(t) = \frac{10}{R} Q_s(t) \qquad (4\text{-}13)$$

式中，$q(t)$——10 mm 单位线（m³/s）；

$Q_s(t)$——直接径流过程（m³/s）；

R——本次洪水直接径流量（mm），与一个单位时段的净雨量相等。

在求出单位线之后，需检查单位线是否为 10 mm，一般要求计算误差小于 0.1 mm。

4.3.2.3 半分布式模型 TOPMODEL

自从 1979 年 TOPMODEL 模型被提出以来，其已在水文领域得到了广泛

的应用。TOPMODEL 模型是一个以地形为基础的半分布式水文模型，其主要特征是利用地形指数 $\ln(\alpha/\tan\beta)$ 的空间变化来模拟径流产生的变动产流面积，尤其是径流运动的分布规律。该模型结构简单，物理概念明确，优选参数少，计算效率高，在集总式和分布式水文模型之间起到很好的过渡作用。

TOPMODEL 模型利用流域的地形指数来描述和解释径流趋势以及由于重力排水作用引起的径流沿坡向的运动。该模型将流域内任何一点的包气带划分为三个不同的含水区：植被根系区、土壤非饱和区、饱和地下水区，用饱和地下水水面距流域土壤表面的深度 Z_i（也称作缺水深）来表示。可利用数字高程模型将流域划分为若干个单元网格，那么对于每个单元网格，其水分运动规律如图 4-2 所示，降水满足植物冠层截留和填洼以后，首先下渗进入植被根系区来补给该地区的缺水量，存储在这里的水分部分参加蒸散发运动，直至枯竭；而当植被根系区土壤含水量达到田间持水量时，多余的水分将下渗进入土壤非饱和区来补充非饱和区土壤的含水量。在饱和区，水分以一定的垂直下渗率 q_v 进入饱和地下水区。在饱和地下水区，水分通过侧身运动形成壤中流 q_b。水分的下渗与 q_b 的流出使饱和地下水区水面不断发生变化，当部分面积的地下水水面不断抬升直至地表便形成饱和面，此时便会产生饱和坡面流 q_s。q_s 只发生在饱和地表面。将 q_b、q_s 分别在整个流域上积分，得到 Q_b 和 Q_s。因此，在 TOPMODEL 模型中，流域总径流 Q 是壤中流和饱和坡面流之和，即

$$Q = Q_b + Q_s \qquad (4\text{-}14)$$

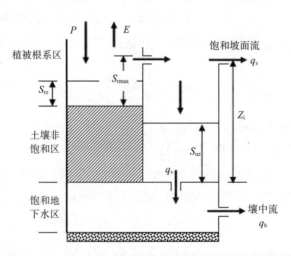

图 4-2 TOPMODEL 模型单元网格土壤水分运动示意图

根据 TOPMODEL 模型的原理及单元网格土壤水分运动示意图，可得

TOPMODEL 模型子流域计算流程图，如图 4-3 所示。

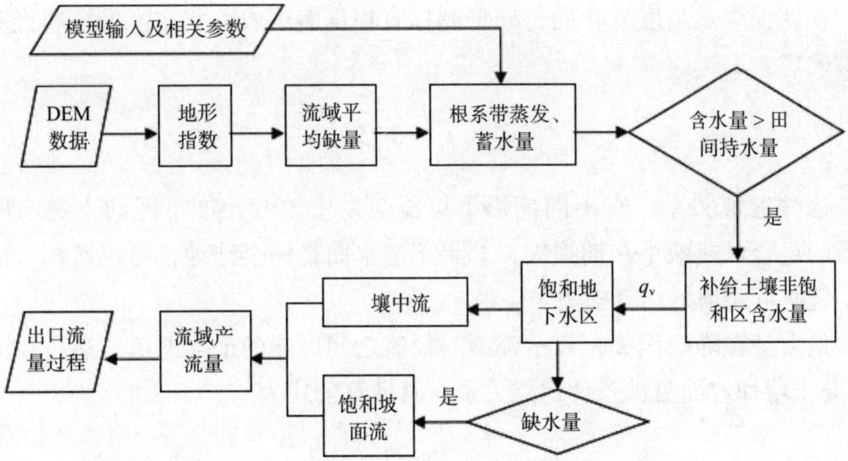

图 4-3 TOPMODEL 模型子流域计算流程图

4.3.2.4 SCS 模型

SCS 模型最初是由美国土壤保持局针对小流域洪水设计而开发的，是在土壤保持工程和防洪工程的设计中发展起来的径流和洪峰流量估算方法，后来演变出许多不同的形式。它只有一个参数——曲线数 CN（Curve Number，CN），该参数随土壤、地表覆被、土地利用种类及方式而不同，在不同的洪水事件中，CN 的取值还受前期土壤含水量的影响。因此，SCS 模型的应用重点集中在 CN 值的选取上，模型制作者以美国的自然地理状况和水文气象条件为基础，经过大量的数理统计和成因分析得到了一套完整的根据下垫面条件确定 CN 值的方法，并给出了不同条件下的相应的 CN 参考值。由于 SCS 模型具有广泛的资料基础，并在应用中考虑了物理特性，在美国和欧洲一些国家得到了较为广泛的应用。

SCS 模型的产流公式为

$$R = \frac{(I - I_{\mathrm{a}})^2}{I - I_{\mathrm{a}} + S} \tag{4-15}$$

式中，R——产流深（mm）；

I——降雨（mm）；

S——最大潜在降水损失（mm）；

I_a——降水的初期损失，包括地面洼地蓄水、植物截流、下渗和蒸发。

初期损失是高度变化的，模型制作者根据美国农业集水区的资料经验公式近似确定：

$$I_a = 0.2S \qquad (4\text{-}16)$$

这种近似关系，在不同情形下可能会发生改变，如市区的不透水面和透水面的组合可能减小初期损失；如果不透水面是一个洼地，可以蓄积一部分径流，就有可能增加初期损失。

最大潜在降雨损失，表示降雨与径流之间可能的最大差值，通过径流参数 CN 与土壤和地面覆被条件建立关系，其计算公式为

$$S = \frac{25400}{CN} - 254 \qquad (4\text{-}17)$$

径流参数 CN 表示不同条件对产流的影响，影响 CN 的主要因素是土壤的水文分组、覆被类型、覆盖情况、水文条件及前期径流条件。

SCS 模型的产流公式中不包含时间因素，不考虑降雨历时或强度的作用，所以计算的径流为一场降雨的径流总量。当将该产流公式用于估算一次暴雨的逐时径流过程时，需用每个时段末的累积降雨求相应的累积径流，相邻时段的累积径流相减就可得每个时段的径流。

SCS 模型中，洪峰流量和峰现时间，按三角形过程线由经验公式近似推求。在汇流计算中，模型制作者采用一条统一的无因次单位线来分析径流输出过程，该无因次单位线由洪峰流量和峰现时间推导。

若将降雨总量概化为初始损失（包括地面洼地蓄水、植物截留、蒸发、入渗等）和实际产流量（地表径流和地下径流），则模型基本公式如下：

$$\frac{F}{S} = \frac{Q}{P - I_a}, F = P - I_a - Q \qquad (4\text{-}18)$$

式中，P——降雨总量；

$\quad I_a$——初始损失；

$\quad Q$——地表径流；

$\quad F$——地下径流；

$\quad S$——集水区最大蓄水量。

引入经验公式 $I_a = 0.2S$，分别得到地表径流和地下径流：

$$Q = \frac{(P - 0.2S)^2}{P + 0.8S} \quad\quad (4\text{-}19)$$

$$F = \frac{S(P - 0.2S)}{P + 0.8S} \quad\quad (4\text{-}20)$$

通过径流参数 CN，建立集水区最大蓄水量与土壤、流域覆盖条件的关系，S 与 CN 的转化如下：

$$S = \frac{1000}{CN} - 10 \quad\quad (4\text{-}21)$$

即根据各单元网格的 CN 值，分析径流过程。

CN 的估计是对各单元网格进行。CN 的主要影响因素有土壤结构，覆盖类型，处理方式，水文条件以及前期径流条件。利用遥感和土地利用图片，确定各单元网格的土地利用情况和土壤构成，根据 SCS 模型提供的径流参数表，查得对应的 CN 值。也可以结合单元流域尺度的水文资料，通过参数率定的途径，对单元网格参数进行综合分析确定。

SCS 模型按照入渗率，将土壤分成了四个（A，B，C，D）水文土壤组：A 组土壤入渗率大，产流能力低，主要包括深厚的排水良好的砂和砾石；B 组土壤具有中等入渗率，主要包括粉砂土和壤土；C 组土壤入渗率低，土壤质地主要为砂质黏壤土；D 组土壤具有高产流能力，主要由黏土组成。同时根据土地利用情况，将土壤分为城市区土壤、农业耕作区土壤、其他农业区土壤和干旱半干旱牧区土壤四个基本类型。将土壤类型、土地利用情况与实际水文条件相结合，SCS 模型提供了针对不同组合下的 CN 值，如表 4.2 所示，是干旱半干旱牧区土壤的 CN 参考值。

表 4-2 SCS 模型径流 CN 参考值

地表覆被情况		水文土壤分组 CN 值			
覆盖类型	水文条件	A	B	C	D
草、杂草和矮灌木混合、灌木少量	差		80	87	93
	中等		71	81	89
	良好		62	74	85

地表覆被情况		水文土壤分组 CN 值			
覆盖类型	水文条件	A	B	C	D
橡树、橡树灌木、杨木、红木、苦灌木、枫树及其他灌木混合	差		66	74	79
	中等		48	57	63
	良好		30	41	48
矮松、杜松或两者；草、下层林木	差		75	85	89
	中等		58	73	80
	良好		41	61	71

SCS 模型单位线的净雨时段是变化的，故不能给出各时段的无因次单位线纵坐标值。

单位线洪峰流量的计算公式为

$$q_{v_p} = \frac{0.208AR}{t_p} \qquad (4\text{-}22)$$

式中，q_{v_p}——洪峰流量（m³/s）；

R——单位径流量（mm）；

A——流域面积（km²）；

t_p——峰现历时（h）。

模型把峰现历时与汇流时间（t_c）建立如下关系：

$$t_p = 2t_c / 3 \qquad (4\text{-}23)$$

汇流时间则由公式求得：

$$t_c = 5t_L / 3 \qquad (4\text{-}24)$$

t_L 的计算公式为

$$t_L = \frac{l^{0.8}(S + 25.4)^{0.7}}{7069.7y^{0.5}} \qquad (4\text{-}25)$$

式中，t_L——滞时（h）；

l——水流长度（m）；

S——最大可能滞留量（mm）；

y——平均坡度的百分数。

由无因次单位线转化成时段单位线，其单位净雨是 25.4 mm，净雨时段：

$$D = 0.133t_c \qquad (4-26)$$

由 SCS 模型产流公式可求出每一时段的径流量，将其与单位线相乘，按迭加原理可得出出流过程。在不同的流域应用时，还需要根据实际情况对计算公式中的系数进行修正。

SCS 模型中，径流参数 CN 描述的是平均情况，目的是用于设计。如果所计算的降雨事件是一次历史暴雨，不同于平均情况，那么模拟精度就有所降低。当应用径流参数对一次实际暴雨进行径流计算时，应该谨慎使用。虽然 SCS 模型产流公式可以用于降雨过程中若干时刻的累积降雨计算，从而生成超降雨过程线，但是，该公式不包含时间因素，因此不能考虑降雨历时或强度的作用。

通过 SCS 模型计算的仅为直接地表径流，不考虑大范围的表层流或高地下水供给的径流，这些条件通常相应于水文土壤组 A 的土壤，需要根据经验和流量记录做出正确判断，从而调整 CN 值。当加权的 CN 值小于 40 时，需要用其他方法确定径流。

4.3.2.5　河道演算马斯京根模型

马斯京根法是麦卡锡于 1938 年提出的，它是一种基于槽蓄方程和水量平衡方程的河道流量演算法。此方法的原理是通过线性的马斯京根槽蓄方程与水量平衡方程联解，求得出流的有限差公式，进行河道演算。由于使用方便，精度也较高，此方法在生产实践中得到了广泛的应用。在实践上，由整河段演算发展到了分河段连续演算；在理论上，成功地证明了马斯京根法演算方程具有二阶精度的差分格式，从而使马斯京根法有了坚实的水力学基础，同时使马斯京根法参数 K 和 x 有了明确的物理意义。许多学者论证了马斯京根参数 K 是恒定流状态下的河段传播时间，而 x 则反映河段的蓄量的大小及调蓄能力。此法因首先应用于美国马斯京根河而得名。

马斯京根法的槽蓄方程为

$$W = KQ' \qquad (4-27)$$

$$Q' = xl + (1-x)Q \qquad (4-28)$$

取水量平衡方程和槽蓄方程的差分解，可得流量演算方程：

$$Q_2 = C_0 I_2 + C_1 I_1 + C_2 Q_1 \qquad (4\text{-}29)$$

式中，Q'——示储流量，相当于河槽蓄量 W 下的恒定流流量；

K——槽蓄曲线的坡度，等于恒定流状态下的河段传播时间，即

$$K = \mathrm{d}W / \mathrm{d}Q_0 \qquad (4\text{-}30)$$

x 反映河段的蓄量的大小及调蓄能力，即

$$x = \frac{1}{2} - \frac{l}{2L} \qquad (4\text{-}31)$$

式中，L——河段长。

系数计算如下：

$$C_0 = \frac{0.5\Delta t - Kx}{0.5\Delta t + K - Kx} \qquad (4\text{-}32)$$

$$C_1 = \frac{0.5\Delta t + Kx}{0.5\Delta t + K - Kx} \qquad (4\text{-}33)$$

$$C_2 = \frac{-0.5\Delta t + K - Kx}{0.5\Delta t + K - Kx} \qquad (4\text{-}34)$$

$$C_0 + C_1 + C_2 = 1 \qquad (4\text{-}35)$$

非线性的马斯京根法有变动参数和非线性槽蓄曲线两种处理方法。在变动参数法中，有

$$x = \frac{1}{2} - \frac{l(Q')}{2L} \qquad (4\text{-}36)$$

$$K = \frac{L}{C(Q')} \qquad (4\text{-}37)$$

式中，C——波速。

对于具体河段，$l(Q')$ 与 $C(Q')$ 都可根据水文站实测资料求得，若河段的

$l(Q')$ 和 $K(Q')$ 的关系是线性的，则可以建立 $x(Q')$ 及 $K(Q')$ 的线性方程。

为了满足马斯京根法在演算中流量沿河道及在时段内线性变化的要求，应当取 K t。对于长河道要进行分段演算，分段的参数如下：

$$N = \frac{K}{\Delta t} \tag{4-38}$$

$$x_e = \frac{1}{2} - N(0.5 - x) \tag{4-39}$$

$$K_e = \frac{K}{N} \tag{4-40}$$

式中，N——分段数；

x_e，K_e——每段的参数。

4.3.3 水文预报模型的参数率定

在水文预报中，除了需要一个尽可能完备的水文模型结构外，模型参数也是决定预报精度的关键，水文预报模型的参数率定一直是水文领域工作者研究的重点。早期的水文预报模型参数率定方法主要为人工试错法，这种方法需要研究人员具有较丰富的经验知识，但率定效率不高，率定结果难以达到最优。随着计算机技术的发展，水文预报模型自动率定方法被提出并得到广泛应用，自动率定方法不仅极大地提高了率定效率，使得率定结果也具有更高的可信度。

早期的水文模型自动率定方法一般采用局部优化算法，如 Rosenbrock 法、DFP 法、Powell 法和单纯形法等。局部优化算法的出现一定程度上为水文预报模型的参数率定提供了便利，但是由于水文预报模型的非线性性，局部优化算法容易得出局部最优，而难以捕捉到全局最优的率定结果，因此全局最优算法被提出，并成为另一种有效的参数优化率定方法。水文预报模型参数率定中常用的全局最优算法有粒子群法、差分进化算法、遗传算法、模拟退火算法和 SCE-UA 算法等，其中，SCE-UA 算法融合了随机搜索法、单纯性法、聚类分析法及竞争演化法等多种算法的优点，能有效避免局部极值的干扰，在水文率定研究中应用比较广泛。

全局最优算法虽然在水文预报模型参数率定领域取得了一定成效，然而在实际的洪水模拟中，往往对洪量、流量过程和峰现时间等多个指标都有要求，这些指标往往相互制约而无法同时达到最优。

以上局部优化算法和全局优化算法均采用单一目标指导水文预报模型率定，无法同时满足多个目标的率定要求。因此，近年来，多目标算法逐步被引入水文预报领域。多目标参数率定方法为水文预报模型的参数率定提供了一条新的途径，在水资源规划管理和实际径流预报中，通常选用多个指标作为目标函数进行参数优化率定，最终生成一系列模型参数非劣解集。从理论上来看，非劣解集中的每个解都是最优解。因此，需要预报人员通过人工经验和主观偏好选择最优解。这种方法受制于预报人员的经验水平，且耗时耗力，不便于操作，极大地制约了多目标水文预报模型参数率定方法的推广。为此，有学者提出了多目标转单目标法、优先排序法和最小最大后悔值法等一系列非劣解集优选方法。随着多目标参数率定中目标函数的增多，帕累托解及近似的帕累托解数量急剧增加，参数优选问题变成了最优决策问题。

4.3.4 短期水文预报的不确定性

4.3.4.1 水文预报不确定性的来源

经典的水文预报是基于确定性的预报。然而，由于水文观测条件的限制和人类对自然水文循环认识的局限，水文预报往往带有一定的不确定性。水文预报的不确定性主要来源于四个方面：自然环境的随机性、数据资料的不确定性、水文模型结构的不确定性、水文模型参数的不确定性。

1. 自然环境的随机性

大自然的变化是多样的，而水文的变化与自然变化相同。水文现象是一种概化的自然现象，自然环境的变化同时会影响水文的变化。在水文站预测洪水情况时，自然环境不断变化会给检测结果带来误差，即使模型参数已确定，也不能完全避免预测误差。

2. 数据资料的不确定性

在水文预报中，需收集和传输很多资料，如雨量资料、流量资料、蒸散发和土壤湿度资料等，但这些资料在收集获取过程中，往往存在不确定性。此外，水文站的检测设备使用不合理也会造成数据资料存在误差。

3. 水文模型结构的不确定性

模型是对自然的抽象化，而水文预报模型就是对水文现象的概化，是符号的综合体，是用数学语言将自然现象符号化的水文学应用。为了模拟水文现象而建立的理论结构、数学结构和逻辑结构，即使再完美，也不能准确无误地完全模拟洪水的过程线，不能真正反映流域降雨径流的物理过程。

4. 水文模型参数的不确定性

水文模型参数无论是利用历史资料模拟率定还是采用物理方法进行测量，都存在不确定性。因为率定过程中就可能将数据和模型的不确定性转移到参数中，并且异参同效现象的存在，同样是一种不确定性；对于直接采用物理方法进行参数的测量，测量过程中仍不可避免存有不确定性。

4.3.4.2 水文预报不确定性的定量评估

近年来，水文预报不确定性分析研究吸引了水文学者的广泛关注，并成为水文学领域的重点和热点问题之一。定量分析水文预报不确定性对防洪调度的影响，已成为防洪调度风险分析中的关键问题。

根据水文预报不确定性分析的原理，不确定性分析方法主要可以分为两大类：基于 formal 范式的不确定性分析和基于 informal 范式的不确定性分析，两方法争论的焦点主要围绕水文预报不确定定性分析是否应基于严格贝叶斯理论，基于贝叶斯理论的不确定性分析称为 formal 范式，与之对应的称为伪贝叶斯范式或 informal 范式。

基于 informal 范式的不确定分析方法不需要直接处理模型误差分布，其似然函数的设定灵活性较大，但是其计算结果缺乏一定的理论支撑，最具有代表性的是基于 Hornberger 和 Spear 的参数敏感性分析方法提出的不确定性分析方法——普适似然不确定性估计（GLUE）方法。此后，水文学者以此为基础开展了大量的水文预报不确定性研究。

而基于 formal 范式的不确定性分析方法以贝叶斯理论为基础，具备严格数学理论基础，但是其对模型误差的依赖性较强，模型误差假设的合理性对计算结果影响较大。具体的计算方法有基于递归贝叶斯估计的不确定性分析方法 BaRE、基于耦合 SCE-UA 进化机理和梅特罗波利斯算法的不确定性分析方法——SCEM-UA 算法、基于马尔可夫链 - 蒙特卡罗采样法的 DREAM 算法等。

1. 贝叶斯理论

贝叶斯理论是数理统计的一个重要分支，经典的统计推断理论将参数假定为未知常量，而贝叶斯理论是将参数假定为服从某一分布的随机变量。在未取得样本前，用先验分布来表述先验信息；在取得样本实测值后，用似然函数来表示样本所包含的参数新信息；运用贝叶斯公式，结合先验分布和取得样本后的似然函数，推求参数的后验分布。若获得了最新样本，则可将新样本信息与之前获得的后验分布进行综合，不断地更新对参数分布的认识，这也是贝叶斯理论的精髓所在。贝叶斯理论为流域水文预报不确定性分析提供了适用的框架，该理论能将在进行模拟前获得的先验信息和实测样本数据相结合，推求出模型参数的后验分布和模拟值的不确定性置信区间。

根据贝叶斯理论，针对一个水文预报模型在某一具体流域中的应用，在给定验证数据和输入数据后，得出参数的后验概率计算公式

$$p(\theta/\xi,y) = \frac{p(\theta)l(\xi,y/\theta)}{\int p(\theta)l(\xi,y/\theta)\mathrm{d}\theta} \qquad (4\text{-}41)$$

式中，$p(\theta)$——参数的先验概率；

$l(\xi,y/\theta)$——似然函数，代表了观测数据所具有的信息。

在给定验证数据 y 和参数 θ 时，流域模型的拟合残差的计算公式为

$$E(\theta) = \hat{y}(\theta) - y = \{e_1(\theta), e_2(\theta), \quad ,e_N(\theta)\} \qquad (4\text{-}42)$$

式中，$\hat{y}(\theta)$——参数组为 θ 时，模型的模拟值。

假设拟合残差服从均匀分布，参数的后验分布与拟合残差有如下关系：

$$p(\theta/y,\xi,\gamma) \propto \left[M(\theta)\right]^{-N(1+y)/2} \qquad (4\text{-}43)$$

式中，$\left[M(\theta)\right]^{-N(1+y)/2} = \sum_{j=1}^{N}\left|e_j(\theta)\right|^{2/(1+y)}$。

这时，定义似然函数为

$$l(y,\xi,\gamma/\theta) = \left[M(\theta)\right]^{-N(1+y)/2} \qquad (4\text{-}44)$$

从上述分析可看出，每运行一次模型得到一组模拟值后，就可计算出参数的似然函数值，进而对模型相关参数和模型结果进行分析。因为流域水文预报模型的结构十分复杂且具有非线性特征，拟合残差一般无法写成解析表达式的形式，导致不能由似然函数推导出解析表达式。但可以应用蒙特卡罗随机模拟方法进行随机采样。蒙特卡罗随机模拟方法是一种通过模拟服从某一分布的随机过程，计算参数估计量和统计量，进而研究其分布特征的方法。当系统中各单元的可靠特征量已知但过于复杂，难以建立可靠性预测的精确数学表达式

时，可用蒙特卡罗随机模拟方法近似计算出预测值，随着模拟次数增多，其预测精度也逐渐增高。由于涉及时间序列的反复生成，蒙特卡罗随机模拟方法以高容量及高速度的计算机为前提，近些年逐步得到广泛应用。

在流域水文预报不确定性分析中，可以采用蒙特卡罗随机模拟方法对模型所需的参数进行随机采样，获得模型的模拟值，用于分析模型参数的后验分布和模拟值的不确定性时间序列。

2. GLUE 方法

GLUE 方法是英国水文学家贝文等最早对水文模型参数的异参同效现象进行研究时提出的进行参数不确定性分析的方法。该方法的核心是：造成模型模拟效果好坏的不是某个参数值，而是参数的组合。与传统参数优化的思想不同，GLUE 方法不再假设模型参数是一组固定但未知的数值，而是假设模型参数是服从某一联合分布的随机变量，并通过实测样本来推求参数后验概率分布及预报量置信区间。GLUE 方法首先根据先验信息确定参数的先验分布，然后在参数先验分布区间内应用蒙特卡罗随机模拟方法进行随机抽样以获取参数组合，之后将参数组合带入模型中。最后选取某一似然函数，利用实测值和模型的模拟值计算各参数组合的似然函数值。在所有的似然值中主观设定一个临界值，低于该临界值的参数组合的似然函数设为 0，表示这些参数组合不能反映该模型的功能特征。对于高于临界值的参数组合进行似然函数值归一化处理，通过归一化后的似然函数值求得参数后验分布以及预报量置信区间，以分析模型参数的不确定性。GLUE 方法的抽样方法基于均匀性抽样原则，需随机抽取大量的参数组合以推求参数后验分布，往往需要几万或几十万组参数，甚至上百万组，因此将会耗费大量时间和计算资源。

GLUE 方法具有以下特点：首先，当抽取的参数样本个数足够多时，就可保证样本总体特征非常接近参数空间分布特征，当样本数量不足时，GLUE 方法对参数的认识会较粗糙。其次，由于 GLUE 方法受主观因素的影响，似然函数的选择和临界值的选择都会对分析结果产生很大影响。最后，GLUE 方法能够应对参数的异参同效性，即使参数空间存在多个高概率密度空间，也不会陷入局部最优区间。

GLUE 分析程序可识别不同参数组合的异参同效性，它从参数指定的分布中生成大量参数组合以运行模型。通过比较预测值与实测值，每一组参数被赋予一个似然函数值以表征该参数组合对模型特征的反映。当一组参数不能反映模型特征时，该参数组合的似然函数值可设为 0。此分析程序考虑了参数间的相互作用，其隐性地显示在似然函数值中，初始条件和边界条件所产生的影响也可通过此分析程序进行评价。GLUE 方法的似然函数值有广泛的含义，而不是严格意义上的最大似然估计。最大似然理论通常假定模型误差是 0 均值的正态分布，而水文模型研究表明，模型误差并不是 0 均值的正态分布。在 GLUE 分析程序中，所有似然函数值大于 0 的参数组合都被保留下来。然后，对保留下来的似然函数值进行重新标定，使所有似然函数值的和为 1 来生成参数组合的概率分布函数。由此可看出，传统的参数最优化方法是 GLUE 方法一个极端情况，即最优参数组合的似然函数值为 1，其他参数组合的似然函数值都为 0。GLUE 方法可根据贝叶斯理论进行更新和组合，新的似然函数值可用作估计模型模拟不确定性的权重函数。当获得更多的实测资料时，则可进行似然函数的更新，使不确定性估计更加精确。

GLUE 分析程序主要包括似然函数选取、参数先验分布确定、预报量的不确定性评价以及似然函数更新。

①似然函数选取。和其他计算程序一样，GLUE 方法需要定义似然函数以进行模型模拟值与实测值的比较。作为贝叶斯统计推理的一种方法，GLUE 方法放宽了似然函数的统计学条件，这也是它被称为普适似然估计的原因。GLUE 方法对似然函数的要求主要有两点：一是这个似然函数是模型的输入数据、实测数据和模型参数的函数；二是此函数对于模型的模拟效率来说是单调函数，即模拟效果越好，似然函数值越大，而模拟的效果越差，似然函数值越小。

②参数先验分布确定。参数的先验分布是在运行模型之前对参数的认识，原则上应利用收集到的先验信息确定参数先验分布。参数先验分布对参数后验概率推求及预报量不确定性评价有重要影响，不同的参数先验分布通常会得出不同的结果。由于缺乏足够的信息和认识受限，实际应用中确定参数先验分布很困难，通常参数先验分布被人为地确定下来。一般假设参数服从均匀分布，因为这时系统的不确定性熵最大。在假设参数服从均匀分布之后，参数的取值范围就变得很关键了，为保证充分搜索到参数在分布空间内的所有取值，要选择合适的取值范围。

③预报量的不确定性评价。在确定参数先验分布后，将抽取的参数组合代入模型之中，并利用实测值与各参数组合的模拟值计算似然函数值。在似然函数中，选定一个临界值，大于该临界值的参数组合被保留，表示可以反映模型特征。然后，对保留的参数组合进行加权计算，根据各参数组合的权重系数确定各个参数组合的后验概率，从而分析各参数的敏感性和高概率密度取值空间。最后，将似然函数值按大小进行排序，估算出一定置信水平下的模拟值的

不确定性时间序列。

④似然函数的更新。当有新的实测数据加入时，可利用贝叶斯公式，用递推的方式更新经加权计算的似然函数值，将之前得到的后验分布作为先验分布，重新调整参数，分析后验概率分布以及预报量不确定性时间序列。

由于短期水文预报中洪水的拟合度和洪量误差同样重要，现假设目标似然目标函数由纳什效率系数和相对误差两个指标按照相同的权重组成，并以此为例对 GLUE 方法进行说明。

似然目标函数为

$$\text{BIAS} = \frac{\sum_{i=1}^{N}\left(Q_{\text{obs}}^{i} - Q_{\text{sim}}^{i}\right)^2}{\sum_{i=1}^{N}\left(Q_{\text{obs}}^{i}\right)^2} \tag{4-45}$$

$$\text{NSE} = 1 - \frac{\sum_{i=1}^{N}\left(Q_{\text{obs}}^{i} - Q_{\text{sim}}^{i}\right)^2}{\sum_{i=1}^{N}\left(Q_{\text{obs}}^{i} - \overline{Q_{\text{obs}}}\right)^2} \tag{4-46}$$

$$\text{OBJ} = 0.5\left|\text{BIAS}\right| + 0.5\left(1 - \text{NSE}\right) \tag{4-47}$$

式中，N——流量序列长度；

Q_{obs}^{i}——实测流量；

Q_{sim}^{i}——模拟流量；

$\overline{Q_{\text{obs}}}$——实测流量均值。

基于均匀分布进行随机抽样，生成若干套参数组合，输入模型进行径流模拟计算，计算每组参数的模拟结果的极大似然目标函数，对目标函数值位于 0～0.5 的参数组合按照极大似然目标函数值从小到大进行排序，取置信水平为 95%，以此作为不确定性估计。选用覆盖度和平均宽度两个指标对不确定性进行定量分析。

覆盖度的计算公式为

$$CR = \frac{n}{N} \times 100\% \tag{4-48}$$

式中，n——实测流量系列中流量值落于不确定性区间内的流量个数；

N——流量序列中的流量个数。

平均宽度的计算公式为

$$B = \frac{1}{N} \sum_{i=1}^{N} \left(Q_i^{\text{upper}} - Q_i^{\text{lower}} \right) \tag{4-49}$$

式中，Q_i^{upper}，Q_i^{lower}——时刻 i 的不确定性区间的上限和下限。

3. SCEM-UA 算法

SCEM-UA 算法是国外学者对单纯多边形进化算法（SCE-UA）加以改进而提出的一个全局搜索算法，它将马尔可夫链蒙特卡罗采样方法与 SCE-UA 中复合型重组的概念结合，形成一个不仅能搜索到一套具有最大似然性的参数组合，同时也能估计参数不确定性的算法。该算法根据马尔可夫链蒙特卡罗理论，以梅特罗波利斯算法取代 SCE-UA 中的坡降算法，能估计最有可能的参数集及后验分布，避免算法陷入局部极点。当用 SCEM-UA 算法估计模型参数后验分布时，需要计算每个参数集的似然估计。

水文模型可以概化为由输入产生输出的非线性模型：

$$\hat{y} = \eta \left(\xi \mid \theta \right) \tag{4-50}$$

式中，$\hat{y}$——模型估计出的 $N \times 1$ 维输出向量；

ξ——$N \times 1$ 维的模型输入变量矩阵；

$\theta = (\theta^1, \theta^2, \cdots, \theta^n)$——包含 n 个未知参数的向量；

η——水文模型非线性映射。

假定模型预报的残差系列互相独立、同方差，呈正态分布，则其似然估计可通过式（4-51）计算：

$$L \left(\theta \mid y \right) = \exp \left[-\frac{1}{2} \sum_{j=1}^{n} \left| \frac{y_j - y_j \left(\theta \right)}{\sigma} \right|^2 \right] \tag{4-51}$$

式中，y——样本观测数据（如流域出口的流量过程等）；

σ——残差序列方差。

4. DREAM 算法

DREAM 算法是在的差分进化马尔科夫链（DE-MC）算法的基础上提出的，

DREAM 算法中首先按照样本的推荐分布采用抽样技术获取参数样本信息，并在马尔可夫链的计算过程中加入差分进化算法。在 DREAM 算法中，从以下几方面对差分进化马尔科夫链算法进行了改进：

① DREAM 算法中，采用自适应随机子空间采样代替了 DE-MC 算法中的随机步行 Metropolis 采样。

② DREAM 算法中，在初始化阶段，为了保证平行序列样本的多样性，要求交叉概率能进行自适应调整。

③ DREAM 算法中增加了无用链的操作，即在计算过程中，如果平行序列的搜索区间对所取得的最优解无意义，则除去无用链，这在操作中可提高算法的收敛速度。

DREAM 算法中，差分算法采用式：

$$v^i = \theta^i + \gamma(\theta)\left(\sum_{j=1}^{\delta}\theta^{r(j)} - \sum_{n=1}^{\delta}\theta^{r(n)}\right) + \varepsilon \qquad (4\text{-}52)$$

表示变异操作过程。

式中，v^i——变异个体；

　　γ——缩放因子（一般 $\gamma = 2.38/\sqrt{2\delta d}$ ）；

　　θ 为模型参数，ε 为方差。

DREAM 算法的具体实现步骤如下：

①确定模型参数个数 n，并在参数可行域 $\theta \subset R^n$ 内，根据参数的先验分布随机抽取 N 个样本，由式：

$$p\left(\theta^{(t)}\,|\,y\right) \propto \left[\sum_{i=1}^{N} e\left(\theta^{(t)}\right)_i^2\right]^{-N/2} \qquad (4\text{-}53)$$

计算样本的后验概率密度：

$$\left\{p\left(\theta^{(1)}\,|\,y\right), p\left(\theta^{(2)}\,|\,y\right),\ \ ,p\left(\theta^{(N)}\,|\,y\right)\right\} \qquad (4\text{-}54)$$

②根据差分算法变异公式，对第 i 代的每一个个体进行变异操作，其变异个体为 v^i。

③根据式（4-55）判断是否需要取代新样本：

$$v_j^i = \begin{cases} \theta_j^i, U \leqslant 1 - C_R \\ v_j^i, \text{其他} \end{cases} \qquad (4\text{-}55)$$

若 $U \leqslant 1 - C_R$，θ_j^i 代替 v_j^i，否则 v_j^i 保持原状态。其中，U 为由 $0 \sim 1$ 分布产生的随机数；交叉概率 $C_R \in [0, 1]$；$j=1, 2, \cdots, d$。

①计算接受概率。即

$$\alpha\left(\theta^{(i)}, v^{(i)}\right) = \begin{cases} \min\left(\dfrac{p\left(v^{(i)} \mid y\right)}{p\left(\theta^{(i)} \mid y\right)}, 1\right), p\left(\theta^{(i)} \mid y\right) > 0 \\[3mm] 1, p\left(\theta^{(i)} \mid y\right) \geqslant 1 \end{cases} \qquad (4\text{-}56)$$

②根据式（4-56）计算出的接受概率，判断是否接受新的样本。若接受新样本，则 $\theta^i = v^i$；若不接受新样本，则保持当前点的位置状态，并再次对平行序列进化。

③依据四分位距（Interquartile Range，IQR）方法统计除去无用链。

④判断是否满足 Brooks-Gelman 收敛准则，如满足则计算停止，否则继续进化平行序列。

DREAM 算法依据定量收敛判断指标——比例缩小参数 $\sqrt{R}$ 判断采样序列的收敛条件，来判断 DREAM 算法平行序列链进化结果的收敛性，$\sqrt{R}$ 的计算基于每条马尔可夫链的方差而进行，计算公式为

$$\sqrt{R} = \sqrt{\frac{i-1}{i} + \frac{q+1}{qi} \cdot \frac{B}{W}} \qquad (4\text{-}57)$$

$$\frac{B}{i} = \sum_{j=1}^{q} \frac{\left(u_j - \bar{u}\right)^2}{q-1} \qquad (4\text{-}58)$$

$$W = \sum_{j=1}^{q} \frac{s_j}{q}$$

（4-59）

式中，i——每条马尔可夫链的进化数；

q——用于评价的马尔可夫链的条数；

$\dfrac{B}{i}$——q 条马尔可夫链均值的方差；

$\dfrac{}{u}$——u_j 的均值；

W——q 条马尔可夫链方差 s_j 的均值。

当 $\sqrt{R}$ <1.2 或接近于 1 时，表示参数收敛于稳定的后验分布。

4.3.5 概率水文预报

前文介绍的水文预报模型都是确定性的，即以一个确定的点估计值形式输出给用户。实际上，水文预报模型不可避免地存在着输入、结构和参数等诸多不确定性因素影响，进而使得预报结果也具有不确定性，即确定性预报值不可能与观测流量值完全吻合，总会出现预报值偏大或偏小的情况。以概率分布的形式定量描述和估计水文预报的不确定性，不仅可以发布概率预报的中值或均值为确定性预报，还能给出预报置信区间。概率水文预报在理论上比确定性预报更加科学准确。在实践应用中，概率水文预报能帮助决策者定量考虑风险信息，实现水文预报与决策过程的有机结合，更好地体现水文预报的作用与价值。

概率水文预报多是采用对水文模型的可行参数集进行随机抽样，之后计算其对历史样本的预报误差的概率分布。但其形式灵活多样，既可以单独对模型输入、模型参数和模型结构等因素进行不确定性分析，也可以对以上因素进行全要素耦合分析，还可以直接对模型输出进行统计后处理。

近年来，国内外学者开发了许多水文预报不确定性量化方法，主要包括贝叶斯概率水文预报法、误差概率分布法、分位数回归法和广义线性法等。这些关于概率水文预报的研究多集中于短期水文预报，对于径流的中长期概率水文预报研究较少。在这些水文预报不确定性量化方法中，贝叶斯概率水文预报法理论基础明确，在实际中应用广泛，是目前概率水文预报最具代表性的方法，下面将进行详细讲解。

由前文的贝叶斯理论可知，应用贝叶斯公式时需先得知先验分布，即随机变量的分布，才能推导出后验分布。因此，贝叶斯概率水文预报法的一般步骤如下：

①前提条件是频率学派认为 θ 的密度函数记作 $p_\theta(x)$，意味着在参量空间 $\Theta=\{\theta\}$ 中每个 θ 都有个密度分布。但是贝叶斯学派认为应记作 $p(x|\theta)$，意味着随机变量 θ 为某个确定值时，总体 X 的条件分布。

②根据 θ 的先验信息决定先验分布 $\pi(\theta)$。

③从贝叶斯理论的观点来看，样本 $x=(x_1, x_2, \cdots, x_n)$ 的产生要分两步进行。首先假定从先验分布 $\pi(\theta)$ 中选择某个样本 θ'，其次从总体分布 $p(x|\theta')$ 中选择某个样本 $x=(x_1, x_2, \cdots, x_n)$，这个样本就可以得到 x 的发生概率，且与联合密度函数成正比：

$$p(x|\theta') = \prod_{i=1}^{n} p(x_i|\theta') \qquad (4\text{-}60)$$

这个联合密度函数是通过总体及样本信息得到的，也就是似然函数，记为 $L(\theta')$。经典统计学和贝叶斯统计学人士都认可似然函数，这样在有了样本 $x=(x_1, x_2, \cdots, x_n)$ 后，似然函数 $L(\theta')$ 便具有了总体信息及样本信息中所有有关 θ 的信息。

④ θ' 是假定出来的，依然不可知，它是依照先验分布 $\pi(\theta)$ 的特征而产生的，要想将其与先验信息结合，不能只顾及 θ'，还应顾及 θ 的所有可能性，故要用 $\pi(\theta)$ 参与进一步的综合。这样一来，样本 x 和参数 θ 的联合分布就把三种能加以利用的信息全部考虑进去了：

$$h(x,\theta) = p(x|\theta)\pi(\theta) \qquad (4\text{-}61)$$

⑤我们的最终目的是要推断出未知变量 θ。在无任何可参考资料时，只能依据先验分布对 θ 作出判断。在由样本 $x=(x_1, x_2, \cdots, x_n)$ 之后，应该依据 $h(x,\theta)$ 对 θ 作出判断。为此，需要对 $h(x, \theta)$ 作分解：

$$h(x,\theta) = \pi(\theta|x)m(x) \qquad (4\text{-}62)$$

式中，$m(x)$——x 的边缘密度函数，即

$$m(x) = \int_\Theta h(x,\theta)\mathrm{d}\theta = \int_\Theta p(x|\theta)\pi(\theta)\mathrm{d}\theta \qquad (4\text{-}63)$$

它与 θ 无关，或者说 $m(x)$ 中不含 θ 的任何信息。因此能用来对 θ 作出推断的仅是条件分布 $\pi(\theta|x)$。它的计算公式为

$$\pi(\theta|x) = \frac{h(x,\theta)}{m(x)} = \frac{p(x|\theta)\pi(\theta)}{\int_{\Theta} p(x|\theta)\pi(\theta)\mathrm{d}\theta} \qquad (4\text{-}64)$$

这就是贝叶斯公式的密度函数形式。在样本 $x=(x_1, x_2, \cdots, x_n)$ 的前提下，θ 的条件分布就是 θ 的后验分布了。它是综合了总体、样本和先验这三种有用信息中一切有关 θ 的信息，再排除一切与 θ 无关的信息得出的结果。所以用后验分布 $\pi(\theta|x)$ 来推断 θ 是最为合理的。

4.4 中长期水文预报

4.4.1 中长期水文预报概述

中长期水文预报指根据水文现象的客观规律，利用前期水文气象资料，采用一定的数学方法，对未来一段时期的水文要素进行科学的预测，一般以径流预测为主。通常泛指预见期 3 天以上、1 年以内的水文预报。对径流预测而言，预见期超过流域最大汇流时间的即为中长期水文预报。具体地，通常将预见期在 3 ~ 10 天的预报称为中期水文预报，预见期在 15 天以上、1 年以内的预报称为长期水文预报。

短期水文预报精度较高，多属于面临时段的预报（不是过程化的），虽也有一定的误差，但误差均在可接受的范围内，预报结果可应用于水库实际运行调度中，这些成果已经成为预报调度的基础，对水库的洪水调度和河道防洪起着重要的作用。但是，水库的预报成果是过程化的系列。短期水文预报的预见期太短，往往满足不了防洪抗旱、水库调度、水电站运行及其他功能的管理要求。中长期水文预报具有较长的预见期，是过程性预报，虽然预报成果的误差较大，还不能实用化，但是由于水库有调节能力、调度有调度周期，仍然需要中长期的过程化预报来制订水库调度计划（方案），使人们在解决防洪与抗旱、蓄水与弃水及各用水部门间矛盾时及早采取措施进行统筹安排，以获取最大的效益。例如，有了中长期水文预报，在防汛工作中结合短期水文预报，就可在一定程度上掌握整个防汛工作的主动权。对于以发电为主的水库来说，常以预报的入库流量为依据来编制年度及各个时期的发电计划。所以，做好中长期水文预报是水利水电、交通航运部门非常重要的一项工作。

4.4.2 中长期水文预报方法

中长期水文预报的方法很多，它们已在水文水资源研究中得到了广泛的应用，对水文水资源科学问题的解决起到了非常重要的作用。近年来，新的数学分支和计算机技术的发展，为中长期水文预报拓展了新的研究途径，主要包括模糊分析、人工神经网络、灰色系统分析、小波分析、混沌分析、遗传程序设计等，以及这些方法的相互耦合，如模糊神经网络、小波神经网络、混沌神经网络、小波混沌神经网络等。同时，随着流域水文预报模型的发展，以及数值天气预报技术的不断完善，基于水文预报模型与数值天气预报技术相结合的径流集合预报逐渐成为中长期水文预报的一个新的发展方向。

因此，目前常用的中长期水文预报方法可以划分为物理成因分析方法、数理统计方法、智能水文预报方法和基于数值天气预报的综合预报方法四大类。其中，物理成因分析方法和数理统计方法是传统方法，智能水文预报方法和基于数值天气预报的综合预报方法是近些年发展起来的新方法。每种方法都有各自的适用条件，或存在有待深入研究的问题，即没有一种既理想又实用的方法。究其原因是，水文水资源系统通常是由相互之间有非线性关系的多因素组成的开放复杂巨系统，简单、线性、封闭只是极少数的特例，且此系统大多是动态、不稳定、非平衡的，稳定、平衡只是少数、暂时的现象。所以在现有的科学技术条件下，难以作出准确、可靠的中长期水文预报。但是从水文情势变化的物理机制分析入手，结合现代预报方法进行预测，实现物理成因分析与现代数学预测方法的耦合可能成为一条新的重要途径，也应该是今后中长期水文预报的发展方向。

4.4.2.1 物理成因分析方法

通常认为，与水文要素中长期变化规律紧密相关的因素有大气环流、太阳活动、行星相对位置、地球自转速度、陆地海洋下垫面情况等。物理成因分析方法试图通过研究上述宏观因子的运动规律，获得降水变化规律，进而发现水文要素的中长期演变规律。国内外许多学者开展了大量这方面的研究，如分别研究了厄尔尼诺暖流、拉尼娜、太平洋涛动等自然现象与澳大利亚东部地区、北美地区（哥伦比亚河）、非洲东北部地区（尼罗河）、印度北部地区（恒河）河流的旱涝、洪水及流量的关系。国内方面，长江水利委员会水文局等单位，将前期 500 hPa 月平均高度与各月降水、水位、流量等水文要素进行了关联普查，根据月环流特征做了旱涝定性预报，进而建立预报方程。范新岗研究了降雨与下垫面热力场背景之间的对应关系，并指出了夏季长江中、下游暴雨与下垫面地热场地热通量的具体联系。刘清仁以太阳活动为中心，用数理统计分析方法，分析了太阳黑子、厄尔尼诺事件对松花江流域的水文影响特征及其水、旱灾害发生的基本规律。王富强和许士国根据气象与旱涝灾害的关系，引入了转移概率、太阳黑子相对数和厄尔尼诺方法，推导出了东北地区旱涝灾害预报的公式。章淹采用气象与水文结合的方法，论述了大气环流、卫星云图、大气（超）长波、射出长波辐射（OLR）场分布特征等与洪水的关系，并探索了中期水文预报方法。

物理成因分析方法主要是利用大气等宏观因子进行中长期水文预报，虽然方法可信度较高，但实施难度较大。归纳起来主要有以下几种。

1. 应用前期环流进行预报

这种方法也可称为天气学方法。它主要是对大量的历史气候信息（如高空环流的逐月平均形势等）及水文要素进行分析综合，概括出旱涝前期的环流模式，然后由前期特征给出后期水文情况的定性预报。或者在前期月平均环流形势图上分析与预报对象关系密切的地区与时段，从中挑选出物理意义明确、统计结果显著的预报因子。然后用逐步回归或其他多元分析方法与预报对象建立方程，并据此进行定量预测。

2. 应用前期海温特征进行预报

此方法分析历史海温资料与预报对象的关系，概括出旱涝年前期海温分布的定性模式，或考虑海温在时间上与空间上的连续性，在关键时段挑选若干个点的海温作为预报因子，通过预报因子与预报对象建立回归方程，并进行定量预报。

3. 由太阳活动进行预测

此方法主要是根据太阳黑子相对数 n 年周期中的相位或分析黑子相对数与江河水量变化之间的关系对后期可能发生的旱涝进行定性预测。

4. 由其他物理因素进行预报

一些研究结果表明，地球自转速度的变化、行星运动的位置、火山爆发、臭氧的多少等对大气运动与水文过程都有一定的影响，分析这些因素与水文过程的对应关系后，可对后期可能发生的水文情况作出定性预估。

5. 概率统计预报

此方法以大量历史资料为依据，应用数理统计方法去寻找并分析水文要素历史变化的统计规律以及与其他因素的关系，然后运用这些规律来进行预报。

总之，联系大气环流的长期演变以及前后承替规律来进行中长期水文预报是一条具有物理基础的重要途径，也是中长期水文预报今后的发展方向。然而，物理成因分析虽然可信度较高，但由于研究对象多为大尺度对象，如大气环流、太阳黑子、地球下垫面等，其实际情况难以把握且资料难以获得，如何筛选主要因子建立合适的预报模型是关键问题。因此，开展物理成因分析方法比较困难，随着数值天气预报的发展，物理成因分析方法将会成为数值天气预报研究的一部分，它们将共同服务于中长期水文预报。

4.4.2.2 数理统计方法

由于许多宏观因子资料难以获得并且分析困难，物理成因分析方法的研究和应用受到一定程度的限制。因此，实际中，物理成因分析方法应用较少。这种情况下，根据大量历史水文资料，利用概率论和数理统计原理，从水文要素与预报因子之间寻找统计规律进行预报的数理统计方法，成为长期以来中长期水文预报的重要手段。数理统计方法又称时间序列分析方法，它基于随机理论，即将水文序列看作由确定性成分（包括暂态成分和周期成分）、随机成分等项组成，然后分项模拟并叠加得到最终的预报结果。

预报因子，可分为两类。第一类是单要素预报。单要素预报是利用水文要素自身的历史演变规律来预报该要素未来可能出现的数值，常用的方法有历史演变法、周期分析法、平稳时间序列法、趋势分析及随机函数的典型分解法等。第二类是多因子综合预报，即分析要素与前期多因子之间的统计相关关系，然后用数理统计方法加以综合进行预报，主要方法有逐步回归法、聚类分析法、主成分分析法等。

数理统计方法尽管模型成熟、求解简单，且在实际中获得了广泛的应用，但是多数时候由于其预报精度不能很好地满足实际生产要求，应用受到一定的限制。这种方法的关键是如何合理选择因子个数，并解决拟合效果与预报效果不一致的矛盾；同时，由于预报值选取的是各个因子数据的均值，难以预报出极大值或极小值的水文现象。因此，数理统计方法虽然发展较为成熟，但模型难以创新以及预报精度低，将限制它的实际应用。

4.4.2.3 智能水文预报方法

所谓智能水文预报方法，是指利用计算机技术和数学方法，在缺少或没有人为干涉情况下进行水文预报的方法，现有的智能水文预报方法主要有模糊数学法、人工神经网络法、灰色系统理论法、小波理论法、混沌理论法、多层递阶法、支持向量机法、最优组合预测法等。智能水文预报方法是当前和未来很长一段时间内重点研究和应用的预报技术。随着生物学、数学、计算机学等学科的发展，将会有更多新颖的智能水文预报方法应用于中长期水文预报领域。此外，各种智能水文预报方法的相互耦合和优化将是一个重要的研究方向。

1. 模糊数学法

模糊数学法是从 20 世纪 80 年代开始发展起来的新方法。陈守煜基于水文科学的随机性、确定性和模糊性，提出了水资源系统研究的模糊数学法，即将模糊法与系统分析法相结合，形成新的模糊体系，并将该体系应用于中长期水文预报领域。他们在研究中注意到：水文气象要素受形成机制复杂性的制约；水文水资源管理中存在大量的模糊性概念，如"旱、涝""丰、平、枯"等；在水文要素预报领域，经验丰富的预报员能够做出令人满意的预报，而传统的数理统计方法难以描述和容纳人的经验，模糊数学法则能够很方便地描述人的经验。1997 年，陈守煜又提出了中长期水文预报的综合分析理论方法，该模式与方法将水文成因分析、统计分析、模糊集分析有机结合起来，为提高中长期水文预报精度提供了一条新途径。模糊数学法的引进丰富了中长期水文预报理论，但由于信息带有明显的主观性，其应用受到了一定的限制。

2. 人工神经网络法

现代人工神经网络的研究起源于 20 世纪 40 年代。麦卡洛克（McCulloch）和皮茨（Pitts）从原理上证明了人工神经网络可以计算任何算术和逻辑问题，并提出了第一个神经元数学模型。人工神经网络的发展曲折缓慢，直到 20 世纪 80 年代，伴随着数字计算机性能的大幅提高和广泛应用，才受到人们的足够重视，并获得了空前的发展。

神经网络是由一些简单的（通常称为自适应的）元件构造的网络，它致力于按照生物神经系统的方式处理真实世界的客观事物。影响人工神经网络拓扑结构的因素众多，参数优选理论发展不甚完善影响了人工神经网络模型优势的发挥。

20 世纪 90 年代以来，许多学者将人工神经网络法应用到中长期水文预报中。在水文预报中，人工神经网络可以最大限度地简化模型对流域物理因素的依赖。近年来，人工神经网络在国内外水文预报方面的应用很多。但由于人工神经网络对数据的依赖性比较强且缺乏明显的物理关系，在应用中必然会出现各种各样的问题。如水文峰值预报不准、水文数据时间段过短、水文神经网络内部缺乏逻辑关系、人工神经网络内部过于复杂致使计算时间过长等。

3. 灰色系统理论法

灰色系统理论是 20 世纪 80 年代，由华中理工大学邓聚龙教授首先提出并创立的。该理论把部分信息已知、部分信息未知的系统统称为灰色系统。水文系统中，已有的水文资料只是水文要素长序列中很少的一部分，如洪水记录等；更有大量未知部分，如未来的降雨、流量、洪水、干旱情况等。基于此，许多学者认为水文系统属于灰色系统，包含灰色信息和灰色响应，并利用灰色系统理论对中长期水文预报展开了分析和研究。

自 1982 年邓聚龙创立灰色系统理论以来，灰色预测方法得到了很大发展。灰色预测方法认为"预测未来"本质上是个灰色问题，因为一个未出现的没有诞生的未来系统必然既有已知信息又有未知信息，且处于连续变化的动态之中。它把观测数据序列看作随时间变化的灰色量或灰色过程，通过累积生成或累减生成逐步使灰色量白化，从而建立相应于微分方程的模型并做出预报。灰色系统由其模型特点比较适合具有指数增长趋势的问题，对于其他变化趋势会出现拟合灰度较大致使精度难以提高的现象。而且，灰色系统理论体系尚不完善，正处于发展阶段，因此它在中长期水文预报中的应用多属于尝试和探索阶段。

4.小波理论法

小波理论是当前数学中一个发展迅速的新领域，由法国从事石油测井的信号采集处理的工程师于 1974 年首次提出。小波分析技术在傅立叶分析的基础上融合了样条分析、数值分析、泛函分析等技术，是一种强有力的信号分析处理手段。与傅立叶变换、加伯（Gabor）变换相比，小波变换能够从时域（时间）和频域（频率）方面进行变化，更有效地从信号中提取信息，因而日益受到关注。从时频分析的角度来看，水文序列含有多种频率成分，每一频率成分都有其自身的制约因素和发展规律，因此仅从水文序列本身出发构造模型，将难以把握水文序列的内在机制，有必要对水文序列进行分频率研究，而小波理论法正好提供了一种便利的时频分析技术。

从实际应用中看，小波理论法在中长期水文预报研究中的应用主要体现在以下两方面。一是用于分析水文序列的变化特性，检测水文序列的周期。由于存在不确定因素引起的随机波动的干扰，水文序列所具有的周期性成分一般很难直观地从水文序列中检测出来。通过小波变换，可以滤去部分随机波动的干扰，就有可能测定水文序列的周期，这比利用方差分析确定的周期更加可靠。二是对水文序列的各种成分进行分解并通过重构随机模拟序列过程，进行有效的预测。小波理论法能将交织在一起的、不同频率成分组成的复杂时间序列分解成频率不相同的子序列。基于小波理论法的分解和重构思想，将原序列分解成不同尺度下的小波系数和尺度系数，对分解所得的系数按实测资料显示的周期进行随机重构，就可以获得各种各样的水文序列。需要指出的是，小波理论法还处于发展阶段，其在水文水资源中的应用也才刚刚开始，还有许多工作有待深入研究。

5. 混沌理论法

混沌理论源自20世纪60年代初美国气象学家洛伦茨（Lorenz）在研究天气预报中大气流动问题时的思考。该理论认为，客观事物的运动除定常、周期、准周期运动外，还存在着一种更加普遍的运动形式——混沌运动，即一种由确定性系统产生的、对初始条件具有敏感依赖性、永不重复的回复性周期运动。大多数水文现象的运动都具有确定性的一面又具有随机性的一面，应用混沌理论，将能打破以往传统分析中单一的确定性分析和随机性分析，建立将两者统一起来的混沌分析法，使水文工作有所突破。然而，国内外发表的著作表明，混沌理论在水文预报中的应用还只是进行了一些初步的探索工作，大多数新方法还未涉及。

6. 多层递阶法

多层递阶预报即将动态系统预报分为时变参数预报与系统状态预报两部分，其中时变参数预报包括时变参数跟踪估计以及对参数未来值进行预测。多层递阶法摒弃了传统的统计预报方法中的固定参数预报模型，而将预报对象的未来状态看成随机动态的时变系统，这更加符合客观实际。近年来多层递阶法不断得到充实和完善，应用领域不断拓宽，从而形成了一套完整的理论和方法。

7. 支持向量机法

统计学习理论从20世纪70年代末到90年代都处在初级研究和理论准备阶段，近些年才逐渐得到重视，其本身也趋向完善，并产生了支持向量机这一将这种理论付诸实践的有效的机器学习方法。支持向量机法是建立在统计学习理论的 VC 理论和结构风险最小原理基础上的，根据有限的样本信息在模型的复杂性（对特定训练样本的学习精度和学习能力（即无错误地识别任意样本的能力）之间寻求最佳折中，以期获得最好的推广。

8. 最优组合预测法

最优组合预测法是于1969年提出来的。它涉及两方面内容：一是人们常在选择一个较优预测值的同时舍弃了另外的预测值是很不明智的，因为舍弃的预测值一般都蕴含某些有用的信息；二是任何时间序列模型的参数都不可能得到准确的识别，不同模型的组合往往能得到较好的预测值。该方法作为一种新的预测方法或途径，特别是应用于中长期水文预报，还是很有发展前景的。

在众多智能水文预报方法中，模糊数学法在信息模糊时易受决策者主观性的影响；灰色系统理论法发展还不够完善，该法又由于语言的关系不易被国外学者接受和应用，很大程度上其发展受到阻碍；人工神经网络法由于缺少完备的数学理论基础；网络拓扑结构无固定原则可遵循，且参数优化理论发展尚不完善；小波理论法还不够成熟，其在水文水资源的应用还处于初始阶段，还有许多问题有待解决；混沌理论法则是当今世界上的前沿数学问题，也有待进一步完善。

4.4.2.4　基于数值天气预报的综合预报方法

1. 数值天气预报概述

几千年来，水手、渔民、农民和猎人都通过看云、辨风、识天象来预测天气，探索天气预报。随着科技的发展，各类天气监测仪器不断涌现，其中包括伽利略及其弟子发明的温度计和雨量器、托里拆利发明的水银气压计、考特发明的湿度计等。后来，随着气象仪器的发明、气象观测网的建立，以及流体动力学理论的发展，天气预报逐渐向应用科学的方向转变。依靠天气学理论和预报员经验，手工绘制、分析天气图，再制作天气预报，伴随着广播、电视、报纸等媒体的传播迎来了大发展。然而，对于短期天气，预报员分析、会商、预报还有预报成功的可能，面对中长期天气预报就束手无策。随后，数值天气预报的出现为预报员提供了新的技术和方法，大大提高了天气预报的效率和精度。依靠数值天气预报，气象业务能做到无缝隙的天气预报：短时（0至几小时）、短期（1～3天）、中期（4～9天）和延伸期（10～30天）。

数值天气预报就是给定初始和边界条件，通过数值方法求解大气运动方程组，从而由已知初始时刻的大气状态预报未来时刻的大气状态。最基本的大气运动方程组为

$$\begin{cases} \dfrac{\mathrm{d}V}{\mathrm{d}x} = -\dfrac{1}{\rho}\nabla p - 2\Omega \times V + g + F \\ \dfrac{\mathrm{d}\rho}{\mathrm{d}t} + \rho\nabla \cdot V = 0 \\ c_p\dfrac{\mathrm{d}T}{\mathrm{d}t} - \dfrac{RT}{p}\dfrac{\mathrm{d}p}{\mathrm{d}t} = Q \\ p = \rho RT \end{cases} \tag{4-65}$$

式中，ρ——空气密度；

p——压强；

　　T——绝对温标；

　　R——气体常数；

　　c_p——空气的等压比热；

　　Q——外界对单位质量空气的加热率；

　　V——速度矢量，可分解到 i、j、k 三个方向；

　　$-\dfrac{1}{\rho}\nabla p$——气压梯度力；

　　F——摩擦力；

　　$-2\Omega\times V$——地转偏向力。

　　该方程组适用于干空气或未饱和湿空气，即不发生水汽凝结过程的大气。方程组中，第一个式子是根据牛顿第二定律得到的运动方程；第二个式子是根据质量守恒定律得到的连续方程；第三个式子是根据能量守恒定律得到的热力学方程；第四个式子理想气体状态方程。其中，第一个方程是一个矢量方程，将矢量沿三个方向展开后，可以得到 i，j，k 三个方向的运动方程：

$$\begin{cases} \dfrac{\mathrm{d}u}{\mathrm{d}t}-\dfrac{uv\tan\varphi}{r}+\dfrac{uw}{r}=-\dfrac{1}{\rho}\dfrac{\partial p}{r\cos\varphi\,\partial\lambda} \\[3mm] \dfrac{\mathrm{d}v}{\mathrm{d}t}-\dfrac{u^2\tan\varphi}{r}+\dfrac{vw}{r}=-\dfrac{1}{\rho}\dfrac{\partial p}{\partial\varphi}-fu+F_\varphi \\[3mm] \dfrac{\mathrm{d}w}{\mathrm{d}t}-\dfrac{u^2+v^2}{r}=-\dfrac{1}{\rho}\dfrac{\partial p}{\partial r}-g+f\,u+F_r \end{cases} \quad (4\text{-}66)$$

式中，λ——经度；

　　　φ——纬度；

　　　r——地心到空间点的距离；

　　　$f=2\Omega\sin\varphi$，$f=2\Omega\cos\varphi$，Ω 为地球自转角速度。

　　数值天气预报属于探寻大气运行的机理的科学，并且是所有物理科学研究中的佼佼者，也是与计算机科学、概率论与数理统计科学、控制科学、化学等多学科融合的极其复杂的科学与工程问题。同时，作为一个数值计算问题，数值天气预报与人脑模拟和宇宙早期演化模拟计算水平相当，并且每天都在世界各地主要的数值预报业务中心的超级计算机上运行。

　　随着近年来计算机技术的高速发展，数值天气预报已经成为制作天气预报最主要的科学途径，并在极端天气事件的预报方面显示出独特优势。目前，国外欧洲中期天气预报中心（ECMWF）、英国气象局（UKMO）、美国国家环境预报中心（NCEP）、法国气象局、加拿大环境部、日本气象厅、澳大利亚气象局等都建立了相应的数值天气预报系统。我国数值天气预报业务经过多年发展也建立了相应的数值天气预报系统。

2. WRF 模式

在精细化数值天气预报方面，各国都在积极推进高分辨率数值天气预报模式的发展，在这些模式中，美国军方、科研机构和多所高校研发的新一代中尺度天气研究与预报（Weather Research and Forecast，WRF）模式表现突出，受到众多研究者青睐。从研发之初，WRF 模式就被作为 MM5 模式（美国大气研究中心和美国宾夕法尼亚州立大学联合研制发展起来的第 5 代中尺度数值预报模式）的替代品，它的模型理论更加完备、数学方法更为先进、参数化方案更为详细。

（1）模式基本结构

WRF 模式主要由驱动数据、模式预处理、模式主程序和模式后处理四部分组成。首先通过驱动数据准备，为模式运行提供数据支撑；然后在模式预处理过程中将驱动数据转化为 WRF 模式运行需要的相关格式；再在模式主程序模块进行 WRF 模式天气模拟；最后通过模式后处理从模拟结果中提取用户需要的预报信息。

①驱动数据。WRF 模式的驱动数据主要由静态数据和动态数据两类组成，静态数据主要包括各类分辨率的地理信息基础数据，动态数据主要包括各类气象初始场或者边界场数据，表示具体的天气情势。

②模式预处理。它主要针对驱动数据进行，主要包括 geogrid，ungrib，metgrid 三大步骤。首先采用 geogrid 程序处理研究地区的地理信息基础数据，接着利用 ungrib 功能将研究地区的气象数据进行整理分析，最后利用 metgrid 将 geogrid 和 ungrib 的中间成果融合，在这一过程中，主要采用 namelist.wps 文件设置模拟时间、模拟区域、网格精度、数据路径等一系列控制信息，对模式预处理过程进行指导。

③模式主程序。它分为 real 和 wrf 两部分。在 real 模块中，主要利用模式预处理生成的中间数据生成研究地区的初始场与边界场，随后输入 wrf 模块进行数值模拟，通过 namelist.input 文本设置模拟时间、参数化方案等一系列控制信息，指导模式运行。

④模式后处理。主程序运行后，生成的模拟结果十分庞大，包含了研究地区降水、温度和蒸发等多种结果，常规方法难以进行数据的有效提取，所以需要通过模式后处理模块进行数据分析。

（2）模式动力框架

WRF 模式采用的是质量地形跟随坐标系统，质量坐标的表达式为

$$\eta = (\pi - \pi_t) / \mu, \quad \mu = \pi_s - \pi_t \tag{4-67}$$

式中，π——静力气压；

π_s，π_t——地面和顶层边界气压；

μ——单位面积大气柱体的质量。

在质量地形跟随坐标系统下，WRF 模式预报方程分别为

$$\frac{\partial U}{\partial t} + \mu\alpha\frac{\partial \rho}{\partial x} + \frac{\partial \rho}{\partial \eta}\frac{\partial \varphi}{\partial x} = -\frac{\partial Uu}{\partial x} - \frac{\partial \Omega u}{\partial \eta} \tag{4-68}$$

$$\frac{\partial W}{\partial t} + g\left(\mu - \frac{\partial \rho}{\partial \eta}\right) = -\frac{\partial Uw}{\partial x} - \frac{\partial \Omega w}{\partial \eta} \tag{4-69}$$

$$\frac{\partial \Phi}{\partial t} + \frac{\partial U\theta}{\partial x} + \frac{\partial \Omega\theta}{\partial \eta} = \mu Q \tag{4-70}$$

$$\frac{\partial \mu}{\partial t} + \frac{\partial u}{\partial x} + \frac{\partial \Omega}{\partial \eta} = 0 \tag{4-71}$$

$$\frac{\mathrm{d}\Phi}{\mathrm{d}t} = gw \tag{4-72}$$

式中，$U=\mu u$；

$W=\mu w$；

$\Omega=\mu\eta$；

u，v——水平方向的速度；

w——垂直方向的速度；

θ——潜在的温度；

Ω——在质量地形跟随坐标系统下大气的重力势能。

（3）模式物理方案

在 WRF 模式模拟运行中，需要根据不同的地形地貌和气候特征设置不同的参数化方案，用以表征不同研究地区独特的辐射、对流和扩散等"次网格过程"。这些"次网格过程"是大气研究和业务预报中的重点研究对象。WRF 模式中拥有云微物理、边界层、积云对流等多种参数化方案。众多研究表明，WRF 模式中不同的参数化方案对于模式的预报结果影响不同。

①云微物理参数化方案。此方案主要用以对模式中水的各种形态及转化过程进行描述，而不同方案涉及的水汽、云、雨、冰雹以及雪的转化过程不尽相同。WRF 模式中主要的云微物理参数化方案有以下七种。

a. Kessler 方案。在水的形态转化中，主要分析水汽、云和雨三类形态，是一种最为基础的云微物理过程。

b. Linetal 方案。该方案在 Kessler 方案的基础上，增加了冰、雪和霰的计算，同时对冰相沉淀也进行了分析。

c. WSM3-class 方案。该方案在模拟中虽然加入了冰相过程，但是分析较为简单，0 ℃以上为水，0 ℃以下则为冰，没有考虑冰水状态。

d. WSM5-class 方案。在以上方案的基础上，允许冰与水共存的情况，对霰的溶解与冰的沉淀也有考虑。

e. Ferrier 方案。该方案在计算时直接通过预报方程式给定所有水相的比例，模式计算时间较短，在日常业务预报中使用较多。

f. WSM6-class 方案。该方案与 WSM5-class 方案类似，在分析中对霰的分析更加细致。

②边界层参数化方案。它主要用以描述大气扰动作用下，大气中热量与动量变化在垂直方向上的扩散影响。WRF 模式中边界层参数化方案主要有以下三种。

a. YSU 边界层参数化方案。该方案是一个典型的非局地性闭合方案，基于 WRF 模式显式处理边界层顶的夹卷过程。

b. MYJ 边界层参数化方案。该方案基于 Mellor-Yamada 的 2.5 层湍流闭合模式建立，局地的湍流动能决定了边界层及自由大气中的垂直混合情况。

c. ACM2 边界层参数化方案。该方案在 ACM1 边界层参数化方案的基础上基于涡流扩散模型建立，通过跳跃式模型对非局地的通量传输显式处理。

③积云对流参数化方案。它是数值模式中最重要的物理过程之一，对垂直方向的大气湿度场与温度模拟效果影响较大。WRF 模式主要有以下三种积云对流参数化方案。

a. NewKF 方案。该方案利用一个简单的浮力能量型云模式，并考虑浅对流系统未达到最小降水云厚度的情况对上升气流的影响。

b. BMJ 方案。该方案是在大量的观测基础上确定参考轮廓线，在分析中对对流系统中明显的上升、下降对流运动考虑较少。

c. GDEnsemble 方案。该方案是一种集成积云对流参数化方案，通过 100

多种不同形态的参数化，最终求取各方案的平均值，所以对高、低分辨率都有较好的表现。

综上所述，无论是天气预报还是气候预测，WRF 模式都无法独立完成，需要全球大气模式或海气耦合模式提供预报或预测结果作为驱动场资料。WRF 模式的主要功用是完成分辨率为中尺度（ $10 \sim 100$ km）的精细模拟，一般称为动力降尺度。另外，WRF 模式只是动力降尺度家族中的一个成员，在数值模式领域，还有很多其他的动力降尺度，并且随着高分辨率模拟应用越来越多，动力降尺度成员也越来越多。当然，WRF 模式是其中最出名的，因为该模式拥有先进、开源及快速更新等特点，同时模拟效果还不错。

近年来，国内外针对 WRF 模式的应用研究逐渐深入，从最开始的模式预报效果检验到不同初始场研究对比，再到不同参数化方案优选分析，大量的相关研究为 WRF 模式的日益完善提供了参考。WRF 模式的参数化方案众多，每种参数化方案都具有明确的物理意义与较好的代表性。大量研究表明，参数化方案的选择对降水尤其是暴雨过程的模拟影响较大，不同的模式、不同的地区适用的参数化方案不尽相同。

3. 基于气象-水文耦合的水文预报

基于气象-水文耦合的水文预报是解决无资料驱动问题、提高降水输入数据的时空分辨率和径流预报精度以及延长径流预报预见期的有效途径。同时，研究还发现当缺少高分辨率观测数据时，数值天气预报模式也可用于降水数据的重建，这对历史极端事件的分析和长期气象数据的汇编具有较高的价值和现实意义。因此，气象-水文耦合模式已成为当前水文和气象学科的研究热点。

根据耦合方式不同，气象-水文耦合有单向耦合和双向耦合之分。单向耦合是将数值天气预报模式的气象输出信息用于驱动流域水文模型，从而对未来水文过程进行预报，这一过程中数据是单向传输的，即仅考虑了气象因素对流域水文过程的影响。对单向耦合来说，气象变量数据的单向传输意味着不需要考虑水文过程对大气过程的反馈作用，所以灵活性高、模型调试方便，目前在中短期水文预报研究中应用较广泛。双向耦合是水文模型与数值天气预报模式共用一个陆面过程机制，从而形成一个完整的实时互相反馈系统。双向耦合不仅考虑了气象因素对水文变量的改进，而且考虑了实时水文过程对陆面过程模拟的反馈作用。所以在理论上更加完备合理，且物理意义更加明确。然而，双向耦合较复杂，会导致数值天气预报模式运算量大、调试较困难且灵活性不高，所以目前应用还不够广泛。

近年来，数值天气预报模式和流域水文模型不断发展改进，气象水文工作者针对气象-水文耦合模式及相关问题开展了大量的研究，如降水产品的校正、空间降尺度等。

（1）降水产品的校正

由于初值误差、模式误差及大气自身的混沌特性等，单一的数值天气预报结果在小区域系统内误差较大，会导致模型输入不确定性增大，从而影响预报精度，特别是在容易发生洪涝灾害的具有复杂地形的山地地区。为了进一步增强洪水预报的效果，必须在输入水文模型之前对模式输出的降水预报结果进行偏差订正以期提高定量降水预报的质量。

目前，具有代表性的降水产品校正方法有校正系数法、线性校正法、分位数映射法、局部强度缩放法、回归模型校正法等。其中，分位数映射法是基于概率分布的校正方法，校正系数法、线性校正法和局部强度缩放法均通过某一固定系数或缩放因子从量级上校正再分析数据集，回归模型校正法则是通过建立序列之间或序列之间误差的回归模型来校正数据。

在众多的降水产品校正方法中，回归模型校正法考虑到降水产品与地面观测降水的相关性，将具有合理空间分布的降水产品与具有高精度的地面观测降水相结合，并且对雨量站的密度和分布要求不高，是目前应用比较广泛的一种校正方法。校正系数法是一种相对简单的局部校正方法，该方法通过比例系数方程式的空间插值充分考虑了降水的空间自相关性，应用也比较广泛。线性校正法是利用降水产品与实测降水的总量误差来校正降水，其计算方法简便直接，能够方便快捷地运用到实际工作中。

（2）空间降尺度

气象-水文耦合时，由于时空分辨率的差异，往往需要将气象数值预报信息实例化，这就需要通过空间降尺度的方法来实现。空间降尺度的方法主要有简单降尺度法、动力降尺度法、统计降尺度法、动力与统计相结合的降尺度法这四种。

简单降尺度法就是通过单点进行插值、基于水文气象站点的克里金插值法，由于站点布设空间分布不均、密度较低等问题，使得结果存在很大的不确定性。但与有限测站相比，模式输出降水栅格数据点（像元）众多，空间连续性好，但是由于受研究地区地形地貌等因素的影响，也会造成空间插值结果误差大。

动力降尺度法通常由更大尺度的气候模式或其他同化资料提供边界条件和初值，采用数学物理方程描述天气系统内部的各种动力和热力学过程，由此给出更高分辨率的数值。动力降尺度法具有明确的物理意义，同时观测资料对其影响较小，并能用于不同空间分辨率，在降水研究中使用较广泛。缺点是它的区域依赖性较强，为得到不同地区、不同模式分辨率下合理的模拟方案，必须进行模式参数化调试，计算量巨大，模拟和配置不便。因此，动力降尺度法往往是局限于大尺度气候模式的降尺度，如难以推广到 1 km 等尺度。

统计降尺度法可以弥补动力降尺度法的不足，一方面能够将物理意义较明确、模拟较准确的气候信息应用于统计模式，从而纠正系统误差；另一方面不用考虑边界条件对预测结果的影响，与动力降尺度法相比，计算量小，节省机时。统计降尺度方法的核心思想是利用经验方法构建大尺度变量与区域变量之间的线性或非线性关系，假定这些统计关系在未来的气候情境下仍然适用，再进行尺度间的转化。不过，统计降尺度法无法回避其固有的两个基本假设：历史资料不足和不发生气候突变，使得已建立的统计关系在进行预报预测时往往出现不稳定性，使得统计降尺度法无法描述历史上没有出现的规律，也不适用于大尺度要素与区域要素相关不明显的地区。因而寻求预报因子和预报对象之间的动力学关系是克服统计降尺度法不足的一条重要途径。

作为气象集合系统与水文集合系统耦合的关键技术，动力与统计相结合的降尺度法既能弥补动力降尺度法的不足，又吸收了二者的优点，实现动力与统计的有机结合，既包含明确的动力学意义，计算也相对简单快捷。因此，相对于单一降尺度方法而言，动力与统计相结合的降尺度法更加简单灵活，计算快捷，尤其在气候影响评估方面要优于动力降尺度法。

4.4.3 中长期水文预报的不确定性和发展趋势

从水文预报不确定性的来源来看，中长期水文预报的来源与短期水文预报的来源并没有什么本质的区别，都体现在自然环境、数据源、模型（方法）这三方面。但是，由于预见期的延长，各种不确定性来源所占的比例会有所变化。例如，短期水文预报中降水的准确率较高，由数据源所产生的不确定性就相对较小，而模型本身及其参数的不确定性就相对较大；在中期水文预报中，未来几天的降水未知，或由其他方法推算，不确定性就会大大增加；在长期水文预报中，由数据序列分析、气候模式等方法得到的降水产品的精度更是大大降低，此时降水对水文预报不确定性的影响甚至是决定性的。

长期以来，传统的水文预报方法基于实测降雨情况和径流资料预报洪水过程，洪水预报的预见期较短，难以满足防汛抗洪和洪水资源化利用的需求。随着数值天气预报技术的发展，降水预报的精度不断提高，陆气耦合洪水预报技术为延长水文预报预见期提供了可能。然而，由于大气过程的复杂性，作为数值天气模拟的大气初始状态只能近似地确定，研究建立的数值天气模式可能从最开始就与现实情况相差较远，且不同模式的参数化方案误差也会使单一确定性预报存在较大的误差，从而影响了随后的水文预报精度。研究表明，单一的确定性数值天气预报，初值误差、模式误差及大气自身的混沌特性，使得数值预报结果存在不确定性，在水文预报中，若直接使用单一模式的预报结果，可能会导致水文预报存在较大的偏差。因此，需要开发集成技术，综合不同模式的多种预报结果，降低降水预报和水文模型的不确定性。因此集合预报的概念应运而生，水文集合预报作为一种概率预报方法，为降低预报的不确定性提供了一条新的途径。

4.4.4 集合预报

4.4.4.1 水文集合预报概述

水文预报中的集合预报思想起源于气象领域大气模式初始条件扰动对预报结果影响的研究。集合预报可根据扰动与误差的不同，采用不同初始场、不同模式、不同参数化方案或者三者组合的形式生成。水文集合预报是一种既可以给出确定性预报值又能提供预报值的不确定性信息的概率预报方法。随着现代计算机技术的进步，水文集合预报得到了快速的发展，其因概率预报优于传统确定性预报的优势成为水文预报发展的新方向。与传统的单值预报方法相比，水文集合预报可提高水文预报精度并降低预报的不确定性，延长水文预报的有效预见期，增大水文预报结果的可利用性。

1963年，洛伦兹在研究大气运动时首先发现了大气的高度非线性混沌特性，即初始条件的微小扰动可能会造成系统状态极大的偏差。从此，天气预报的不确定性引起了相关学者的关注。直到爱泼斯坦等相继提出动态随机预报理论和蒙特卡罗算法，集合预报才实现了从理论研究向实际应用的转变。研究者将多组随机初始扰动叠加在初始分析场上，产生一组预报成员来估计预报状态的概率密度分布，从而体现预报结果的不确定性。产生扰动的方法包括经典的蒙特卡罗法、滞后平均法、增殖向量法、观测扰动法、集合转换卡尔曼滤波法等。集合预报通过追踪初始不确定性的时空演变，提供预报的概率分布，能有效提高气象的可预报性，具有精度高、预见期长的特点，其被广泛应用在径流预报中。欧洲中期天气预报中心与美国国家环境预报中心最早形成了模式化的两个数值集合预报系统。随后，中国气象局、加拿大气象中心等机构也逐步将集合预报技术应用于本国的预报体系当中。

最早的水文集合预报是美国提出的集合径流预报（Ensemble Streamflow Prediction，ESP）。ESP 方法是以预报日当日的土壤状态为初始条件，以历史气象数据代表未来可能的气象状态，并用来驱动水文模型预测未来可能的水文事件的预报概率。标准的 ESP 方法认为所有历史气象输入都代表着等可能的未来气象概率。集合天气预报技术的迅猛发展促使水文学家开始将集合预报的思想应用于水文预报中。集合水文预报能够通过各种统计特征定量描述预报的不确定性，其中，集合平均值反映了各模型综合预报的效果，方差和置信区间反映了在系统结构不确定性影响下预报量的可能的变动范围，即预报的不确定性。

然而 ESP 方法存在一定的不足，没有考虑到未来气象条件会出现非稳态的情况。相对而言，基于气象集合预报数据的集合径流预报方法则较好地考虑了未来气象条件情况。此方法利用气象集合预报数据（如降水、温度等）驱动水文模型，得到未来的径流集合过程。

21 世纪初，美国国家海洋和大气管理局提出水文集合预报实验计划，使得以集合数值天气预报为基础的水文集合预报得到了更大的发展。该计划指出影响水文集合预报精度的不确定性因素很多，主要来源于输入的不确定性、模型参数及结构的不确定性，这些不确定性最终将直接影响模型输出的结果。为了更好地量化水文集合预报的不确定性，降低预报不确定性，该计划将水文集合预报系统细化成五个部分：水文集合前处理、数据同化、水文模型、参数率定、水文集合后处理（见图 4-4）。集合概率预报通过对集合预报进行统计后处理，获取预报概率分布，相比原始的确定性单一概率预报，集合概率预报更能描述预报不确定性，并给出预报区间和预报推荐值。

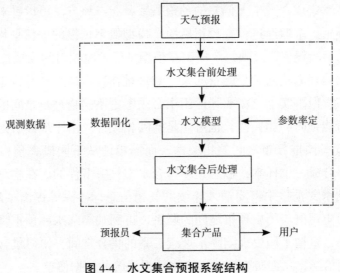

图 4-4 水文集合预报系统结构

4.4.4.2　水文集合前处理

水文集合前处理也称为气象集合预报后处理，主要处理定量降水，温度预报。现有的气象-水文耦合技术虽然得了很大的发展，但仍然存在许多不足之处：数值天气预报普遍存在系统偏差，如降雨带位置偏离或者降雨量整体偏大（偏小），导致气象预报产品很难直接为水文模型所用；数值天气预报产品精度低，在时空尺度上无法与水文模型匹配；还需要寻求更好的方法，能够在海量的集合预报产品（如集合平均、离散度或暴雨降水概率等）中，求得最优的预报概率结果。因此，需要对数值天气预报产品进行统计前处理，即根据多年实测与后预报数据，研究历史预报误差的统计特征，剔除系统偏差，用概率分布的形式代替单一确定的气象要素值，将最终生成的降水、温度等预报信息作为水文模型的输入。

目前，水文集合前处理的方法有气象中传统使用的经典方法，如用于校正气象预报偏差的完美后预报方法、采用多元回归建立起观测与模型输出之间统计关系的模型输出统计方法以及贝叶斯降尺度方法。还有后续发展起来的BMA法、沙克（Schaake）洗牌法、层次模型法和可靠性集合平均方法等。

其中，贝叶斯降尺度方法是水文集合前处理中应用最广泛的方法之一，它是通过对历史预报与观测事件的统计分析，来求取观测事件的条件概率函数，在获得未来预报数据后即可得到未来实际观测事件发生的概率。在此基础上，拉夫特瑞（Raftery）等人提出了一种多模型集合概率预报的统计处理方法——贝叶斯模型平均方法（Bayes Model Averaging，BMA），通过对多个模型的预报值进行概率集成，产生无偏差的预报概率分布。该方法可以针对某一特定变量的概率预报，求取经过偏差校正后单个模型概率预报的加权平均，其权重是相应模型的后验概率，反映每个模型在模型训练阶段相对的预报技巧。

统计后处理方法通常只能获取某个物理量在特定地点具有特定预见期的概率预报分布。但事实上，在实际运用中必须考虑不同物理量之间的相关性，这种相关性可能是时间相关性，也可能是空间相关性。由于统计后处理方法无法描述不同概率预报分布之间的相关性，而简单地从不同概率预报分布中进行随机抽样组合成一个样本，显然是不符合水文气象事件的内在物理机制的。同时，考虑到水文预报中需要输入连续的气象信息，沙克等提出了沙克洗牌法，通过建立历史观测与历史预报之间的联系，得到观测降水和预报降水在时空上的分布关系，重构了历史观测降水连续关系的集合空间，使得集合成员间具有连续的时间信息，从而减少了输入水文预报系统的数据偏差。

1. BMA 法

BMA 法是一种结合多个统计模型继续联合推断和预测的统计后处理方法。令 $f = f_1, f_2, \cdots, f_k$ 分别表示 k 个不同数值模式的预报结果，y 代表需要预报的变量，y^T 代表培训数据。BMA 预报模型可表示为多模式概率预报加权平均的形式，即

$$p\left[y \mid \left(f_1, f_2, \ , f_k, y^T \right) \right] = \sum_{k=1}^{k} w_k p_k \left[y \mid \left(f_k, y^T \right) \right] \tag{4-46}$$

式中，$p_k \left[y \mid \left(f_k, y^T \right) \right]$ 是与单个集合成员预报 f_k 相联系的条件概率密度函数，可解释为预报变量 y 在模型训练阶段模式预报 f_k 为最佳预报条件下的概率密度函数，表明模式预报 f_k 在模型训练阶段为最优预报的可能性；w_k 表示在模型训练阶段第 k 个成员预报为最佳预报的后验概率，非负且满足 $\sum_{k=1}^{k} w_k = 1$，反映的是每个成员预报在模型训练阶段对预报技巧的相对贡献度。当预报变量服从正态分布，$p_k \left[y \mid \left(f_k, y^T \right) \right]$ 为正态分布密度函数时，有

$$y \mid \left(f_k, y^T \right) \quad N\left(a_k + b_k f_k, \ \sigma^2 \right) \tag{4-74}$$

将上述正态分布密度函数记为 $g_k \left(a_k + b_k f_k, \ \sigma^2 \right)$。由此可知 BMA 预报模型均值为

$$E\left[y \mid \left(f_1, f_2, \ , f_k, y^T \right) \right] = \sum_{k=1}^{k} w_k \left(a_k + b_k f_k \right) \tag{4-75}$$

令 s 与 t 分别表示空间与时间指标，f_{kst} 表示预报集合中第 k 个成员在空间 s 与时间 t 的预报结果，则相应的 BMA 预报方差为

$$\mathrm{var}\left[y_{st} \mid \left(y_{1st}, y_{2st}, \ , y_{kst}, y^T \right) \right] = \sum_{k=1}^{k} w_k \left(\left(a_k + b_k f_{kst} \right) - \sum_{l=1}^{k} w_l \left(a_l + b_l f_{lst} \right) \right)^2 + \sigma^2$$

$$\tag{4-76}$$

该式左端包含两项：第一项表示预报集合的离散程度，第二项表示预报集合内的预报方差。

2. 沙克洗牌法

沙克洗牌法是指利用历史上气象要素在时间和空间上的关系，对集合成员

进行重新排列的方法。针对某一流域对于某一天的集合预报为一个一维数组 y_i（i 表示集合成员），选取 n 个历史观测资料 x_j（j 表示历史资料的序列），历史资料选取历史上该日的降水观测值。那么，对于给定流域，沙克洗牌法通过亚正态分布条件获取 n 个集合成员 y，将 y 从小到大排列，形成数组 γ：

$$y = \left(y_1, y_2, y_3, \quad , y_n \right) \tag{4-77}$$

$$\gamma = \left(y_{(1)}, y_{(2)}, y_{(3)}, \quad , y_{(n)} \right) \tag{4-78}$$

$$y_{(1)} \leqslant y_{(2)} \leqslant y_{(3)} \leqslant \quad \leqslant y_{(n)} \tag{4-79}$$

n 个历史观测资料 x_i，以及按从小到大顺序排列后的数组 χ 为

$$x = \left(x_1, x_2, x_3, \quad , x_n \right) \tag{4-80}$$

$$\chi = \left(x_{(1)}, x_{(2)}, x_{(3)}, \quad , x_{(n)} \right) \tag{4-81}$$

$$x_{(1)} \leqslant x_{(2)} \leqslant x_{(3)} \leqslant \quad \leqslant x_{(n)} \tag{4-82}$$

设 B 为进行从小到大排列后的 χ 中各成员对应在 x 中的位置序号，则重组后的集合预报 Y^{ss} 为

$$Y^{ss} = \left(y_1^{ss}, y_2^{ss}, \quad , y_n^{ss} \right) \tag{4-83}$$

式中，$y_n^{ss} = y_{(r)}$，$q = B[r]$，$r = 1, 2, \quad , n$。

4.4.4.3 数据同化

数据同化（Data Assimilation，DA）指在考虑数据时空分布以及观测场和背景场误差的基础上，在数值模型的动态运行过程中融合新的观测数据的方法。它是在过程模型的动态框架内，通过数据同化方法不断融合时空上离散分布的不同来源和不同分辨率的直接或间接观测信息来自动调整模型轨迹，以校正模型的状态变量、降低系统初始条件的不确定性以提高模型预测能力。其中，状态变量主要通过土壤湿度、冰雪覆盖率或者径流流量等实测数据来改变。

数据同化是一种最初来源于数值天气预报，并为数值天气预报提供初始场

的数据处理技术。由于数据同化可以应用于地球系统科学研究的多个领域，所以不同领域的专家对数据同化的内涵与外延有不同的表述。综合起来，可以理解为数据同化包括四个基本要素：模拟自然界真实过程的动力模型；状态变量的直接或间接观测数据；不断将新观测的数据融入过程模型计算中、校正模型参数、提高模型模拟精度的数据同化数据法；驱动模型运行的基础参量数据。

数据同化的主要任务是将各种不同来源、不同误差信息、不同时空分辨率的观测资料融入数值动力模式，依据严格的数学理论，在模式解与实际观测之间找到一个最优解，这个最优解可以不断地为动力模式提供初始场，一直循环下去，使得模式结果不断地向观测值靠拢。

数据同化技术已广泛应用于大气和海洋科学中，陆面和水文数据同化系统的研究则起步较晚。目前，水文领域中常用的典型数据同化方法根据优化途径的不同可归为两大类：变分数据同化方法（全局拟合途径）和顺序数据同化方法（实时优化途径）。

变分数据同化方法以最优控制理论为基础，以分析值、观测值及背景场之间的偏差为目标函数。在一个同化窗口内，利用优化算法，通过迭代运算不断调整模型的初始场，最终寻求整个同化时段的最优解。目前，变分数据同化方法中发展比较成熟且具有代表性的是三维变分法和四维变分法。四维变分法含有时间维，则该模型状态在时间上的演进可以充分考虑观测信息在时间和空间分布上的影响，所以该方法比三维变分法有着更广泛的应用，其主要应用于气象和海洋领域。变分数据同化方法最主要的优点是可以采用一个同化窗口多个时间的观测信息来估计整个同化窗口的状态。但是，变分数据同化方法需要构建伴随模型，且要求伴随模型对其状态变量必须连续可微，然而，对于陆面模型和较为复杂的水文模型而言通常无法满足这一要求，这在一定程度上限制了变分数据同化方法在陆面模型和水文模型中的应用。

顺序数据同化方法又称滤波方法。该方法基于误差估计理论，着眼于求解单个时刻的最优分析值，不断用新的观测信息来更新模型的预报场，从而形成下一时刻模型预报的初始场，如此按顺序向前推进，依次获得整个时段的模式变量或参数的最优估计。由于顺序数据同化方法可以显式地考虑模拟与观测的不确定性，并且其误差可以在模型运行过程中随时间传播，该类方法在水文领域应用广泛。具体方法包括线性卡尔曼滤波法、扩展卡尔曼滤波法、集合卡尔曼滤波法、集合卡尔曼滤波实时校正法、进化数据同化法和粒子滤波法等。其中，集合卡尔曼滤波法和粒子滤波法是最简单也是最常用的两种数据同化方法，被广泛应用于水文集合预报中。

1. 集合卡尔曼滤波法

卡尔曼于1960年首次提出卡尔曼滤波法，其在20世纪70年代被应用于水文预报。早期的卡尔曼滤波法要求系统为线性或近似线性，但随着模型的复杂程度和非线性程度越来越高，卡尔曼滤波法已无法满足要求。埃文森于1994年基于随机动态预报理论，将集合预报思想引入卡尔曼滤波法，提出了集合卡尔曼滤波法。集合卡尔曼滤波法基于蒙特卡罗法和卡尔曼滤波法，采用一组服从高斯分布的随机变量来代表随机动态预报中状态变量的概率密度函数，并基于观测信息，在模型模拟预报过程中不断更新这组随机变量，使其逐步逼近状态变量总体的真实概率分布。集合卡尔曼滤波法稳健、灵活，易于使用，在陆面模型和分布式水文模型中均获得广泛的应用。

集合卡尔曼滤波法的基本思想是：初始化一组系统的状态采样作为背景数据集，利用观测信息对背景数据集中的每个元素进行更新，得到分析集合，用于估计状态的真实均值和方差。再通过系统模型传递采样集合，得到下一时刻的背景数据集。

建立状态方程和量测方程，分别为

$$X_k = AX_{k-1} + BU_k + W_k \qquad (4\text{-}84)$$

$$Z_k = H_k + V_k \qquad (4\text{-}85)$$

式中，X_k，X_{k-1}——k 时刻和 $k-1$ 时刻系统的状态变量；

$\quad\quad U_k$——k 时刻系统的控制量；

$\quad\quad A$，B——状态系统参数；

$\quad\quad Z_k$——k 时刻的观测量；

$\quad\quad H_k$——量测系统的观测值；

$\quad\quad W_k$，V_k——过程和测量的噪声。

状态变量的预测方程为

$$X_{k|k-1} = AX_{k-1|k-1} + BU_k \qquad (4\text{-}86)$$

式中，$X_{k|k-1}$——依据 $k-1$ 时刻的分析解得到的预测值；

$\quad\quad X_{k-1|k-1}$——依据 $k-1$ 时刻观测得到的分析解。

集合误差协方差：

$$P_e = \frac{A'A^{\mathrm{T}}}{N-1} \qquad (4\text{-}87)$$

式中，$A' = A - \bar{A}$——集合扰动；

$\quad\quad \bar{A} = AI_N$——集合均值；

$\quad\quad N$——集合元素个数。

增益矩阵：

$$K = P_e H^{\mathrm{T}} \left(K P_e H^{\mathrm{T}} + R \right)^{-1}$$（4-88）

状态变量更新：

$$X_a = X_{k|k} = X_{k|k-1} + K \left(D_k - H X_{k|k-1} \right)$$（4-89）

式中，X_a，$X_{k|k}$——依据 k 时刻观测得到的分析解；

$\quad\quad D_k$——k 时刻的观测值。

集合误差协方差更新：

$$P_a = P_f - H^{\mathrm{T}} \left(H P_f H^{\mathrm{T}} + R_e \right)^{-1} H P_f$$（4-90）

式中，P_a——更新后的集合误差协方差；

$\quad\quad P_f$——预测集合误差协方差；

$\quad\quad R_e$——观测误差协方差。

2. 粒子滤波法

集合卡尔曼滤波法中高斯分布的误差假定在一定程度上限制了其在高度的非高斯、非线性系统中的应用效果。粒子滤波法是采用蒙特卡罗方法实现贝叶斯估计理论的算法，能够达到最优贝叶斯估计的效果，从而摆脱了集合卡尔曼滤波法中高斯分布误差假定的限制。此法的基本思想是利用从状态空间选取一组加权的随机样本粒子，来实现对状态的概率密度分布的逼近，然后用样本均值代替积分运算，以获得状态的最小方差估计。实际中一般采用序贯重要性采样方法来选取随机样本粒子。

序贯重要性采样是从采用的重要性密度函数中生成随机的粒子集合，利用最新的观测值递推更新得到当前的权值，将粒子归一化处理，再将每一个权值都对应一个粒子，可得到相应的分布。

粒子的重要性归一化权值计算公式为

$$\omega\left(x_k^i\right) = \frac{\omega_k\left(x_k^i\right)}{\sum_{i=1}^{N} \omega_k\left(x_k^i\right)}$$（4-91）

式中，$\omega_k\left(x_k^i\right)$——粒子的权值；

x_k^i——对重要性函数的采样。

重要性密度函数 $q\left(x_k \mid x_{k-1}, z_{1:k}\right)$ 的选择会对粒子滤波的性能造成很大的影响，抑制退化问题的有效方法是选取好的重要性密度函数，从而减少需要的粒子数目，提高运行速度。常用的重要性密度函数有两种：最优的重要性密度函数，性能更好但更难实现；先验重要性密度函数，它虽然没有融入最新的观测值，但实现简单。

重要性密度函数：

$$q\left(x_k \mid x_{k-1}, z_{1:k}\right) = p\left(x_k \mid x_{k-1}\right) \tag{4-92}$$

式中，$p\left(x_k \mid x_{k-1}\right)$——先验密度函数。

则粒子权值的表达式为

$$\omega_k\left(x_k^i\right) = \sum_{i=1}^{N} \omega_k\left(x_k^i\right)\delta\left(x_k - x_k^i\right) \tag{4-93}$$

式中，$\delta\left(x_k - x_k^i\right)$——狄拉克函数。

然而，上述方法的主要缺点是出现了粒子匮乏现象。原因是在经过数次递推计算后，只有少数粒子的权值较大，其余粒子的权值太小以至可忽略不计，选择任何重要性密度函数都会出现这样的问题。因此，有必要增加重采样的步骤。

重采样是在保持采样过程中粒子总数不变的情况下，从状态的后验概率密度中重新采样，将权重较小的粒子舍弃，保留或复制权重较大的粒子，将原来带权重的粒子集映射为新的等权重的粒子集。

通常采用粒子有效个数 N_{eff} 来衡量粒子有效的数量，近似为

$$N_{\text{eff}} = \frac{1}{\sum_{i=1}^{N} \omega\left(x_k^i\right)^2} \tag{4-94}$$

在序贯重要性采样时，如果 N_{eff} 小于某个值，就应当进行重采样。

3. 粒子滤波法实现

标准粒子滤波法实现的步骤如下：

①粒子权值更新。假设 N 个权值均等的预测粒子可近似表示 $t-1$ 时刻状态

变量的先验概率密度，在获得当前时刻的观测值 z_{k-1} 后，重新计算每个粒子的权值。与观测值比较接近的粒子被赋予较大的权值，与观测值相隔较远的粒子被赋予较小的权值，之后将粒子权值归一化。

②粒子重采样。对粒子进行复制，权值越大则复制的次数越多，权值越小则复制的次数越少，权值过小的粒子直接被舍弃。经过重采样之后的粒子权值重新被均等地设置为 $1/N$。

③预测下一时刻状态变量。应用系统的状态转移方程对 t 时刻每个粒子的状态进行预测，得到 t 时刻的观测数据。据此更新粒子权值，具体做法同①。

④重复执行以上步骤，直到所有时刻运行完毕。

4.4.4.4　水文集合后处理

集合概率预报的目的是在保证准确度的情况下获取具有最高集中度的预报概率分布。准确度是指预报概率分布与实测值之间的统计兼容性，表征了预报概率分布与预报量分布的相符程度；集中度是指预报概率分布本身的集中程度，表征了预报分布本身的不确定性大小。

理想情况下，普遍认为集合概率预报中的各成员是根据未知的预报量分布进行随机抽样而获取的样本集合，即预报集合能够反映预报量的概率分布规律，但事实上由于数值模型具有内在缺陷、选用的水文模型结构近似以及模型参数的异参同效等问题的存在，集合概率预报本身存在着预报误差以及分布偏差，需要通过统计后处理过程予以校正以获取能够准确描述预报不确定性程度的集合概率预报结果。

正如气象数值预报输出结果不能作为最终对外发布的天气预报预警那样直接发布，洪水模型的预报输出结果也不能作为最终结论来发布，因为它存在许多不确定性。与气象数值预报的后处理类似，水文集合后处理的主要目的是根据已知的历史观测流量和模型模拟或预报的流量建立回归统计模型。从概率上讲，水文集合后处理就是求取水文集合预报对应观测值的条件概率密度函数。

当前，比较常用的两种水文集合预报后处理技术分别为集合模型输出统计法和贝叶斯模型平均法，集合概率预报研究本质上均可以归结为这两种方法及其变异。集合模型输出统计法是通过建立集合概率预报成员与给定的参数型分布各参数之间的关系，对分布参数进行估计，从而获取集合概率预报；贝叶斯模型平均法是通过建立实测值基于各个集合概率预报成员的条件概率分布，进行加权平均来确定集合概率预报结果。两种方法体系均有着广泛的应用研究，其中集合模型输出统计法计算步骤简单，易于实施，但必须选用参数型分布作为后验概率函数；贝叶斯模型平均法能够更好地应对变量分布复杂的情况，可选用参数型分布或者非参数型分布作为后验分布，但是贝叶斯模型平均法的模型参数率定比较复杂，计算量较大。

20世纪90年代，以贝叶斯理论为基础的降水和径流集合处理器被开发出来，从此建立起了贝叶斯预报系统。此系统的总不确定性分为输入不确定性和水文模型不确定性，它们可通过不同的方法进行处理，再综合成总的不确定性概率分布。因此，基于贝叶斯理论的水文预报，由于综合考虑了各方面的不确定性，并以分布函数形式描述水文预报的不确定程度，较好地满足了优化决策的需要。

1. 集合模型输出统计法

集合模型输出统计法是直接假定预报量的概率分布形式，通过建立集合概率预报成员与分布参数之间的关系，对给定分布函数的参数进行估计。在集合模型输出统计法中，分别建立集合概率预报成员与分布均值 m、方差 v 之间的关系为

$$m = a_0 + a_1 s_1 + \quad + a_k s_k \tag{4-95}$$

$$v = b_0 + b_1 D^2 \tag{4-96}$$

$$D^2 = \frac{1}{k-1} \sum_{i=1}^{k} \left(s_i - \bar{s} \right)^2 \tag{4-97}$$

式中，s_i（$i=1,2,\cdots,k$）——各个集合概率预报成员的预报值；

$\bar{s}$——集合概率预报成员的均值；

k——集合概率成员的个数；

D^2——集合概率预报成员的方差。

以上各个参数的取值范围分别为 $a_0 \in \mathbf{R}$，$a_1, a_2, \quad, a_k \geq 0$，$b_0, b_1 \geq 0$。

2. 贝叶斯预报系统法

美国弗吉尼亚大学的教授是研究在考虑综合不确定性的基础上构建贝叶斯概率水文预报的先驱，该校的教师团队在这方面做了大量开拓性的研究和探索工作，主要包括解析－数值型贝叶斯预报系统、基于变量状态转移的第二代贝叶斯预报系统和贝叶斯极值概率预报法三大部分。

贝叶斯预报系统在算法上分别利用降水不确定性处理器（Precipitation Uncertainty Processor，PUP）和水文不确定性处理器（Hydrologic Uncertainty Processor，HUP）独立估计定量降水不确定性和水文不确定性，再通过贝叶斯全概率公式将这两种不确定性进行综合，最后根据得到的后验概率密度函数和分布函数提供水文要素的概率预报。贝叶斯预报系统突破了常规确定性水文模型在信息利用方面的局限性，具有理论基础明确、结构灵活等特点，在理论和实践中得到了迅速的发展和广泛的应用，已成为目前降水不确定性和水文不确定研究的主要手段。

（1）降水不确定性处理模型

该模型根据概率降水的条件分布函数得到不同概率下的降水：

$$\{\omega_p, p = p(1), \quad, p(m)\} \tag{4-98}$$

输入确定性水文模型，计算出不同概率下的模拟流量过程(s_{np}, P)，然后通过拟合模拟流量过程(s_{np}, P)的经验点矩得到第n时刻s_n的条件密度函数$\pi_n(s_n)$。对s_n的条件密度函数$\pi_n(s_n)$采用分段的三参数威布尔分布，可以得到降水不确定性分布。

（2）水文不确定性处理模型

该模型在假定不存在降水不确定性的前提下，通过对实际流量与模拟流量进行正态分位数转化，根据贝叶斯方法求得转化的后验密度函数解析解。再根据贝叶斯方法，用先验分布（目前以线性先验分布最为成熟）体现水文要素的自然不确定性，用似然函数（目前多用正态模型）体现水文模型和参数的不确定性，将两者结合起来便得到水文不确定性的后验密度函数。

（3）洪水集合预报

根据全概率公式，将降水不确定性密度函数$\pi_n(s_n)$与水文不确定性密度函数$\varphi_m(h_n/s_n)$结合起来，得到实际流量的预报密度函数。

综上所述，现有研究普遍认为，水文集合预报能够有效考虑预报过程中的各项不确定性来源，在降低确定性预报误差的同时，能够有效地定量描述预报不确定信息，为决策者提供参考，降低了决策失误的风险，对实践工作的开展具有很大的作用。不考虑预报风险信息的预报结果从理论上来说是不完全的。基于水文集合预报开展集合概率预报是未来水文预报领域的必然趋势。

4.5 沅江流域水文预报系统建设与应用

4.5.1 五凌电力智慧气象预报应用

4.5.1.1 智慧气象服务平台

准确的气象预报是水库经济调度决策的依据，五凌电力有限公司依托湖南省专业气象台提供的专业气象预报服务积极开展水电站流域专业气象预报工作，以期不断提高降雨、气温、灾害等的预测精准度。

2018年，五凌电力有限公司与湖南省专业气象台合作研发了流域智慧气象服务平台，智慧气象系统采用B/C结构模式，从五凌电力有限公司内网登录查看使用，其中气象预报服务由湖南省气象局提供支持。智慧气象服务平台主要提供了预警预报（细化分区面雨量预报，灾害预警，全省14市3天逐时、15天逐日气温预报，细化分区1天逐6时、15天逐日、逐月、每季度、每年以及专题综合气象预报）、"四水"全流域雷达产品、卫星云图、实况监测、报表分析、预报评分管理等服务。

梯级水库调度自动化系统已实现气象数据的采集，并实现水文预报系统与气象预报系统的耦合。智慧气象服务平台很好地指导了沅江流域梯级水电站开展联合调度，对梯级水电站发电效益的提升显著。

4.5.1.2 人工增雨

1. 云水资源利用概述

云水资源利用是在合适的天气条件下，利用自然云微物理不稳定性，通过飞机、火箭、高炮等工具向云中播撒催化剂，改变云的微结构和云降水的发展过程，促使其向人们需要的方向发展，以达到增加降水的目的。水电企业云水资源的开发和利用主要是为特定水电站水库流域实施人工增雨，以实现水库增蓄。

云水资源的开发和利用具有明显的社会经济效益和生态环境效益，通过探索云水资源利用技术，实现各主要区域/流域枯水年份、枯水季节及枯水时段入库水量的有效提升，尤其是对主要流域上游龙头水库库区加强人工增雨力度，可显著提升流域梯级水电站的发电效益。故开展云水资源利用是非常必要的。

中国气象科学研究院、中国气象局人工影响天气中心的研究表明，人工增雨可利用云精细预报、监测分析等技术，通过催化扩散传输和作业设计，对人工增雨量进行评估、控制，可避免人造洪水灾害及地质灾害。人工增雨目前获得了国家大力支持，政府、企事业单位等可自行按需求和规定实施，故开展云水资源利用是可行的。

2.人工增雨的方式

当湿空气抬升到凝结高度（相对湿度达到100%），云开始形成，其中上升气流和水汽是云生成的必要条件，云凝结核是云生成的充分条件。云滴直径一般在几微米到 $30\mu m$，受空气上升运动的托力和空气阻力的影响，云滴不会掉下来而是飘浮在大气中；而要让云中的水滴降落到地面，云滴就要足够大，这样在重力作用下掉出云底，达到地面，形成降水。

暖云（云中温度高于 $0\,℃$ ）人工增雨的方法：向云中播入吸湿性的云凝结核，产生大量的大云滴，诱发重力碰撞过程，加快形成雨滴，进而加快降水过程。暖云人工增雨播撒的吸湿性催化剂主要有食盐、氯化钙和其他吸湿性物质。

冷云（云中温度低于 $0\,℃$ ）的人工增雨：如果云中的过冷云滴多、自然冰晶少，水 - 冰转化过程就会不充分。所以，冷云的人工增雨方法主要为：向云中播入冰核，产生大量的冰晶，加快冰水转化的贝吉龙过程，形成大量冰晶，加快降水过程。冷云人工增雨播撒的吸湿性催化剂为冰核（如碘化银）或制冷剂（如干冰、液氮）。

人工增雨催化作业手段主要有地面作业和空中作业，其中地面作业主要有火箭、高炮、地面碘化银烟炉等，空中作业主要有有人机、无人机、碘化银发生器、液氮、干冰等。

3.人工增雨业务步骤

利用气象监测、预报分析等技术，研究各主要流域人工增雨开展的适宜时段及适合方式；掌握影响流域降雨的主要天气系统，制定水库人工增雨最佳作业布局与作业方式；分析人工增雨需要规避的强降雨自然灾害高风险区域和时段；进行人工增雨的效果检验；等等。

以人工增雨作业实施为基点，根据不同时段的主要任务，将人工增雨业务分为五个环节，称为人工增雨"五段"业务，见表4-3，其中，作业方案设计是核心。由人工增雨"五段"业务，进行时机、部位、剂量的适当选取，开展人工增雨作业。

表4-3　人工增雨"五段"业务

时段	内容	主要资料	技术方法和途径	结果
24～72 h	作业过程预报、作业计划制定	地面观测资料、高空观测资料	天气形势分析、作业天气分型	作业计划、增雨
3～24 h	作业潜力预报、作业预案制作	地面观测资料、高空观测资料	云模式预报、催化模式预报、模式指挥	作业预案、作业落区、作业工具、作业时段
0～3 h	作业临近预警、作业方案设计	常规观测资料、特种观测资料	监测反演	作业方案,作业设计:飞行航线、地面部署
作业开始3 h内	作业跟踪指挥、作业实施	观测资料、作业信息、空域信息	监测识别、跟踪指挥、催化实施	作业指令,方案修订:飞机催化、地面催化
作业结束后	作业效果检验	观测资料、作业资料	直观对比、数值模拟、统计分析	检验报告,作业分析、效果检验

　　"五段"式人工增雨作业指挥体系,从增雨作业需求时段、作业天气,到增雨作业编制与实施,再到作业过程监督和效果评估,利用网络技术和随机现场督查的方式全程参与。人工增雨实施步骤如图4-5所示。

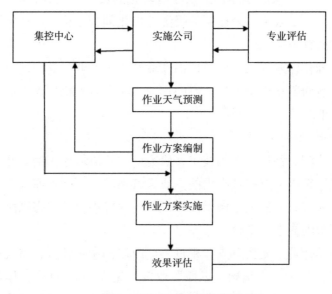

图4-5　人工增雨实施步骤

4. 作业关键技术

围绕云降水精细处理分析和人工增雨时机、部位、剂量三适当，通过发展应用云精细预报分析技术、云精细监测分析技术、作业效果检验技术等人工增雨关键、核心技术，集成云降水精细分析平台，形成成套技术，使得人工增雨"五段"业务得以有效实现。

为了提高作业的成功率，确保增雨效果达到既定目标，在作业人员进点等待的时期，气象指挥员运用三穗新一代多普勒天气雷达和榕江新一代天气雷达探测大气云团特征，根据云团特征指挥作业。当对流云团回波强度达到 45 dB 时，作业点在获得空域许可的情况下，迅即发射催化火箭弹。由于选择的是最佳作业点和作业时间，实现了最佳时机和最佳部位催化，确保增雨作业效率15% 目标的实现。2021 年的 8 次作业表明，增雨作业效率最低为 15%、最高为 48%，明显提高了作业效率和效益。

人工增雨效果评估是人工增雨过程的关键一环。在中国气象局人工影响天气首席专家周毓荃的指导下，分别采用了气候均值评估法、区域对比评估法、线性回归评估法，对 2021 年所有人工增雨作业过程进行检验评估，最后结合流域雨量监测数据，选取的区域对比评估法是最为适合于沅水流域人工增雨项目的实施的。

五凌电力有限公司多年在沅江流域上游河段清水江流域实施了人工增雨作业。其中，2019 年 10 月为改善 8 月以来沅江流域来水偏枯的局面，10 月 11 ～ 17 日、10 月 22 ～ 28 日，在清水江流域开展了两次人工增雨作业，三板溪增加入库水量 9 480 万 m³，为流域梯级水电站增加发电量 8 000 万 kW·h；2020 年 9 月 6 日，开展了一次地面火箭增雨作业，增加入库水量 1 071 m³，为流域梯级水电站增加发电量 900 万 kW·h；2021 年，为缓解流域来水偏枯的局面，8 ～ 11 月共开展了 8 次地面火箭增雨作业和一次空中飞机增雨作业，增加入库水量 8 080 m³，为流域梯级水电站增加发电量 7 200 万 kW·h。

4.5.1.3 数值天气预报与洪水预报耦合

数值天气预报采用的是智慧气象服务平台提供的降雨预报成果。因数值天气预报的网格尺度通常较大，在数值天气预报成果和洪水预报方案分别完成后，首先会将数值天气预报成果进行降尺度处理。降尺度一般分为动力降尺度和统计降尺度。动力降尺度是将分辨率较低的全球模式嵌套于高分辨率的区域模式，利用全球模式为区域模式提供初边值条件，获取描述区域特征的高分辨率预测信息。统计降尺度是利用多年的观测资料建立大尺度气象状况与区域气象要素之间的统计关系，并利用独立的观测资料检验这种关系，最后将这种关系应用于全球模式输出的大尺度预测信息，来预测区域气象要素的变化趋势。

　　智慧气象服务平台应用动力降尺度和统计降尺度方法，利用多源资料进行插值分析，解决了流域气象、水文信息中尺度不匹配的问题，生成了目前多种分辨率的沅水流域气象服务产品。耦合采用的气象数据是湖南省气象局提供的格点数据，空间分辨率达 5 km×5 km，基于雷达的定量降水估测，可实现每 6 min 更新精细到 1 km 的逐小时雨量估测，时间精度为 24 h 内逐 1 h、2～10 天逐 3 h，10～15 天逐 12 h，然后根据各水电站分布及径流特点，采用 1∶50 000 的地理信息数据，在地理信息系统平台提取各水电站所控制的集雨流域水系边界信息，对沅水流域进行分区（7 大区 26 小区）并开展未来 15 天定量和定性降雨滚动预报，相比传统按行政区划边界的分区更为科学合理，为精细化流域面雨量预报奠定基础。智慧气象系统气象分区见图 4-6。

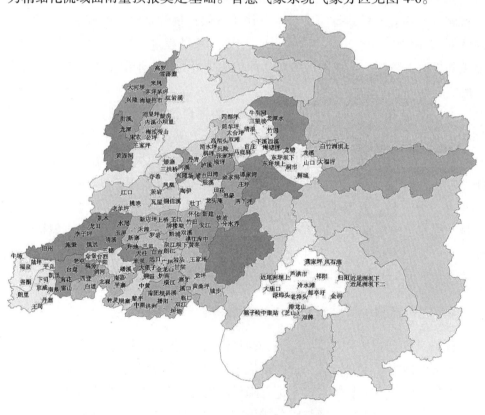

图 4-6　智慧气象系统气象分区

智慧气象服务平台提供的降雨预报有模式预报（1～15 天）和人工订正预报（1～10 天）。模式预报也不是单一的模式预报，是基于误差对比动态集成和集合预报最优等方法的多模式集成预报（1～15 天）；月以上的长期预报是基于各种大气环流指数建立的相似统计预报。

现采用浙江南瑞科技有限公司研发的径流预报系统，全面考虑了流域的水力联系，可实现沅江流域梯级水电站 8 座水库的一键预报，并耦合智慧气象系统中未来 10 天的日修正降水预报数据，未来后 20 天降水默认为 0（也可根据实际中长期气象预报进行手动更改），实现未来 30 天的各水电站区间的径流预报。径流预报结果可由优化调度模块提取，再进行中期水库群优化调度计算，为中期水库调度提供决策支持。

每年对预报产品进行精度评定，评定项目为沅江流域各区间 1～10 日的预见期日雨量预报、强降雨过程预报、月度面雨量预报等。2020—2021 年预报评定结果见表 4-4。

表 4-4 2020—2021 年预报评定结果　　　　　　　　　　　　 %

年份	1～10 日的预见期日雨量预报		强降雨过程预报	月度面雨量预报
	模式预报	人工订正预报		
2020	77.3	81.2	75.5	58.3
2021	81	86	80.1	53.3

4.5.2　五凌电力有限公司水情测报系统

五凌电力有限公司主要负责沅江流域、资水流域、湘江流域梯级水电厂的开发、规划、建设和运营，现有水情测报系统规模为 1∶13∶301（1 个集控中心站、13 个电厂分中心站、301 个水文遥测站），采用网络（GPRS）+ 超短波（VHF）技术组网通信方式，测报范围主要为沅江、资水、湘江等流域。其中沅江流域水情测报系统全覆盖，全年 365 天每天 24 h 运行，每年汛前、汛后进行定期巡检，其他时间进行故障实时抢修，系统畅通率得到了可靠保障。据统计，水情测报系统多年数据畅通率超过了 99%，满足防洪调度实时水情采集的需要。

水情测报系统以沅江流域梯级水电站为例，沅江干流从上游至下游分别建成了三板溪、挂治、白市、托口、洪江、五强溪、凌津滩七座梯级水电站，酉水支流建成碗米坡水电站，各水电站水情测报系统基本情况见表 4-5，各主要水电站水情测报系统通信组网见图 4-8。

表4-5 各水电站水情测报系统基本情况

序号	水电站	测报范围	测报面积/km²	系统规模	通信方式
1	三板溪	下司水文站至三板溪水电站坝址区间流域	11050	1：2：33	网络（GPRS）+超短波（VHF）
2	挂治	三板溪水电站坝址至挂治水电站坝址区间流域	—	1：5	超短波（VHF）+短信（GSM）
3	白市	挂治水电站坝址至白市水电站坝址区间流域	16 530	1：3：22	网络（GPRS）+超短波（VHF）
4	托口	白市水电站坝址至托口水电站坝址区间流域	7 920	1：2：31	网络（GPRS）+超短波（VHF）
5	洪江	托口水电站坝址至洪江水电站坝址区间流域	10 900	1：2：43	网络（GPRS）+超短波（VHF）
6	五强溪	安江水文站至五强溪水电站坝址区间流域	29 663	1：3：62	网络（GPRS）+超短波（VHF）
7	凌津滩	五强溪水电站坝址至凌津滩水电站坝址区间流域	2 000	1：1：13	网络（GPRS）+超短波（VHF）
8	碗米坡	来凤水文站至碗米坡水电站坝址区间流域	10 415	1：4：38	网络（GPRS）+超短波（VHF）

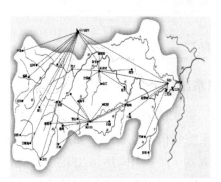

（a）三板溪水电站

（b）白市水电站

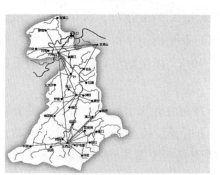

（c）托口水电站

（d）洪江水电站

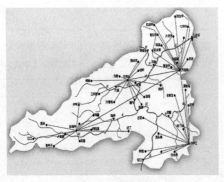
（e）五强溪水电站

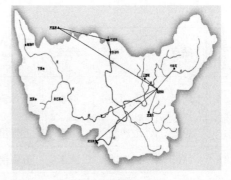
（f）凌津滩水电站

图 4-7 各主要水电站水情测报系统通信组网

　　五凌电力有限公司水情测报系统的工作方式为：各分中心站通过中继站收集各水文遥测站的数据，梯调中心从各分中心站的前置机收集各分系统的数据。沅江流域主要水文遥测站建站情况见表 4-6。

表 4-6 沅江流域主要水文遥测站建站情况

序号	站点	所属位置	河流	所属水电厂	集水面积 /km²	实测最高水位 /m	实测最大流量 / (m³/s)
1	下司	凯里市	马尾河	三板溪	2154	610.49	4400
2	施洞	施洞镇	清水江	三板溪	6039	524.01	7990
3	老屯	老屯乡	清水江	三板溪	1356	529.2	7400
4	湾水	老屯乡	清水江	三板溪	2603	601.54	3840
5	六洞桥	三穗县	小江	白市	860	530	1080
6	皇封溪	锦屏县	小江	白市	2050	323.51	1282.5
7	平阳	锦屏县	亮江	白市	1450	303.23	612
8	岩头	会同县	渠水	托口	5568	95.17	3934
9	县溪	县溪镇	渠水	托口	3784	210.87	3530
10	新晃	新晃县	舞水	洪江	4539	317.55	2914
11	牌楼坳	牌楼镇	舞水	洪江	9938	199.24	4110
12	高砌头	明溪口镇	酉水	五强溪	17230	117.17	10075
13	浦市	浦市镇	沅水	五强溪	54144	125.54	28296

续表

序号	站点	所属位置	河流	所属水电厂	集水面积 /km²	实测最高水位 /m	实测最大流量 /（m³/s）
14	陶伊	麻阳县	辰水	五强溪	3370	140.24	7576
15	思蒙	溆浦县	溆水	五强溪	2957	156.85	4470
16	河溪	河溪镇	武水	五强溪	2556	163.05	6851
17	草龙潭	沅陵县	沅水	五强溪	1056	16.87	1722
18	石堤	石堤镇	酉水	碗米坡	8075	261.88	11320
19	来凤	龙山县	酉水	碗米坡	1684	448.82	1869
20	里耶	里耶县	酉水	碗米坡	8640	253.11	6900

4.5.3 沅江流域短期水文预报模型

沅江流域地处我国南方地区，属于山区湿润气候带。经过多年的研究，探索出蓄满产流是此类地区的主要产流机制。其中，新安江模型是一个完整的降雨径流模型，其产流部分为蓄满产流模式。新安江流域的短期水文预报模型是分散型的，可以按照不同类型地形地貌和下垫面条件选择不同的模型参数划分子流域，子流域又分若干个单元小流域，模型设置考虑了降雨的不均匀性和不同地点河网汇流的影响。这种流域水文模拟过程既科学合理又符合实际，自开发以来在我国湿润、半湿润地区得到了广泛应用。

马斯京根河道汇流模型是槽蓄方程与水量平衡方程联立求得解，再进行河道洪水演算的方法。马斯京根河道汇流模型结构简单，参数物理意义明确，在我国有着广泛的应用，通常与新安江模型结合进行大流域预报。结合实际，沅水流域大部分河道为天然河道，马斯京根河道汇流模型基本能够满足其河道汇流演算的要求。同时，采用卡尔曼滤波与马斯京根矩阵方程作为线性汇流系统的状态方程，对全流域的预报误差进行逐级校正，能进一步提高洪水预报准确度。

此外，沅江流域短期水文预报模型采用 ArcGis 软件生成数字流域，可进行流域分区、分单元、水系生成等，并提取流域河长、坡度等特征信息。

综上，沅江流域短期水文预报模型应用见图 4-8。

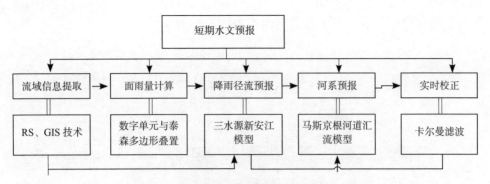

图 4-8　沅江流域短期水文预报模型应用过程

4.5.4　沅江流域洪水预报方案

根据沅江流域水电站分布，以及预报范围内流域水系分布、测站以及水电站的布设情况，将预报区域分块，每块的出口即为预报断面。沅江流域预报范围分区如图 4-9 所示。

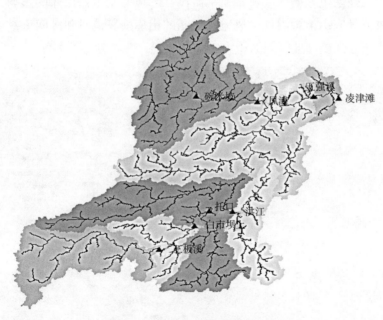

图 4-9　沅江流域预报范围分区

水电站控制流域的干流和一些支流上布设了水文站，在实时洪水预报调度系统中，可根据主要来水河段采集水位、流量信息，以便对预报模型计算的误差给予自上而下逐河段、逐时段的实时校正，使发布的预报信息更加精确、可信。因此，沅江流域洪水预报方案制作即根据实际水文站分布进行分区处理，在每个站点进行预报，本次预报断面水力联系见图 4-11。

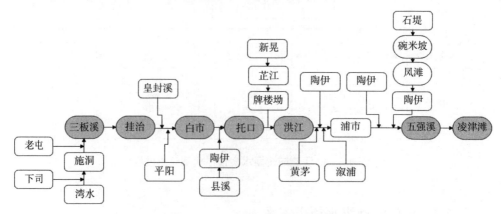

图 4-10　沅江流域预报断面水力联系

由预报断面水力联系可以看出，五强溪断面入库最为复杂、最具代表性，所以下面以五强溪预报断面为例进行介绍。

由于五强溪电站的入库流量受上游洪江、凤滩水电站出库的影响，因此其入库预报流量应由上游洪江、凤滩水电站的出库演算流量和区间流量组成，洪江—凤滩—五强溪坝址区间面积为 29 663 km²，流域图见图 4-11。

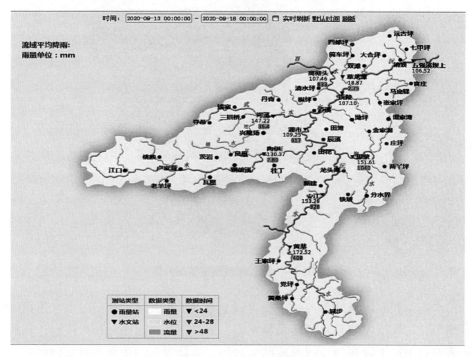

图 4-11　五强溪流域图

　　五强溪水电站预报区间面积大，为了控制各支流来水和提高预报的精度，根据预报区间河流分布特点和实测水文资料情况，可将预报区间划分为 7 个区间流域：陶伊水文站控制的辰水流域；思蒙水文站控制的潊水流域；黄茅水文站控制的巫水流域；河溪水文站控制的武水流域；草龙潭水文站控制的深溪流域；洪江—黄茅—陶伊—思蒙—浦市区间，简称洪—浦区间；浦市—河溪—草龙潭—凤滩—五强溪区间，简称浦—五区间。

　　由于黄茅水文站实测流量偏小，思蒙水文站实测流量偏大，这两个测站的实测流量无法用来进行参数率定，所以在方案制作过程中将黄茅水文站与思蒙水文站控制区间作为浦市的单元进行参数率定。

　　利用 1996—2004 年、2011—2013 年的五强溪流域水文资料，摘录 85 场次洪水进行模拟预报，率定模型参数。其中，洪量合格场次为 83 次，合格率为97.6%；洪峰合格场次为 75 次，合格率为 88.2%。五强溪水电站的洪水预报方案总体达到甲级标准，预报方案可行。

4.5.5　短期水文预报系统应用

　　沅江流域的洪水预报系统和调度软件已成功运行了多年，多年以来根据流域内梯级开发和遥测资料积累，洪水预报方案和软件应用不断更新，总体而言，实时预报满足水文情报预报规范要求，洪水调度模块编制方案合理，短期水文预报系统运行稳定，它们在沅江流域各梯级水电站的防洪和发电工作中发挥了重要作用。

　　五强溪水库为沅江流域防洪控制性工程，是国家重点防汛水库，因此五强溪断面洪水预报精度对防洪调度决策起着举足轻重的作用。自系统投运以来，五强溪水电站洪水预报系统运行情况见表 4-7。

表 4-7　五强溪水电站洪水预报系统运行情况统计

洪号	实测洪峰 / (m³/s)	预报洪峰 / (m³/s)	实测洪量 /m³	预报洪量 /m³	洪峰预报精度 /%	洪量预报精度 /%	峰现时间	滞时 / h
20050513	11 855	11 021	17.25	16.98	93	98	2005/5/13 14：00	0
20050524	8 616	9 646	11.6	12.4	88	93	2005/5/24 6：00	−1
20050601	17 000	15 614	25.71	24.09	92	94	2005/6/1 11：00	0

洪号	实测洪峰 / (m³/s)	预报洪峰 / (m³/s)	实测洪量 /m³	预报洪量 /m³	洪峰预报精度 /%	洪量预报精度 /%	峰现时间	滞时 /h
20050628	10 127	9 399	10.93	9.29	93	85	2005/6/28 11：00	1
20060507	7 928	8 002	10.11	11.49	99	96	2006/5/7 2：00	1
20070726	23 390	21 900	30.97	30.58	94	98.8	2007/7/27 10：00	7
20070804	11 875	12 824	10.74	10.95	92	98	2007/8/4 21：00	0
20080816	14 470	13 000	25.7	26.38	90	97	2008/8/16 20：00	−6
20140526	17 536	17 897	26.47	26.91	98	98	2014/5/26 9：00	−2
20140704	22 705	22 149	26.77	27.09	98	99	2014/7/4 13：00	2
20140717	35 725	34 978	84.29	85.75	98	98	2014/7/17 10：00	−11
20150621	19 196	18 122	43.27	42.18	94	97	2015/6/21 21：00	−1
20160705	22 346	20 504	50.45	52.01	92	97	2016/7/5 9：00	−1
20170624	22 789	25 040	55.34	58.99	91	94	2017/6/24 8：00	−10
20170701	32 392	31 986	86.56	92.32	99	94	2017/7/1 5：00	−1
20190623	16 748	16 145	38.30	37.22	96	97	2019/6/23 11：00	−3
20200708	26 264	21 674	62.31	54.63	83	88	2020/7/8 20：00	0
20200916	21 313	18 872	63.89	60.33	89	94	2020/9/16 15：00	3
20210702	20 238	19 700	58.09	57.10	97	98	2021/7/2 9：00	−2

4.5.6 预报方案精度评定

对各流域分别选取若干洪水场次进行检验，预报结果均满足要求，且洪水预报方案达到甲级标准。各流域预报方案精度评定见表4-8。

表4-8 各流域预报方案精度评定

序号	站点	洪水场次 / 次	洪量合格率 / %	洪峰合格率 / %	标准
1	三板溪	32	100	87.5	甲级
2	白市	16	100	88	甲级
3	托口	20	98	92	甲级
4	洪江	24	100	90	甲级
5	碗米坡	20	96	94	甲级
6	五强溪	23	95.7	87	甲级
7	凌津滩	16	100	93.4	甲级

5 南方湿润地区流域梯级水库防洪调度

5.1 水库防洪调度概述

5.1.1 水库防洪调度背景

中国是世界上洪水灾害最严重的国家之一。据统计，自公元前 206 年至 1949 年的 2 155 年间，我国共发生较大的洪水灾害 1 029 次，平均每两年发生一次。黄河自 602 年至 1938 年花园口决口的 1 336 年间，决口泛滥的年份有 543 年，决溢次数超过 1 590 次，重要的改道有 26 次；长江中下游自公元前 185 年至 1911 年的 2 096 年中，共发生洪灾 214 次，平均每 10 年发生一次；珠江自汉代以来的约 2 000 年中，发生较大的洪水灾害有 408 次。

中华人民共和国成立以后，国家十分重视防洪建设，不断开展大规模的江河治理工作，投入了大量的人力、物力和财力，在主要江河上初步建成了防洪工程体系，防洪工程建设取得了巨大的成就。但是从全国范围来讲，洪涝灾害形势依然严峻。1998 年，我国长江流域发生了 50 年一遇的全流域性大洪水，松花江、嫩江也发生了超历史纪录的特大洪水，全国受灾面积达 3.87 亿亩（1 亩 =666.67m²)，直接经济损失达 2551 亿元，如表 5-1 所示，并引发了许多社会问题，影响了社会的稳定、人民生命财产的安全和国家经济的发展，洪水灾害已经成为制约我国经济社会发展的重要因素之一。

表 5-1   20 世纪 90 年代我国洪水灾害统计表

年份 / 年	受灾面积 / 万亩	成灾面积 / 万亩	直接经济损失 / 亿元
1990	17 706	8 407	—
1991	36 894	21 921	749.08
1992	14 135	6 696	412.77
1993	24 581	12 915	641.74
1994	28 288	17 234	1 796.60
1995	21 550	12 001	1653.30
1996	30 914	18 918	2 208.36
1997	19 702	9 772	930.11
1998	38 702	23 800	2 551.00
1999	14 408	8 084	930.23
2000	13 568	8 394	711.63

　　经过几十年的建设与发展，防洪工程措施与非工程措施不断完善，尤其是防洪工程措施的合理规划与建设，使我国防洪能力得到了极大提升，洪灾发生频率有所降低。与此同时，洪灾带给人类的损失也急剧增长，一方面是随着经济、技术和社会的密集发展，受灾地区单位面积的国民生产总值增加，公共部门和居民个人的财产密度比以往成倍增长，即使是相同强度的灾害，造成的经济损失也成倍地增长；另一方面是人口迅速增长及其对自然环境的严重破坏增加了洪灾发生频次。对中华人民共和国成立以来灾害次数的统计分析表明，20 世纪 50—60 年代，水灾平均每年出现 5.6 次；20 世纪 70 年代为 6.3 次；20 世纪 80 年代为 6.1 次；20 世纪 90 年代初期则为 47.3 次。据对我国 20 世纪 90 年代初期自然灾害造成的经济损失的不完全统计，1991 年洪涝灾害损失占总损失的 64.06%，1992 年为 47.17%，1993 年则为 64.45%，总的趋势是水灾出现的频次与灾害损失均在上升。从调查数据可以看出，经济和人口的不断增长，社会物质文明的进步，对减少洪灾提出了更高要求。防洪任务不可能一劳永逸，这是人类面临的客观现实，这就要求我们做出更多的努力。

现行的防洪策略不足之处主要表现在以下五个方面。

①难以适应目前人与水之间确立的新型关系。1998年大洪水后，我国一方面逐渐加大了治水投入力度，另一方面开始从社会经济、人口资源、生态环境等更加宽阔的视角来研究防洪与洪灾问题。人们已经意识到只靠防洪工程措施是不能完全控制洪水的，洪涝灾害只可能在一定程度上得到减轻，但难以彻底消除。所以，不但要继续重视防洪安全，更要重视洪水资源化和较好生态系统的维持与改善。

②难以适应我国体制改革后所带来的巨大变化。计划经济体制条件下，防汛任务主要是通过行政手段来部署和指挥。随着社会主义市场经济体制的逐步发展，依靠行政手段组织和协调的可行性逐渐增大。急需构建有效的社会管理制度、经济调节机制及完善的社会保障体系，并依据完备而有约束力的法律规章制度、合理的灾害救助补偿方法、适当的经济调节手段等，来继续维持防汛工作的顺利进行。

③难以适应我国社会形态发生的变化。以前，我国的社会结构单一且稳定但流动性差，人们的思维方式相对统一，人民群众一般听从上级的指挥，也深信且自觉服从上级的指挥。改革开放以后，社会发展日益信息化和多元化，城乡之间流动加快，人们更多地关注并相信自己的判断。因此，一旦不能很好地处理洪涝灾害与人的关系，就容易引发一系列社会问题。

④难以适应我国经济发展水平的巨大变化。目前，我国综合国力逐渐增强。据统计，2003年，国民生产总值达到116 694亿元，财政收入突破2万亿元，人均国民生产总值为1 090美元，而人均国民生产总值超过1 000美元是一个重要的社会发展标志。但我国的防洪减灾能力还不能适应目前的经济发展水平，发生严重洪涝灾害所造成的经济损失很可能会不断增长。

⑤难以适应生态环境发生的变化。伴随着我国经济的快速发展、工业化和城市化进程的加快，人们的用水需求也大大增加，间接导致一些江河断流、河湖萎缩、水污染严重等现象的出现。我国北方特别是西北地区严重缺水，生态环境脆弱，我们的防汛抗洪任务、目标、工作着眼点和实施手段与生态环境方面的实际需求相差悬殊。

总之，继续沿用以前的工作思路来修建防洪工程、指挥抗洪抢险是行不通的。由防洪策略向流域防洪调度管理转化，是我国历史进程发展到今天的必然选择。这不但是对我国当前抗洪方面深层次的提升，也是国内外抗洪减灾先进经验的总结，更是防汛工作适应我国经济发展新形势的必然要求，为全面建成小康社会提供支撑，是保障经济社会可持续发展的必经之路。

　　通过对洪涝灾害的长期研究，我国制定了"堤防加固、平垸行洪、退田还湖、移民建镇和蓄滞洪安全区建设"等一系列工程性措施，其在防洪减灾中发挥了不可替代的作用。其中，修建水库是河流综合开发治理中普遍采用的有效工程措施。利用水库调蓄洪水、削减洪峰，对提高江河防洪标准、减轻或避免洪水灾害起着十分重要的作用。为了从全流域的角度达到水库防灾和兴利的双重目的，需要在河流的干流、支流上布置一系列的水库，以便能相互协调、共同调节径流，满足流域整体各部门的多种需要。

　　随着我国经济实力的增强和防洪的需要，我国一些洪灾严重的水系兴建和投入运行的水库数目在迅速增加，有些河流建有多级梯级水库。但目前我国江河防洪标准仍然偏低，许多城市防洪设施较薄弱，仅从工程措施上难以达到有效防洪的目的。国内外防洪实践证明，为了最大限度地减轻洪灾，在继续采取防洪工程措施、减轻洪水威胁的同时，必须广泛地采取防洪非工程措施，如防洪工程的调度、洪泛区的管理、洪水的预警预报及安全撤离等。

　　如何充分利用现有防洪工程措施，系统地研究防洪调度理论与方法，并结合应用高新技术开发与建设防洪调度系统，以实现防洪系统的最优调度与管理，达到减轻灾害，以及促进社会经济持续、稳定、健康发展的目的，具有十分重要的经济意义和社会意义。其中，水库群与其他的水利设施相配合，进行联合调度，以达到综合开发利用水资源和有效防止洪水灾害的目的，已经成为我国防洪实践中备受关注的问题，而作为防洪非工程措施重要组成部分——混联水库群的防洪优化调度，也成为需要深入研究的热点课题。

　　我国幅员辽阔，人口众多。就人均数量而言，我国水资源短缺，而且时空分布不均，全国大部分地区年降雨量的70%主要集中在汛期；径流量年际丰枯变化较大，容易形成非涝即旱、旱涝交替的不利局面。合理开发利用洪水资源，实现洪水资源化是新时期安全抗洪、抗旱除涝、改善生态环境的必然选择。洪水资源化是针对传统水利、传统做法而提出的，具有崭新的时代特征，是经济社会发展的客观需要，是新时期治水理论指导下的实践，是与时俱进、开拓创新的结果，是兴利与除害结合、防洪与抗旱并举在新时期的一个具体体现。

　　我国各大流域经历了半个世纪的水利工程建设，已经形成了较为完整的防洪抗旱及水资源利用工程体系。尽管在防洪抗旱和水资源利用工程中仍有一些需要加强与完善之处，但是大规模的工程建设的条件已基本得到利用，通过大规模建设新的水利工程来提高洪水资源化利用的水平已不太现实。因此，必须立足于现有的水利工程，基于新的治水理念和可持续发展思想，通过开展流域水库群防洪调度来促进洪水的资源化利用。这是历史的必然选择，是事物发展的新方向，也是现阶段水资源可持续利用的必然要求。其中的原因有以下两点。

第一，水资源矛盾直接制约了我国社会经济的发展。虽然我国水资源总量丰富，居世界第四位，但人口众多，人均水资源拥有量只有 2 200m³，仅为世界平均水平的 1/4，而且水资源分布不均匀。据统计，20 世纪 90 年代以来，平均每年由于干旱缺水造成的经济损失达 2 800 亿元，甚至已经超过了洪涝灾害经济损失。干旱缺水影响着人们生产生活的各个方面，甚至造成河道断流、湖泊干涸、地面沉降，一些地区生态环境的恶化威胁着人类的生存发展，成为国民经济发展和社会进步的重要制约因素。由此，水利行业已经由"农业的命脉"提升到"国民经济的命脉"，在国民经济中占有至关重要的地位。

第二，构建和谐社会离不开高质量的水资源供应。经济社会可持续发展对水的需求已全面提升，不仅是量的增加，更是供水的保证率、均衡性以及符合要求的水质的提高，使经济社会与良好生态环境协调发展。据预测，2030 年，我国城乡用水总量将分别达 7 000 亿 m³、5 000 亿 m³，而实际可能利用的水资源量分别约为 5 000 亿 m³、9 500 亿 m³，供需矛盾突出并将长期存在。此时，利用传统的思路、办法已不能解决我国水资源短缺的问题，只有另辟蹊径，实现人与洪水、干旱的和谐相处，方可构建真正意义上的和谐社会。

对于流域洪水调度而言，要形成由众多水库组成的水库群联合调度河川径流，科学控制泄放水量和泄放时机。因此，解决流域防洪问题的重要途径是流域所有具有调节能力的水库均参加调洪任务，将各水库及其他水利设施作为一个统一的整体来运用和调节，系统地运用现有工程库容，充分发挥其调节能力。这使得水库群的流域防洪调度既具有重要的理论意义，又具有广泛的应用价值。

随着计算机、信息系统集成等新技术和新方法的发展、运用，以及综合当代科技最新成果和手段的防洪决策支持系统的建设和运用，防洪工程联合调度的技术支撑条件日益成熟，做出科学防洪决策的技术支持手段也越来越丰富，使得对较为复杂的混联水库群调度研究和实践成为可能。水库群的防洪联合调度虽然以单库防洪调度的理论和方法为基础，但其复杂性远远高于单库防洪调度。水库群防洪联合调度的优劣将直接关系到流域或地区的防护区人民的生命财产安全。

5.1.2　水库防洪措施

水库防洪措施指防止洪水灾害或减轻洪水灾害损失的各种手段和对策，包括防洪工程措施和防洪非工程措施。江河防洪系统可看成由自然要素和人为要素共同组成的复合系统。在天然水系中，河道是排泄洪水的通道，并对洪水起槽蓄作用；天然湖泊也对洪水起着不容忽视的调蓄作用。毫无疑问，应将河道、湖泊等自然要素看成江河防洪系统中的重要组成部分。堤防、分蓄洪、水库、河道整治等防洪工程措施及其他防洪非工程措施均属于防洪系统中的人为要素。

5.1.2.1　防洪工程措施

防洪工程措施指为控制和抗御洪水以减免洪水灾害损失而修建的各种工程措施，主要包括水库、堤防与防洪墙、分蓄洪工程、河道整治工程等。此外，水土保持也可归类于防洪工程措施，它有一定的蓄水、拦沙、减轻洪灾损失的作用，它和水库统称为治本措施，可以从根本上减轻洪水灾害，而其他防洪工程措施称为治标措施，只是起到了将洪水安全排往容泄区的作用。防洪工程措施通过对洪水的蓄、泄、滞、分，达到防洪减灾的效果。这种效果包括两方面：一是提高了江河抗御洪水的能力，减少了洪灾的出现频次；二是出现超防洪标准的大洪水时，虽不能避免洪水灾害，但可在一定程度上减轻洪灾损失。

1. 堤防工程

堤防是古今中外最广泛采用的一种防洪工程措施，这一措施对防御常遇洪水较为经济，容易实行。沿河筑堤、束水行洪，可提高河道泄洪的能力。但是，筑堤会带来一些负面影响。筑堤后可能增加河道泥沙淤积，抬高河床、恶化防洪情势，使洪水位逐年提高，所以堤防需要经常加高加厚；对于超过堤防防洪标准的洪水而言，还可能造成洪水漫堤和溃决。与未修堤时发生这种超标准的洪水自然泛滥的情形相比，此种洪水灾害损失更大。

2. 水库

水库是水资源开发利用的一项重要的综合性工程措施，其防洪作用比较显著。在河流上建水库，进入水库的洪水经水库拦蓄和阻滞作用之后，自水库泄入下游河道的洪水过程大大展平，洪峰被削减，从而达到防止或减轻下游洪水灾害的目的。防洪规划中，常利用有利地形合理布置干支流水库，共同对洪水起有效的控制作用。

3. 分洪道和分蓄洪工程

分洪是一项有效的减洪措施。在适当地点开辟分洪道行洪，可将超出河道安全泄量的峰部流量绕过重点保护河段回归原河流或分流入其他河流。分洪道所起的作用是提高了其临近的下游重点保护河段的防洪标准。规划中，必须分析研究分洪道对沿程及其承泄区间可能产生的不良影响，不能造成将一个地区（河段）的洪水问题转移到另一个地区（河段）的后果。

分蓄洪工程则是利用天然洼地、湖泊或沿河地势平缓的洪泛区，加修周边围堤、分洪口门和排洪设施等使其形成分蓄洪区。其防洪功能是分洪削峰，并利用分蓄洪区的容积对所分流的洪量起蓄、滞作用。对于分洪口门下游临近的重点保护河段而言，启用分蓄洪区可承纳河道的超额洪量，提高该重点保护河段的防洪标准。

4. 河道整治工程

河道整治是流域综合开发中的一项综合性工程措施。可根据防洪、航运、供水等方面的要求及天然河道的演变规律，合理进行河道的局部整治。从防洪意义上讲，靠河道整治提高全河道（或较长的河段）的泄洪能力一般是很不经济的，但对提高局部河道泄洪能力、稳定河势、护滩保堤作用较大。例如，对河流的天然弯道裁弯取直，可缩短河线，增大水面比降，提高河道过水能力，并对上游临近河段起拉低其洪水位的作用；对局部河段采取扩宽或挖深河槽的措施，可扩大河道过水断面，相应地增大其过水能力。

5. 水土保持

水土保持具有一定的蓄水、拦沙、减轻洪患的作用。其方法除包括一般的植树、种草等水土保持措施外，还包括在河道上修筑挡沙坝、梯级坝等。

5.1.2.2 防洪非工程措施

防洪非工程措施一般包括防洪法规、洪水预报、洪水调度、洪水警报、洪泛区管理、河道清障、超标准洪水防御措施、洪水保险以及洪灾救济等。

1. 防洪法规

防洪法规是为防止洪水灾害或减轻洪水灾害损失，由国家制定或认可的有关法律、法令、条例等。根据河流、海岸、湖泊的实际洪灾特点，许多国家制定了适合本国的防洪法规。中华人民共和国成立后，我国对江河进行了大规模的治理，先后颁布了《中华人民共和国河道管理条例》《蓄滞洪区安全与建设指导纲要》《中华人民共和国防汛条例》《水库大坝安全管理条例》。1997年，颁布了《中华人民共和国防洪法》。黄河水利委员会于1986年颁布了《黄河下游防汛条例》。地方各级政府也都发布了有关地区的防洪法令。这些行政法规和文件，对规范和促进防洪工作起到了重要作用。

2. 洪水预报

洪水预报是防洪非工程措施的重要内容之一，直接为防汛抢险、水资源合理利用与保护、水利工程建设和调度运用管理，以及工农业的安全生产服务。根据洪水形成和运动的规律，利用过去和实时水文气象资料，对未来一定时段的洪水发展情况的预测，称为洪水预报。洪水预报内容包括最高洪峰水位（或流量）、洪峰出现时间、洪水涨落过程、洪水总量等。我国洪水预报技术在大量实践经验基础之上，无论是理论还是方法都有创新和发展，并在国际水文学术活动中广为交流。如对马斯京根法的物理概念及其使用条件进行了研究论证，发展了多河段连续演算方法；对经验单位线的基本假定与客观实际情况不符所带来的问题，提出了有效的处理方法；结合我国的自然地理条件，提出了湿润地区的饱和产流模型和干旱地区的非饱和产流模型；提出了适合各种不同运用条件下的中小型水库的简易预报方法；在成因分析的基础上进行中长期预报方法的研究等。水利部水文水利调度中心初步形成了一个包括 6 个子系统的适合于不同流域、不同地区的预报系统，进一步提高了洪水预报的预见性和准确性。

3. 洪水调度

在防洪调度中，应充分考虑防洪工程调度规程的要求，尽可能达到防洪保护区洪灾总损失最小和工程综合效益最大的目的。堤防工程一般应根据对象的重要性和堤防抗洪能力划分等级，分级调度。分洪闸、分洪道、分蓄洪区工程一般以防洪保护区控制点或分洪闸前的水位（或流量）作为控制条件，并根据水情预报以及分洪闸以下河道的安全泄量情况，及时开闸分泄超过河道安全泄量的洪水入分洪道或分蓄洪区。水库工程对以拦洪或滞洪为主的水库，当入库流量超过相应下游防洪标准的洪峰流量时，应按下游防洪要求进行调度，以提高防洪保护区的安全，直到库水位超过防洪高水位，再按大坝防洪调度方式运行。

4. 洪水警报

洪水警报系统是防洪减灾的有效技术手段。它分为两部分：通过水情自动测报自动采集和传输雨情、水情信息，及时作出洪水预报；利用洪水预报的预见期，配合洪水调度及洪水演算，预见将出现的分洪、行洪灾情，在洪水来临之前，及时发出洪水警报，以便分洪区居民安全转移。洪水预报越精确，预报预见期越长，减轻洪灾损失的作用就越大。

5. 洪泛区管理

洪泛区管理是减轻洪灾损失的一项重要的防洪非工程措施。根据我国的国情，这里所指的洪泛区主要是分蓄洪区，而不是泛指江河的洪泛平原。必须通过政府颁布法令及政策加强对洪泛区的管理。

6. 河道清障

河道清障指对河道范围内的阻水障碍物，按照"谁设障、谁清除"的原则，由河道主管机关制订清障计划的实施方案，由防汛指挥机构责令设障者在规定的期限内清除。逾期不清除的，由防汛指挥部组织强行清除，并由设障者承担全部费用。对壅水、阻水严重的桥梁、引道、码头和其他跨河工程设施，根据国家规定的防洪标准，由河道主管机关提出意见并报经人民政府批准，原建设单位在规定的期限内改建或者拆除。汛期影响防洪安全的，必须服从防汛指挥部的紧急处理决定。

7. 超标准洪水防御措施

为避免或减轻遭遇超标准洪水时造成的重大灾害，往往采取紧急加高加固堤防、运用蓄滞洪区或紧急保坝等措施，力争堤防不决口，水库不垮坝；一旦堤防决口或水库垮坝，要紧急抢筑临时防线，限制洪水淹没范围并转移洪水威胁区的居民及其财产，以最大限度地减轻灾害损失。

（1）力保堤防不决口的防御措施

加强堤防抢护，强迫河道超泄。利用堤防的设计超高或临时抢修子埝，加大河道、分洪道的泄洪能力。

运用蓄滞洪区滞纳超额洪水，减轻堤防的防守压力。在充分利用超泄还难以安全度汛、仍威胁重要堤防安全时，要主动扒开两岸大堤之间的洲滩民垸、行洪区行洪，或启用蓄滞洪区分洪，甚至主动放弃不太重要的堤段以蓄滞超额洪水，使重点堤段不决口，确保重点防护对象的安全。

（2）力保水库不垮坝的防御措施

水库垮坝一般会对下游地区造成严重灾害，所以对水库永久性建筑物的设计标准比较高，且有明确规定。由于土石坝遭遇洪水漫顶就可能垮坝失事，混凝土坝、浆砌石坝坝基与坝身稳定遭遇破坏也会垮坝失事，所以保坝措施主要是设法加大泄洪流量并对工程出现的险情进行抢护。

第一，设法加大泄洪流量。根据洪水预报，提前开启全部泄洪设施加大泄洪流量。如仍不能控制水位的上涨，对土石坝的水库可在主坝两侧选择山凹或副坝临时破口泄洪；对地基坚固的重力坝，也可考虑坝顶泄水，但应事先做好坝顶溢洪的准备，保护坝体安全。

第二，加强水库的抢险。对水库大坝、泄洪建筑物等出现的各类险情要及早发现，要有针对性地采取相应措施及时抢护，特别是临时加高、加固土石坝坝顶防浪墙，以防洪水漫坝顶，以及实施渗漏、管涌、裂缝、滑坡等险情的抢护等，确保坝体安全。

（3）堤坝失事后的应急措施

第一，堵口复堤。为减轻堤防决口造成的灾害，应根据不同情况及时采取平堵、立堵或混合堵的方法进行堵口复堤。

第二，抢筑临时防线，限制淹没范围。堤坝失事后，在可能的条件下要利用自然高地、渠堤、河堤、路基等迅速抢筑临时防线，尽最大努力控制淹没范围，减少人员伤亡和财产损失。

第三，组织居民紧急转移。对将运用的蓄滞洪区、洲滩民垸，以及水库垮坝洪水的流经路线、淹没范围和到达时间等，要迅速作出分析判断，发布洪水预报和警报，通知各级政府或防汛指挥部采取一切紧急措施，使洪水可能泛滥区的居民和重要物资在洪水到来之前，尽可能转移到安全地区。国家有关部门应调遣通信设备、交通工具等，帮助居民撤出洪泛区，并为被洪水围困的居民空投救生设备和生活必需品，以及做好灾民安置、救济和卫生防疫工作。

8. 洪水保险

洪水保险作为一项防洪非工程措施，主要是由于它有助于洪泛区的管理，对防洪减灾在一定程度上起到有利的作用。洪水灾害的发生情况是，小洪水年份不出现洪灾，而一旦发生特大洪水，灾区将蒙受惨重的损失，国家也不得不为此突发性灾害付出巨额的救济资金。实行洪水保险指洪泛区内的单位和居民必须为洪灾投保，每年支付一定的保险费。若发生洪灾，可用积累的保险费赔付洪灾损失。

9. 洪灾救济

洪灾救济的内容主要包括：紧急抢救、安置灾民、恢复生产、重建家园等。现今的洪灾救济方式有：政府指定有关部门进行、组织灾民生产自救、开展社会救济和接受国际援助。

中国历代洪灾救济的方法有三种。

①预防：主要是重农、仓储、治水除害。

②救济：有赈济、调粟、养恤三类。赈济又分赈谷、赈银或银谷兼赈，以工代赈；还有赈绢、帛等实物。以工代赈盛行于近代，一般当遭受水灾之后，即组织受灾群众参加堵口复堤、疏浚河流等工程，让灾民有所收入，不至于流离失所；同时修了工程，为恢复生产创造了条件。调粟，分移民就粟、移粟就民和平粜三种办法。养恤是临时紧急救济办法，历代最常用的有施粥、居养等。

③善后：中国历代在遭遇洪水灾害后，为恢复生产，多实行安辑、蠲缓、放贷和节约四项办法。安辑是动员、组织灾民回乡生产；蠲缓是对灾区减免赋

税、劳役和停止或缓征灾民应交的银、粮；放贷主要是贷给灾民种子、口粮、耕牛等；节约是历代灾后为节约粮食，多禁止用米酿酒，紧缩政府开支，用节约出来的银、粮支援灾民。

5.1.3 水库防洪调度任务和作用

水库防洪调度是以防止水库、上下游河道等由于洪水可能造成灾害，以安全为目标的调度。防洪工作实行全面规划、统筹兼顾、预防为主、综合治理、局部利益服从全局利益的原则。防洪规划种应当遵守确保重点、兼顾一般，以及防汛和抗旱相结合、工程措施和非工程措施相结合的原则，其中对水库的要求是水库应当留足防洪库容。

5.1.3.1 水库防洪调度任务

水库防洪调度的任务是，根据规划设计确定或上级主管部门核定的水库安全标准和下游防护对象的防洪标准、防洪调度方式及各防洪特征水位对入库洪水进行调蓄，保障大坝和下游防洪安全。如遇超标准洪水，应力求保大坝安全并尽量减轻下游的洪水灾害。

水库在防洪调度中的作用为：在发生设计洪水或校核洪水时确保水利水电枢纽的安全；在发生下游防洪标准洪水时确保下游防洪安全；合理解决防洪与兴利的矛盾。

5.1.3.2 水库防洪调度作用

兴建水库是对洪水起有效控制作用的防洪工程措施。利用水库调蓄洪水、削减洪峰，对提高江河防洪标准，减轻或避免洪水灾害，起着十分重要的作用。我国是世界上洪水灾害频繁而严重的国家之一，暴雨洪水是造成我国洪水灾害的主要原因。随着兴建和投入运用的水库数目的迅速增长，水库库容对防洪调度起有效的调蓄作用，已成为我国防洪工作的极其重要的内容。

5.1.4 水库安全标准与防护对象的防洪标准

水库安全标准是指设计水工建筑物所采用的洪水标准，可用洪水重现期（或出现频率）表示。水工建筑物的洪水标准分正常运用和非常运用两种情况，与前者相应的洪水称为设计洪水，与后者相应的洪水为校核洪水。

表 5-2 为根据工程防护对象的情况制定的水利水电工程分等指标。

表 5-2 水利水电工程分等指标

工程等别	工程规模	分等指标						
			防洪		治涝	灌溉	供水	发电
		水库总库容 / 亿 m³	保护城镇工矿企业的重要性	保护农田面积 / 万亩	治涝面积 / 万亩	灌溉面积 / 万亩	防护对象重要性	发电装机容量 / 万 kW
I	大(1)型	≥ 10	特别重要	≥ 500	≥ 200	≥ 150	特别重要	≥ 120
II	大(2)型	10～1.0	重要	500～100	200～60	150～50	重要	120～30
III	中型	1.0～01	中等	100～30	60～15	50～5	中等	30～5
IV	小(1)型	0.1～0.01	一般	30～5	15～3	5～0.5	一般	5～1
V	小(2)型	0.01～0.001		<5	<3	<0.5		<1

注：①水库总库容是指水库最高水位以下的静库容；

②治涝、灌溉面积等均指设计值。

水利水电工程分等指标应根据防护对象的重要性、历次洪水灾害及其对政治经济的影响，按照国家规定的防洪标准，经分析论证后，与有关部门协商选定。

必须指出，对于水库安全标准一般应采用入库洪水，如因资料等方面的原因而改用坝址洪水时，应估计二者的差异对水库洪水调节计算结果的影响。防护对象、防洪标准应根据防洪保护区相应河段控制断面的设计洪水选择，该设计洪水由水库坝址以上流域及坝址至控制断面之间的区间的两部分洪水组成，也应考虑二者的不同组合类型及其对水库洪水调节计算结果的影响。

在防洪规划中要考虑不同地区的重要性，采取的防洪措施和级别是有一定区别的。为适应国民经济各部门、各地区的防洪要求和防洪建设的基本需要，国家制定了相应的防洪标准，针对不同的防护对象确定防洪标准，并制定相应的防洪规划。防洪标准的主要防护对象包括城市、乡村、工矿企业、交通运输设施、水利水电工程、动力设施、通信设施、文物古迹和旅游设施等，根据防护对象的重要性将它们划分成不同的等级，等级越高相应的防洪标准越高，防洪标准主要以洪水重现期表示，表 5-3 和表 5-4 分别为城市和乡村防洪保护区的等级和防洪标准。

表 5-3　城市防洪保护区的等级和防洪标准

等级	重要性	非农业人口 / 万人	防洪标准（重现期）/ 年
I	特别重要的城市	≥ 150	≥ 200
II	重要的城市	50 ～ 150	100 ～ 200
III	中等城市	20 ～ 50	50 ～ 100
IV	一般城镇	≤ 20	20 ～ 50

表 5-4　乡村防洪保护区的等级和防洪标准

等级	防洪保护区人口 / 万人	防洪保护区耕地 / 万亩	防洪标准（重现期）/ 年
I	≥ 150	≥ 300	50 ～ 100
II	50 ～ 150	300 ～ 100	30 ～ 50
III	20 ～ 50	100 ～ 30	20 ～ 30
IV	<20	≤ 30	10 ～ 20

5.1.5　水库防洪特征水位

水库的防洪特征水位包括防洪限制水位、防洪高水位、设计洪水位和校核洪水位。确定防洪特征水位是规划设计阶段的任务之一。对于综合利用水库而言，确定防洪特征水位时，必须根据水库的兴利任务，如灌溉、城镇和工业供水、水力发电等用水要求，以及水库的防洪任务与水工建筑物的安全标准，分析河流的径流变化规律，考虑兴利库容与防洪库容可能结合的程度，还必须配合水利枢纽建筑物布置中对泄洪建筑物的形式、尺寸、高程的选择，拟定水库调洪的运用方式，进行洪水调节计算。水库的特征水位图如图 5-1 所示。

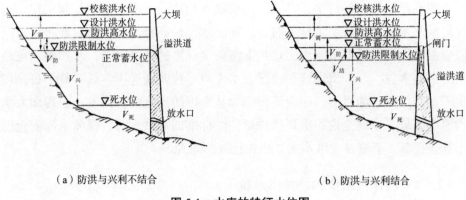

（a）防洪与兴利不结合　　　　　（b）防洪与兴利结合

图 5-1　水库的特征水位图

5.1.5.1　防洪限制水位

防洪限制水位是汛期水库为兴利目的蓄水而允许达到的上限水位，在规划设计中是水库洪水调节计算的起始水位。在水库运行阶段，汛期未出现洪水时，应严格控制水库蓄水不超过防洪限制水位。出现洪水时，若水库的入库流量大于出库流量，水库水位就会超出防洪限制水位。利用防洪限制水位以上部分的容积拦蓄洪水，起滞、蓄洪和削减洪峰流量的作用。达到水库调洪最高水位后，就进入了水位消落期，此时要求水库按合理确定的泄洪流量，尽快使水库消落至防洪限制水位。

必须根据河流水文规律，分析和确定防洪库容与兴利库容是否可以结合使用，以及可结合的程度，以便合理确定防洪限制水位的高程。若二者不能结合使用，则防洪限制水位即为防洪库容与兴利库容的分界水位，即防洪限制水位与兴利库容的上限水位（正常蓄水位）重合。

5.1.5.2　防洪高水位

防洪高水位指出现与下游防护对象防洪标准相应的设计洪水时，为确保下游防洪安全而进行水库洪水调节时，水库出现的坝前最高调洪水位。防洪高水位至防洪限制水位之间的水库容积称为防洪库容。当出坝的洪水不超过与下游防护对象防洪标准相应的洪水时，可利用防洪库容调控入库洪水流量，使水库下泄流量与坝址至防洪点区间的来水流量之和不超出河道安全泄量，以确保满足下游防洪标准的安全要求。

水库在汛期控制运行中，必须将防洪高水位作为一个重要的控制水位。当出现的洪水不超过下游防洪标准时，应控制水库最高蓄水位不超过此水位，同时应确保下游的防洪安全。当出现超下游防洪标准的大洪水时，水库蓄水位将超出防洪高水位。一旦出现这种情况，水库应尽快改变运用方式，其不再是以满足下游防洪要求为目的，而应该转变为从水库的安全要求出发，合理加大水库的泄洪流量。也就是说，出现这种超防洪标准的大洪水时，保障水库安全已成为首要任务，下游发生洪水灾害损失已在所难免。

5.1.5.3 设计洪水位和校核洪水位

设计洪水位和校核洪水位是根据水库安全标准规定采用的设计洪水和校核洪水分别来确定的防洪特征水位。设计洪水位指当出现与水工建筑物设计洪水相应标准的入库洪水时，水库调节洪水过程中出现的坝前最高蓄洪水位。它是水库正常运用情况下允许达到的最高蓄水位。校核洪水位指出现与水工建筑物校核洪水相应标准的入库洪水时，水库调节洪水过程中出现的坝前最高蓄洪水位。它是水库非常运用情况下允许临时达到的最高蓄水位。规划设计中，以此水位作为大坝安全校核的依据。校核洪水位至防洪限制水位之间的水库容积称为调洪库容，校核洪水位以下的水库全部容积称为水库的总库容。

5.1.6 水库防洪调度国内外研究现状

5.1.6.1 水库防洪常规调度研究进展

水库常规调度指的是结合水库历史径流资料和水库的调度规则，绘制水库调度图，进而指导水库运行调度，确定满足水库既定任务的蓄泄过程。1922年，苏联专家莫洛佐夫最早提出水库调节的概念。随着水库调节方法的不断完善，最终形成了以水库调度图为模型的水库常规调度方案，并一直沿用至今。对于水库的常规调度，以时历法为主，根据实测历史资料进行水库的径流调节计算。常规调度只能通过径流调节计算，一般情况下得到的解只是合理解，并不是最优解。于是，相关学者开始对水库调度图的优化进行研究。国外的水利研究人员对水库调度图的优化工作开展得比较早。1998年，有学者在对以防洪为目标的水库进行调度时，加入了实数型编码的基因算法。2005年，在进行水库调度图优化的工作中，研究者分别分析并比较了二进制编码及实数型编码对多目标规划的影响，结果表明实数型编码形式计算效率和精度更高。2008年，还有学者依据径流数据，借助多目标遗传算法，通过对水库调度的模拟优化，最终绘制出了相应的调度曲线。

国内的研究人员在单库以及多库的水库调度图方面也取得了很多成果。在单库调度图方面，2004年，张铭等把动态规划法应用到构建数学模型上，并以隔河岩水电站为例，通过计算得出该水库的调度图。2005年，尹正杰、胡铁松等利用遗传算法建立了水库调度图的求解模型，对水库进行模拟，用遗传算法改进了优化线。2013年，王旭等提出了可行空间搜索的概念，设计水库调度图编码结构，采用多目标遗传算法构建模型。在多库调度图优化领域，2008年，黄强在对乌江渡水库群进行模拟调度时，将差分演化算法用于其中，得到各梯级水库的调度图。程春田等提出一种基于模拟逐次逼近算法的梯级水电站（群）发电优化调度图制定方法，大大提高了梯级水库的长期发电效益。2014年，纪昌明等构建了梯级总出力水库调度图优化模型及时段内最优出力分配模型，基于逐步优化算法对模型进行求解计算。

5.1.6.2　水库防洪优化调度研究进展

相关学者把优化概念引入水库调度，他们使用随机动态规划方法研究水库防洪优化调度，与动态规划方法被应用于水库防洪优化调度相比几乎要早十年。在水库群防洪联合调度方面，南非学者曾将线性规划应用于此项研究，将洪峰－损失费用函数之间的非线性关系线性化，以混合整数规划法或单纯形法来求解。但此模型对水库防洪目标函数的处理并不全面：一方面不能说明如何考虑分级调洪、预泄等调度原则和洪水传播历时、变形及预报误差等影响因素，另一方面不能体现一个具体的水库防洪目标函数是随上下游具体情况变化而变化的。有学者针对确定来水情况下的水库防洪优化调度，探讨了单一水库、有限水平的最优控制问题，并应用比较成熟的动态规划最优原理求得最优控制问题的解，同时进一步分析变分方法在此方面的应用，求得了此问题的连续时间最优调度的分析解。随后，有学者将约束法应用于多目标水库群的优化决策研究。

在我国，虞锦江建立了水电站水库洪水优化控制模型，以预报洪水过程和概率可能洪水作为两部分输入，应用动态规划方法，把面临洪水时的发电量最大作为目标，寻求最优调度方案。王厥谋把线性规划模型应用于丹江口水库防洪优化调度，以防洪要求制定优化目标，然后以调度规程和河道特性为约束条件，采取相应的优化方法寻求防洪优化调度方案。此模型综合考虑了分洪区顺序、区间补偿及河道洪水变形等相关问题，可应用于预报洪水实时调度及模拟运行调度，但是此方法需要较长时间的入库和区间洪水过程。因此，它在实时调度中的应用受到限制，若防洪前期决策失误次数过多，就会给后期的调度带来困难。胡振鹏、冯尚友对由堤防和分洪区组成的汉江中、下游防洪系统的联合运行问题进行了研究，提出了一个多状态的动态规划模型。此模型通过考虑水库下游河道对洪水的调蓄作用，在实时调度过程中依据及时更新的预报洪水信息，运用该模型随时随地进行寻优与调度，构建了一个先预报、再决策后实施的连续过程，对于一场洪水可以得到优化的防洪决策。此模型的缺点是仅对单库而言，难以应用于水库群的调度。之后，吴保生与陈惠源针对防洪系统优化进行了研究，应用逐次优化算法建立了并联防洪系统优化调度的多阶段模型。此模型主要分为跨阶段子模型和三阶段子模型，以下游安全泄量的峰值最小作为模型的目标，对河道水流状态的滞后影响进行了有效的处理。纪昌明等结合多目标分析法和大系统法，研究了基于可靠性的水库系统管理，将动态规划应用于水库防洪控制运用，求解了防洪、发电和灌溉等多目标决策问题。杨侃和谭培伦等运用网络模型对长江防洪系统进行分析，提出了长江防洪系统的时空网络模型，建立了结合网络模型和洪水演算模型的求解方法。此方法进一步拓展了网络模型在防洪系统中的应用。程春田等对长江洪水的规律性进行了研究，将长江防洪系统看成三个有明确目标的子系统，把其中某一子系统作为中心，构建了长江上中游防洪系统模糊优化调度模型，并对三峡水库洪水调度方案生成提出了相应的建议。傅湘为了消除复杂防洪联合运行时的后效性影响，提出了一个多维动态规划单目标模型。该模型运用逐步优化算法连续求解与决策，能够很好地找到调度每场洪水过程的相对较优策略。周晓阳把实际调度的问题看作一个由调度模型类和被测系统组成的辨识系统，建立了水库系统的辨识型优化调度模型。

虽然传统的系统优化方法解决了很多实际问题，但是还存在很多不足。随着计算机技术的飞速发展，20世纪90年代生物学、人工智能及计算机科学等多种技术被引入水库调度领域。新兴的智能模拟算法一定程度上克服了传统优化方法的一些不足，为防洪优化调度提供了一种新的思路。这类基于生物学的计算智能方法主要有遗传算法、蚁群算法、粒子群算法等，它们在解决复杂的非线性优化问题中显示出明显的优势。

除以上传统系统优化算法和新兴智能算法外，在水库群优化调度领域还有人工神经网络、模糊理论等方法。近年来，还有一些对策论、存储论、灰色理论等方法也在水库调度中得到了应用，大大丰富了水库群防洪系统联合调度理论与解决方法。

5.1.6.3 水库防洪适应性调度研究进展

近年来，由于人类活动及其他各种因素对气候的综合影响，关于气候变化的问题一直在水科学研究中占据重要的地位。早期的气候变化研究主要关注点在于中小区域的气候如何受人类活动的影响。从 1990 年左右起，研究人员的研究内容陆续向以气候变化为自变量、水文循环变化为因变量的方向倾斜。联合国政府气候变化专门委员会在 2007 年发布的第四次全球气候变化评估报告中明确指出：受气候变化的影响，到 2050 年左右，全球不同地区的径流量将出现 30% 左右的增加或减少。这将直接影响水文循环进而改变区域水量平衡。

水库调度是水资源管理的关键手段。受气候变化影响，水文不确定性加剧，流域径流在时空尺度上也发生突变，历史水文序列不再具有一致性。传统水库调度基于历史资料的调度规则难以适应变化的环境。因此，根据未来环境变化特点和径流的时空分布特征，设置不同情境下的调度方案和应对机制，对降低气候变化所带来的经济效益损失和运行风险有着重要的意义。风险对冲规则引入水库调度为实现水库防洪适应性调度提供了有力的理论支撑，其思想是：在未来有缺水可能性的前提下预留一部分现阶段用水以降低未来时段遭到破坏的可能性。

在变化环境下，已知入库径流特征值发生改变，针对全球气候模式和水文模型输出的多种径流预测情景，充分考虑强不确定性，基于水库调度多目标风险分析，开展面向变化环境的水库柔性调度和鲁棒性调度，从而编制最适合于当前状况的水库调度规则。

1. 变化环境下防洪调度规则的再编制

当设计洪水特征值发生变化时，以历史径流作为典型径流过程，充分考虑洪水过程的变异，设计各种频率的设计洪水过程线。由于变化环境下的设计洪水特征值具有不确定性（采用多组方案），此时单一设计值的设计洪水过程线（一条理论频率曲线）演变为多种设计值的设计洪水过程线集合，据此可开展防洪调度规则再编制研究。

（1）非平稳系列的防洪标准定义

传统防洪标准，各年发生概率相等，均为 $1/T$。从优化设计角度出发，水库防洪特征值在年际分配中具有优化的可能：在洪水大的时期增大防洪库容，发生概率可小于 $1/T$；在洪水小的年份减小防洪库容，发生概率可大于 $1/T$。这样虽最终仍保证水库原设计标准不变，但可提高兴利效益。

（2）调洪结果的风险分析

由于强不确定性，水库调洪成果很难做到各种设计洪水过程线均满足防洪要求。此时，可统计出现风险的次数，开展风险分析，并研究该风险的可接受程度，以建立风险率与年防洪标准之间的关系。

2. 变化环境下水库中长期调度规则的再编制

受制于资料系列的长度，无法全面考虑未来的情形，防洪调度规则具有以下复杂性。

（1）目标函数的复杂性

变化环境下，水库调度规则的目标更多，表现在：现行的水库考评制度是以年为考核单位时长的，即一年一次考评。水库调度工作者不仅希望多年平均效益最大，而且希望调度方案对各个年份均能获得较大的效益，至少不劣于原设计调度方案，以完成年度考核任务指标；变化环境下的水库调度属于临时阶段性调度，这样的阶段往往维持一年或几年，而采用传统期望值最大化模型不能回答在这几年运行中水库的效益能否最大化的问题。因此，有必要选择一个基准，定义低于原设计效益为风险，由此建立风险决策模型，从而为有偏好的决策提供依据。

（2）用户需求发生变化

如气候变化引起的气温和水温升高，对鱼类的生态调度产生影响；用电量增多，水电站需承担的调峰作用更大等。

（3）未来预测情景与历史径流数据相融合的问题

工程水文常采用还现的方法，使径流满足一致性要求。但全球气候模式能否代替中长期预报、在强不确定性下是否仍适用，是有待研究的科学问题。

此时采用如下研究方案：

①识别需重新编制水库调度规则的条件，即调度规则变异的识别问题。输入历史径流系列或者情景预测系列，通过常规调度和优化调度，输出调度效益等指标，采用时间序列分析技术评价径流系列对水库调度功能的影响情况；采用变点分析方法，分析调度规则的时变情况。

②当采用显示形式来描述径流特征时，可采用显随机优化方法。当水库群个数较多或者预见期较长时，显随机方法存在维数灾问题。近期出现的机器学习技术、近似动态规划等方法，为求解多维问题提供了可能途径。

③输入为多情景径流入库时，采用隐随机优化方法。在多情景输入条件下，为规避调度的不确定性，选择一个基准（依据现行水库调度考评规范，可采用原设计调度图），定义低于原设计效益为风险，由此建立风险决策模型。

通过多目标决策技术，实现水库调度的柔性决策和鲁棒性决策。

④研究水库调度规则与入库径流特征的解析关系，显式修正水库中长期调度规则。研究表明：当采用水库对冲调度规则时，如果入库径流不确定性增加，水库对冲的开始时间提前，结束时间推后。基于解析优化和数据挖掘技术，采用概念性模型建立水库调度规则与入库径流特征的显式关系，为变化环境下的水库调度规则再编制提供解析途径。

5.2 水库常规防洪调度

5.2.1 水库洪水调节基本原理及计算方法

入库洪水流经水库时，水库容积对洪水的拦蓄、滞留作用，以及泄水建筑物对出库流量的制约或控制作用，将使出库洪水过程发生改变。与入库洪水过程相比，出库洪水的洪峰流量显著减小，洪水过程历时大大延长。这种入库洪水流经水库产生的洪水变形，称为水库洪水调节。

在规划设计阶段，水库洪水调节的目的是找出当一定防洪标准的设计洪水入库后能满足防洪要求的防洪库容、泄洪建筑物。

水库洪水调节的任务分为以下两种。

第一，若水库不承担下游防洪任务，那么水库洪水调节的任务是研究和选择能确保水工建筑物安全的调洪方式，并配合泄洪建筑物的形式、尺寸和高程的选择，最终确定水库的设计洪水位、校核洪水位、调洪库容及相应的最大泄流量。

第二，若水库担负下游防洪任务，首先应根据下游防洪保护对象的防洪标准、下游河道安全泄量、坝址至防洪点控制断面之间的区间入流情况，配合泄洪建筑物形式和规模，合理拟定水库的泄流方式，确定水库的防洪库容及相应的防洪高水位。其次，根据下游防洪对泄洪方式的要求，进一步拟定为保证水工建筑物安全的泄洪方式，经洪水调节，确定水库的设计洪水位、校核洪水位及相应的调洪库容。

在水库运行阶段，洪水调节的目的是寻求合理的、较优的水库汛期控制运用方式。有蓄洪与滞洪两种方式。蓄洪一般指水库设有专用的防洪库容或通过预泄、预留部分库容，用来拦蓄洪水，削减洪峰流量，满足下游的防洪要求。滞洪指利用大坝抬高水位，增大库区调蓄能力。当入库洪水流量超过水库泄流设备下泄承受的能力时，将部分洪水暂时拦蓄在水库内，削减洪峰。待洪峰过后，所拦蓄的洪水再逐渐泄入河道。对防洪与兴利相结合的综合利用水库来说，当入库洪水为中小河流洪水时，一般以蓄洪为主，以便为兴利所用；在大洪水年份，水库则兼有蓄洪、滞洪的作用。入库洪水经水库调蓄后，其泄流量的变化情况与水库的容积特性、泄洪建筑物形式与尺寸、下游防洪标准、水库运行方式等有关。

5.2.1.1 基本原理

洪水进入水库后形成的洪水波运动，按水力学性质判定其属于明渠渐变不恒定流。常用的洪水调节方法，往往忽略了库区回水水面比降对蓄水容积的影响，只按水面的近似情况考虑水库的蓄水容积（即静库容）。水库洪水调节的基本公式是水量平衡方程式，即

$$1/2\left(Q_t + Q_{t+1}\right)\Delta t - 1/2\left(q_t + q_{t+1}\right)\Delta t = V_{t+1} - V_t \tag{5-1}$$

式中，Δt——计算时段（s）；

Q_t，Q_{t+1}——时段初、末的入库流量（m³/s）；

q_t，q_{t+1}——时段初、末的出库流量（m³/s）；

V_t，V_{t+1}m³/s——时段初、末水库蓄水量（m³）。

当已知水库入库洪水过程线时，Q_t、Q_{t+1} 均为已知；V_t、q_t 则是计算时段 t 开始的初始条件。于是，式中仅 V_{t+1} 与 q_{t+1} 为未知数。当水库同时为兴利用水而泄放流量时，水库泄流量应计入这部分兴利泄流量。如图 5-2 所示，假设暂不计从水库取水的兴利部门泄向下游的流量，若泄洪建筑物为无闸门表面溢洪道，则下泄流量的计算公式为

$$q_1 = \varepsilon m B h_1 \sqrt{2gh_1} \tag{5-2}$$

式中，ε——侧收缩系数；

m——流量系数；

B——溢洪道宽；

h_1——堰上水头。

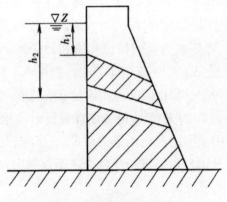

图 5-2　泄洪设施示意图

若为孔口出流，则泄流量的计算公式为

$$q_2 = \mu\omega\sqrt{2gh_2} \qquad (5\text{-}3)$$

式中，μ——孔口出流系数；

ω——孔口出流面积；

h_2——孔口中心水头。

式（5-2）和式（5-3）所反映泄流量与泄洪建筑物水头的函数关系可转换为泄流量（q）与库水位 Z 的关系曲线 $q = f(Z)$。借助水库容积特性 $V = f(Z)$，可进一步求出水库下泄流量。

图 5-3 为水库洪水调节示意图，根据图 5-3 可进行一次水库调节。

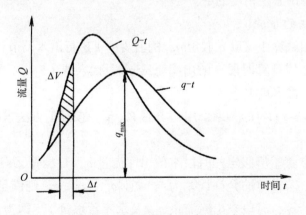

图 5-3　水库洪水调节示意图

图中，$Q\text{-}t$ 为入库洪水过程线；$q\text{-}t$ 为水库洪水调节需要推求的出库流量过程线。设 Δt 为计算过程的面临时段，由入库洪水资料可知时段初、末的入库流量 Q_t 与 Q_{t+1} 的值，V_t 与 q_t 为该时段已知的初始条件。图中阴影面积表示该时段水库蓄水量的增量 ΔV，即 $\Delta V = V_{t+1} - V_t$。利用式（5-2）和式（5-3）可求解时段末的水库蓄水量 V_{t+1} 和相应的出库流量 q_{t+1}。前一个时段的 V_{t+1} 与 q_{t+1} 求出后，其值即为后一时段的 V_t 与 q_t 值，使计算逐时段地连续进行下去。必须指出，水库洪水调节中采用的泄流函数关系式 $q = f(V)$ 是基于泄洪设施为自由溢流的条件建立的。所谓自由溢流指泄洪设施不设闸门；或虽设有闸门，但闸门达到的开度不对水流形成制约。

5.2.2.2　计算方法

水库洪水调节计算就是联解式（5-2）和式（5-3）。常用的计算方法有试算法（迭代法）和图解法。试算法可达到对计算结果高精度的要求，但以往靠人工计算时，计算工作量大。图解法是为了避免烦琐的试算工作而发展起来的，适用于人工操作，可大大减轻试算法的人工计算工作量。随着计算机科学技术的迅速发展，水库洪水调节的试算法很适合在计算机上进行迭代计算，而不必再采用图解法来完成调洪计算。

1. 试算法的原理

在进行迭代计算时，可先假定计算时段末的出库流量 q_{t+1}，求出待定的时段末水库蓄水量 V_{t+1}；也可先假定 V_{t+1} 的值，再求待定的 q_{t+1} 值。最后，在迭代过程中计算出满足精度的解。

2. 试算法的步骤

下面是用试算法（以先假定 q_{t+1} 的值为例）进行洪水调节计算的步骤。

①初步假定计算时段末的出库流量 q_{t+1}，代入式（5-1），可初步求出待定的时段末水库蓄水量 V_{t+1}。

②利用 $q = f(V)$ 的关系，用初求的 V_{t+1} 值，按插值方法求出对应的出库流量 q。

③检验步骤①所假定的时段末的出库流量 q_{t+1} 与步骤②得出的出库流量 q 的符合情况。若设定的允许误差为 ε，且 $|q_{t+1} - q| \leqslant \varepsilon$，则满足计算精度要求，结束该时段计算，时段末出库流量 q_{t+1} 及水库蓄水量 V_{t+1} 即为计算的结果。否则，重新假定 q_{t+1}，返回步骤①进行下一轮迭代计算。

以上仅以某一计算时段为例，说明水库洪水调节计算的原理和方法。对于整个入库洪水的洪水调节计算，必须从洪水起涨开始，逐时段进行。第一个计算时段可将起调水位（规划设计中对具有一定设计标准的洪水的洪水调节计算一般采用防洪限制水位作为起调水位）及其相应的泄水建筑物的泄流能力作为计算的初始条件，还包括已知该时段初的出库流量 q_1 和水库蓄水量 V_1，通过洪水调节计算求出时段末的出库流量 q_2 和水库蓄水量 V_2。接着进行第二时段的洪水调节计算，此时 q_2 与 V_2 已成为第二时段的初始条件，可按同样的方法进行此时段的洪水调节计算。依此进行逐时段洪水调节计算，直到水库水位消落至防洪限制水位。

了解以上试算过程后，借助计算机的高速运算将会很快得出计算结果。

5.2.2 分期防洪调度

分期洪水指如果所研究流域汛期内各个时期洪水存在一定的分期变化规律，则可按各个分期分别进行洪水选样及进行分期洪水频率分析计算，如丰水期、平水期、枯水期或其他指定时期的设计洪水。在水库调度运用、施工期防洪设计或其他需要时，要求计算分期的设计洪水。河流洪水（流量）随季节、时间变化的过程是自然界中的一种复杂现象，在这种复杂现象的背后隐藏着特定规律性。它在一定原则下则显而易见，所以把满足这种原则的特定规律性洪水的年内时间段作为一个洪水分期。众所周知，在一年的不同时期，洪水成因不同，产生的洪水量级也不同。因此，对汛期进行合理分期，进而制定水库汛限水位，使水库在不增大防洪风险的前提下增加水库的防洪与兴利效益，有利于水库的洪水资源化调度和水库兴利效益的发挥。

由于各分期设计洪水大小不同，对分期设计洪水进行洪水调节计算所需的防洪库容也不同。假如水库的防洪高水位不变，那么各分期不同的防洪库容可得到各分期不同的防洪限制水位。如果前期所需的防洪库容大，后期所需的防洪库容小，则有利于水库逐渐充蓄水量。这对于促进水库防洪库容和兴利库容的结合使用，提高水库的综合效益是很有好处的。如东南沿海某些地区的梅雨期设计洪水小于后期台风雨时期的设计洪水，而出现所需防洪库容前期小、后期大的情况。对于这种情况可适当使汛期前期保持较高的库水位，万一后期无水可蓄时还能保持一定的蓄水量，因此这对兴利也是有好处的。

入库洪水具有季节变化规律的水库，应实行分期防洪调度。如原规划设计未考虑的，可由管理单位会同设计单位共同编制分期防洪调度方案，经水库主管部门审批后实施。分期洪水时段要依据气象成因和雨情、水情的季节变化规律确定，时段划分不宜过短，两期衔接处要设过渡期，使水库水位逐步抬高。分期设计洪水，要按设计洪水规范的有关规定和方法计算。分期限制水位的制定，应依据计算的分期设计洪水（主汛期，应采用按全年最大取样的设计洪水），按照不降低工程安全标准、承担下游的防洪标准和库区安全标准的原则，以及相应的泄流方式，进行洪水调节计算确定。

洪水分期的划分原则，既要考虑工程设计中不同季节对防洪安全和分期蓄水的要求，又要使分期基本符合暴雨和洪水的季节性变化及成因特点：同一个分期内，洪水量级一般相近，洪峰外包值无太大差异；前后两个分期，洪水量级应有明显差异；分期起终日期界定时，应使所选的洪水样本不跨期，避免分割天然洪水过程；一般分期不宜短于一个月。

5.2.2.1 洪水分期研究

我国水利部门在进行汛期分期工作时，多采用定性概念并部分结合统计分析的方法来进行，得出的分期结果往往是一个比较粗略的区间。传统洪水分期研究采用的是统计学方法。为了便于分析，在历年洪水资料中，将历年各次洪水以洪峰发生日期或某一历时最大洪量的中间日期为横坐标，以相应洪水的峰量数值为纵坐标，点绘洪水年内分布图，并描绘平顺的外包线。从统计意义上来说，一年中一定时期内，洪水的发生有比较相似的机制，即一定量的样本点矩较集中分布在某一时间段。然后，根据这种特性和洪水分期的原则进行洪水分期定量划分。

分期洪水的选样，一般是在规定时段内按年最大值法选择。由于洪水的出现时间在多年内存在偶然性，各年分期洪水的最大值不一定正好在所定的分期内，可能往前或往后错开几天。因此，在用分期年最大值选样时，有跨期和不跨期两种选样方法。

当一次洪水过程位于两个分期内时，视其洪峰或时段洪量的主要部分位于何期，就作为该期的样本，而对于另一分期，就不做重复选样，这就是不跨期选样原则。跨期选样是考虑到邻期中靠近本期一定时段内的洪峰或洪量也可能在本期发生，所以选样时适当跨期，将其选为本期的样本系列，但跨期幅度一般为 5 ~ 10 日。

历史洪水应按其发生日期，加入所属分期。采用跨期选样的方法完成分期设计洪水样本的选样时，各个分期的选样时间应适当向前及向后延长 5 日，使该分期前后短期内大于本分期的最大洪水也能包括在统计系列之内，使得设计成果更偏于安全。

年最大值选样法即在 n 年洪水系列中每年选用该年最大值作为样本；在考虑历史洪水时，其重现期应遵循分期洪水系列的原则，在分期内考证，分期考证的历史洪水重现期应不短于其在年最大洪系列中的重现期;将各分期洪水的峰量频率曲线与全年最大洪水的峰量频率曲线,画在同一张格纸上,检查其相互关系是否合理。年最大值选样法在现行全年设计洪水计算中采用较为普遍,且成为设计洪水计算规范的重点内容。年最大值选样法的主要优点在于选样系列彼此是独立无关的,且与其发生的频率和重现期紧密结合在一起,比较直观明了,缺陷是每年只选取一个最大值,对于一年多场大洪水的情况无法考虑,而在枯水年的取值又明显偏小。

在水文实际工作中,常根据实测水文资料经验频率分布情况,选配适当的概率分布模型,并根据所选配的曲线与经验分布点据拟合的好坏判断理论模型是否适当。在我国,20 世纪 60 年代以来,通过对我国洪水极值资料的验证,相关学者认为皮尔逊 P- Ⅲ型能较好地拟合我国大多数河流的洪水系列。此后,我国洪水频率分析一直采用皮尔逊 P- Ⅲ型曲线。

在洪水频率曲线参数估计方法中,我国规范统一规定采用适线法。适线法有两种:一种是经验适线法或称目估适线法;另一种是优化适线法。

采用 P- Ⅲ型分布曲线来拟合经验点据时,以离差绝对值之和最小作为基本的适线准则,并综合考虑以往的一些经验因素进行适当的修正。在修正过程中,为了避免主观任意性,应着重考虑以下三个基本原则。

①洪水样本中,各个洪水点据均可视为从总体中抽取的样本,每个洪水点据都是样本系列中的一个事件。在适线时,尽量考虑到全部点群的分布趋势,使频率曲线上下各段两边的总离差大致相等。

②由于特大洪水对统计参数的估算结果有着举足轻重的作用,在适线时需慎重地对待特大洪水的点据。在适线时,应尽可能使曲线靠近这些特大洪水的点据。

③分期设计洪水的计算多数是针对已建水库进行的,这些水库在过去的工作实践中已经积累了大量的研究成果。因此,分期设计洪水的计算结果应该与以往的这些研究成果进行充分的对比分析,以检验复核计算结果的合理性。

5.2.2.2 分期设计洪水的采用

汛期的分期确定后,根据分期的时间界限,可以对各个分期分别进行取样,参照水文计算的常用方法,可求出各分期的设计洪水过程线。

进行分期设计洪水计算时,必须按年最大值选样法进行全年设计洪水的计算。对于某一设计标准而言,各分期的设计洪水与全年最大的设计洪水之间应相互合理协调。在工程实例中,有时计算的各分期设计洪水均小于按年最大值选样法计算的设计洪水，从而造成按各分期设计洪水推算出的防洪库容均小于按年最大值选样法设计洪水推算出的防洪库容。在这种情况下，若将各分期的防洪库容作为水库分期洪水调度的依据，其结果显然是不安全的。可能出现的另一种情况是，某一分期的设计洪水大于按年最大值选样法计算的设计洪水，按分期设计洪水推算的防洪库容大于年最大值选样法设计洪水推算的防洪库容，显然这种分期防洪库容也不宜采用。出现的这些不合理的结果，必然要求对分期设计洪水进行合理协调。在以往的工程设计实践中，常采用的一种处理方法就是以年最值取样的设计洪水代替各分期设计洪水中的最大者，或是经过分析，将年最大值取样的设计洪水用于汛期中洪峰发生最频繁、洪水最大的主汛期，其余各分期则采用该期分期设计洪水的结果。

必须指出，水库调度中汛期的分期不宜多，每期不宜过短。一般来讲，分期以两期或不超过三期为宜。分期过多，易造成调度的复杂化，也难从洪水气象成因及洪水出现的统计规律上获得足够的依据。

5.2.2.3　分期防洪限制水位的确定

确定汛期各分期设计洪水后，可分别对各期逐一进行洪水调节计算。假设采用统一的防洪高水位，那么各分期均在该水位之下留出防洪库容，以确保汛期各时期游防洪标准设计洪水的防洪安全。求防洪限制水位时必须采用试算法，即初步假设一个调洪起始水位，对与下游防洪标准设计洪水相应的入库洪水，按已拟定的水库调洪方式进行洪水调节计算，求得水库调洪最高水位。观测该水位是否与已知防洪高水位相等，若二者不相等，则应重设调洪起始水位，直至二者相等（或满足允许误差），取最后设定的调洪起始水位作为该分期的防洪限制水位。

分期洪水必须制定各分期的防洪调度规则。对应于这一要求，对于确定的分期防洪限制水位，还应对各种量级的设计洪水（包括下游防洪标准、大坝设计洪水，校核洪水等）逐一进行调洪计算，以检验各分期同一标准洪水的水库调洪最高水位是否相互协调。

5.2.3　水库调洪方式及洪水量级判别条件

5.2.3.1　水库调洪方式

水库调洪方式指根据水库防洪要求（包括大坝安全和下游防洪要求），对一场洪水进行防洪调度时，利用泄洪设施泄放流量的时程变化的基本形式，也常称为水库泄洪方式或水库防洪调度方式。所采用的水库调洪方式应根据泄洪建筑物的形式、是否担负下游防洪任务、下游防护地点洪水组成情况等因素来考虑和区分。

对于没有下游防洪任务的水库，水库调洪的出发点是确保水工建筑物安全。对于这种水库一般是采用水库水位达到一定高程后泄洪建筑物敞泄的方式，以确保大坝不失事。对于有下游防洪任务的水库，既要考虑下游的防洪要求，又要保证大坝安全。若水库距防洪控制点很近，坝址至防洪控制点区间洪水很小。当判断洪水不超过下游防洪标准的洪水时，水库可按下游河道安全泄量下泄，这种泄洪方式常称为固定泄量调洪方式。当判断洪水已经超过下游防洪标准洪水时，水库应转为考虑水工建筑物安全的调洪方式。若坝址至防洪控制点有一定距离，二者之间的未控区间洪水较大。当出现洪水不超过下游防洪标准洪水时，为保证下游防洪安全，应控制水库下泄流量，使水库下泄流量与区间汇入流量之和不超过防洪控制点的河道安全泄量，这种泄洪方式常称为防洪补偿调洪方式。此外，还要考虑错峰调洪方式、防洪预报调洪方式、保证水库安全的调洪方式。

1. 固定泄量调洪方式

固定泄量调洪方式适用于下游有防洪任务的水库，水库坝址距防洪控制点较近，区间洪水较小可以忽略或看作常数的情况。固定泄量指当洪水不超过下游防洪标准洪水时，水库控制下泄流量使下游河道不超过安全泄量。一般来讲，较重要的防洪保护对象往往具有相对较高的抗洪能力（如控制点可通过的河道安全流量较大），也要求采用较高的防洪标准。重要性次之的防洪保护对象控制点的河道安全泄量相应较小，采用的防洪标准较低。通常可以按"大水多放、小水少放"的原则拟定水库的分级控制泄量方式。分级不宜过多，以免造成防洪调度困难。

以下游有两个不同重要性的防洪保护对象为例，将次重要防洪保护对象相应的河道安全泄量作为第一级泄量，较重要对象相应的河道安全泄量作为第二级泄量。这两级固定泄量的调洪方式的规则是：当发生洪水的量级未超过次要防洪保护对象的防洪标准洪水时，水库按第一级泄量控泄；直至根据当前水情判断，来水已超过次要防洪保护对象的防洪标准时，水库改按第二级泄量下泄；当为下游防洪而设的库容已经蓄满，而入库洪水依然较大时，说明入库洪水已经超过了下游防洪标准洪水，应改为保证水工建筑物安全的调度方式，不再控制泄流，而将闸门全开。一级固定泄量调洪方式和分级控制泄量调洪方式如图5-4所示。

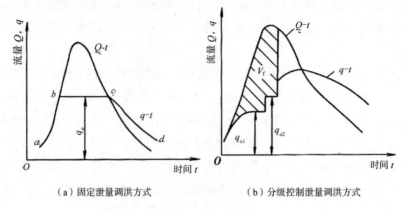

（a）固定泄量调洪方式　　　　　（b）分级控制泄量调洪方式

图 5-4　一级调洪方式

2. 防洪补偿调洪方式

防洪补偿调洪方式适用于水库坝址距防洪控制点较远、区间面积较大、区间产生的洪水不可忽略时的情况。若水库坝址至下游防洪控制点之间存在较大区间面积，则区间产生的洪水不能被忽视。对于这种情况，显然应考虑未控区间洪水的变化对水库泄流方式的影响。当发生洪水未超过下游防洪标准洪水时，水库应根据区间流量的大小控泄，使水库泄量与区间洪水流量的合成流量不超过防洪控制点的河道安全泄量。这种视区间流量大小控泄的调洪方式称为防洪补偿调节。

实现防洪补偿调节的前提条件是水库泄流到达防洪控制点的传播时间小于（至多等于）区间泄水集流时间，否则无法获得确定水库下泄流量大小所需的相对应的区间流量信息，其预见期不短于水库泄量至防洪控制点的传播时间。水库防洪补偿调节示意图如图 5-5 所示。

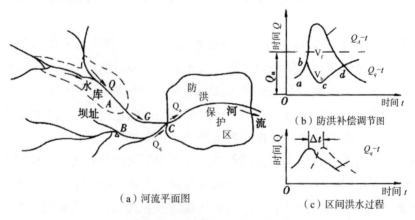

（a）河流平面图　　　　　　　　（b）防洪补偿调节图

（c）区间洪水过程

图 5-5　水库防洪补偿调节示意图

图 5-5 中，Q_A-t 为水库 A 的入库洪水过程线；支流水文站 B 的流量可代表区间流量，Q_q-t 表示区间洪水过程线；防洪保护区控制点 C 的河道安全泄量为 Q_a。记水库泄流至控制点 C 的传播时间为 t_{AC}，B 点流量 Q_q 至控制点 C 的传播时间为 t_{BC}，设 $t_{BC} > t_{AC}$，二者的传播时差为 $\Delta t = t_{BC} - t_{AC}$。即 t 时刻水库下泄 $q_{A,t}$ 与 $(t - \Delta t)$ 时刻的区间流量 $Q_{q(t-\Delta t)}$ 同时到达控制点 C。

根据防洪要求，为保证下游防洪保护地区的安全，当出现的洪水不超过下游防洪标准的洪水时，应使水库泄流满足式（5-4）：

$$q_{A,t} + Q_{q(t-\Delta t)} \leq Q_a \tag{5-4}$$

可结合图 5-5 说明水库 A 采用防洪补偿调洪方式的控泄情况。为便于反映水库下泄量和区间流量同时到达控制点 C，根据 $t_{BC} > t_{AC}$、传播时差 $\Delta t = t_{BC} - t_{AC}$ 的特定条件，在图 5-5（c）中将区间流量过程线沿水平轴向右平移 Δt，倒置于图 5-5（b）中 Q_a 水平线之下，即得水库 A 按防洪补偿调洪方式控泄的下泄流量过程 $abcd$。由图 5-5（b）可见，水库按入库流量下泄，库水位维持起始水位不变；bcd 段水库按该图指示的流量过程下泄，使 $q_{A,t} + Q_{q(t-\Delta t)} = Q_a$。从图 5-5（b）可以看出，若水库按固定泄量 Q_a 下泄（未考虑区间洪水的汇入），水库所需的蓄洪容积为 V_f；而对区间洪水进行补偿调节时，所需的防洪库容将增加至 $(V_f + V_b)$。

必须指出，若与下游防洪标准相应的区间洪水的洪峰流量大于防洪控制点的河道安全泄量。这时，即使水库完全不泄流也无法达到下游防洪标准的安全要求。上述的水库防洪补偿调节是一种理想化的调洪方式。实际上，由于受各种条件的限制，通常或是只能采用近似的防洪补偿调洪方式，或是转而采用一些带经验性的、偏于安全的水库控泄方式。例如，若严格按防洪补偿调洪要求控泄，必将造成泄洪闸门操作过于频繁。当泄洪建筑物闸门只能按全开、全关两种状态运用时，显然只能合理改变开闸孔数来近似地体现防洪补偿调洪方式。更重要的是当下游区间面积较大、区间洪水预报方案存在较大误差时，再考虑区间洪水峰值以及峰现时刻的误差，则就不得不采用错峰的调洪方式。

3. 错峰调洪方式

错峰调洪方式的基本做法是根据区间洪峰流量可能出现的某一时间段，水库按减小的流量下泄（甚至完全不泄水），以避免出现区间洪水与水库下泄流量的组合流量超过防洪控制点的安全泄量的情况。采用错峰调洪方式时，必须合理确定错峰期的限泄流量以及开始错峰与停止错峰的判断条件。规划设计中，一般可根据与下游防洪标准洪水相应的区间洪峰流量来确定水库的限泄流量，即取其限泄流量小于或等于防洪控制点河道安全泄量与区间洪峰流量的差值。与图 5-5 中的防洪补偿调洪方式相比可以看出，错峰调洪方式是在错峰期用图 5-5 中 C 点所示的水库最小泄量作为水库错峰调洪的限泄流量，而且在 C 点前后一段时期维持这一限泄流量，所以采用错峰调洪方式比采用防洪补偿调洪方式需要更大的防洪库容。由此可见，错峰调洪方式是在不具备上述理想防洪补偿调洪条件下采用的近似防洪补偿调洪方式。

错峰期的长短及相应的起止时刻的确定一般应从区间洪水变化规律的分析入手，寻求可作为调度中判断错峰起止的指标。例如，通常采用水库水位或入库流量作为判断开始错峰的指标，采用这类指标意味着认同了入库洪水与区间洪水的涨洪过程具有较好的同步趋势；另一种做法是直接利用区间雨洪信息作为判断开始错峰的指标，如采用区间降雨量作为判断开始错峰的指标。

可以根据下述两种情况分别得出停止错峰的条件。一种情况是水库已不具备继续错峰的能力，应立即终止错峰。出现这种情况的判断条件是水库蓄水位已达到或超出水库的防洪高水位。这时，水库的调洪方式应立即转为保证大坝安全的敞泄方式而不应该继续为下游防洪而控泄。另一种情况是区间洪水明显消退，不需要继续实施错峰控泄。一般可根据区间洪水情况作出停止错峰判断，如区间洪峰已出现，且其洪水过程呈明显消落态势，即可终止错峰。

4.防洪预报调洪方式

防洪预报调洪方式是依据预报的洪水过程实施防洪调度的方法。它区别于依据实测洪水过程或实际发生的水位实施防洪调度的方法。对于开展洪水预报准确率较高、蓄泄运用较灵活的水库，可以采用此方式。通常，当自水库下泄的流量至防洪控制点的时间大于区间流量至防洪控制点的时间时，防洪补偿调洪方式应与防洪预报调洪方式相结合，即按区间的预报洪水流量并考虑误差，来确定水库补偿泄量。

建立洪水预报调度及相应的预警系统是重要和有效的防洪非工程措施。洪水预报精度越高、预报预见期越长，调度决策耗时越少，就越能减小下游洪灾损失（包括采取有效抢险措施以及对将产生洪灾的区域及时发出预警和组织撤离），避免严重后果。

水库预报预泄示意图如图 5-6 所示。

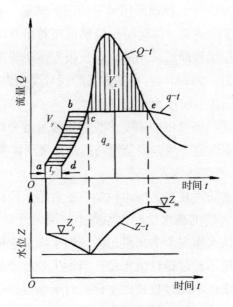

图 5-6　水库预报预泄示意图

　　设入库洪水（图 5-6 中的 Q-t）为不超过下游防洪标准的洪水。图 5-6 中，q-t 即为考虑短期水文预报进行预泄的下泄流量过程线，该过程线表明在入库洪水出现前，根据可靠的预报信息，预知洪水即将来临，并知道 t_y（提前预泄的时间）后相应时刻的入库流量值，水库可按预报值提前预泄。随后，由于预报洪水流量逐渐加大，水库预泄流量也随之增加，直到预报流量超过下游安全流量 q_a 时，水库按 q_a 控制预泄流量。图 5-6 中，Z-t 为相应于预泄方式的库水位变化过程线。

　　由图 5-6 可见，水库进行预报预泄的结果可以使水库水位消落到防洪限制水位之下，利用这部分预先腾空的容积可以提高水库的防洪效果。图 5-6 中 $abcd$ 的面积表示利用预报信息得出的水库预泄水量，也即预腾的库容 V_y。显然，在不考虑预报预泄的情况下，这部分蓄水量应由专设的防洪库容来蓄纳。V_x 为水库总拦蓄水量。

　　预报预泄流量应考虑下游河道安全泄量的限制。如果存在较大的区间洪水的汇入，还应考虑水库预泄的流量与区间相应流量的组合流量不超过下游河道安全泄量。

　　图 5-6 中，如 q-t 所示的短期水文预报提前泄出的流量应为预见期对应的预报入库流量。采用这种假设进行预泄的前提是入库流量的预报比较精确，否则将不可能确保水库的回蓄。为保证预报预泄方式不影响水库的兴利蓄水，可

以根据流量预报的误差情况，合理采用可靠的预泄流量。若流量预报的相对误差为 ε，根据回蓄可靠的要求，预泄时流量预报相对误差应取负值，即在考虑预报精度的前提下，提前预泄时采用的流量预报需乘小于 1 的系数（$1-\varepsilon$）。例如，预报的入库流量为 1 000 m³/s，预报方案的相对误差为 $\varepsilon = 20\%$，那么采用的预泄流量应为 $1000 \times (1-0.2) = 800(\text{m}^3/\text{s})$。

防洪预报调洪方式，还可以应用于多级固定泄量的分级控泄。可以根据预报，提前按高一级固定泄量下泄，而获得与前述预报预泄类似的调度效果。

5. 保证水库安全的调洪方式

当水库不承担下游防洪任务，库水位超过正常蓄水位；或者水库承担下游防洪任务，库水位超过防洪高水位时，原则上应及时开启全部闸门敞开泄洪，以确保水库的安全。从水库安全的角度出发，当水库发生设计洪水时，采用正常运用方式保证库水位不超过设计洪水位；当发生校核（保坝）洪水时，采用非常运用方式保证库水位不超过校核洪水位。对于非常运用方式，有时需启用临时性非常泄洪设施，应特别慎重。因为启用非常泄洪设施，会给下游带来严重的淹没损失，或冲毁部分水工建筑物。若遭遇校核洪水而未能及时启用非常泄洪设施，则将可能危及大坝安全，后果更不堪设想。因此，必须合理拟定启用非常泄洪设施的启用条件（即判别洪水大小的指标）。若入库流量有上涨趋势则通常以略高于设计洪水位，或以略高于设计洪峰流量作为启用临时性非常泄洪设施的启用条件。对于具有较大蓄洪能力的水库，以库水位作为启用条件比较安全，而且易于掌握；对于蓄洪能力较小或设计洪水与校核洪水标准较低的小水库，以入库流量作为启用条件比较安全。非常泄洪设施运用时，要严格控制水库最大泄量不超过入库最大流量，以免造成人为的洪灾损失。

5.2.3.2　洪水量级判别条件

对于承担下游防洪任务的水库，在防洪调度中的关键环节是要判断什么情况下应确保下游防洪安全，什么情况下应转为只保大坝安全，什么情况下需要启用非常泄洪设施。在洪水起涨初期，因不能预知继续出现的洪水全过程，而不能判断这次洪水是否超过某种标准。通常必须利用某一水情信息为判别条件，借助其指标值来判断当前洪水的量级。常用的判别条件有库水位、入库流量等指标，应根据各水库的具体情况而酌情选用。

1. 以库水位为判别条件

针对各种频率的洪水，按选定的调洪方式进行水库调洪计算，求出各级洪水的调洪最高库水位，以这些库水位作为判断当前洪水是否超过该库水位相应频率的指标。这种判别条件比较可靠，适用于防洪库容较大、调洪结果主要取决于洪水总量的情况。它一般不会产生洪水未达到标准而加大泄量或敞泄，以至于造成不应有的下游洪灾损失的不良后果。但是这一判别条件判明洪水量级的时间较迟，推迟了水库转为保坝安全而加大下泄的时机，因此需要较大的防洪库容。

2. 以入库流量为判别条件

以入库流量为判别条件即利用水文计算得出的入库洪峰流量的结果作为判别洪水是否超过某一标准的依据，用当前洪水已出现的洪峰判断该洪水的量级。相对于库水位的判别条件而言，可以较早做出加大泄量的决策，从而可相对减小所需的防洪库容。这一判别条件适用于防洪库容相对较小的水库，因为这种水库的调洪最高水位主要决定于入库洪峰流量。

对于防洪库容较大的水库而言，一次洪水所需的调洪库容及相应的调洪最高水位主要取决于洪水总量，因此采用入库流量为判别条件的前提是要具有良好的峰量关系，否则将增大判断失误的可能性。

无论选取何种指标为洪水判别条件，都必须基于水文规律的分析，并要求对选定的判别条件应利用实测洪水做检验，以确定所选判别条件的可靠性。

5.2.4 防洪调度图

水库防洪调度图是水电站水库调度图的重要组成部分，它由防洪调度线、防洪限制水位和各种标准洪水的最高洪水位以及由这些指示线所划分的各级调洪区构成，这就是所谓的水库防洪调度区，该区时间范围为汛期。

5.2.4.1 绘制防洪调度线

在绘制防洪调度线之前，应对初步设计阶段确定的防洪限制水位进行核定。防洪限制水位一般取决于设计与校核洪水的调洪需要，根据技术设计阶段选定的设计与校核洪水过程线和防洪运用方式，分别以设计洪水位与校核洪水位为起始水位，由入库流量等于最大下泄流量的时刻开始，逆时序进行洪水调节洪计算得出的最低水库水位。防洪调度线的绘制依据为：参照各种标准的设计洪水过程线和规定的下游河道安全泄量；起始水位是防洪限制水位；起始时刻，采用汛期最后一次洪水来临的时刻，即汛末。

现以下游防洪设计洪水为例来讲解防洪调度线的绘制过程。在已定的下游安全流量下，从水库防洪限制水位及设计洪水来临的最迟时刻 t_k 开始，经洪水调节计算得出各时刻相应的水库蓄水量，并把各时刻蓄水量相应点连成曲线，即为防洪调度线，如图 5-7 所示。

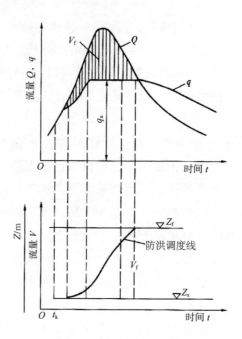

图 5-7　防洪调度线的绘制

　　防洪调度线至防洪高水位的纵距表示水库在汛期各时刻所应预留的拦洪库容。t_k 为设计洪水可能出现的最迟时刻，在 t_k 之前的主汛期随时都可能出现设计洪水。因此，在 t_k 之前，水库必须同样预留足够的拦洪库容。

　　图 5-7 中的防洪调度线只是根据下游防洪设计洪水过程线的一个典型绘制出来的，而设计洪水可能有不同的分配过程，为确保防洪安全，必须同时考虑各种可能的分配典型，以便最后合理地确定防洪调度线。为此，应选择几个不同分配典型的设计洪水过程线，分别绘出其蓄洪过程线，最后取其下包线作为防洪调度线，如图 5-8 所示。这样无论何种分配典型的设计洪水过程，其拦洪库容都可以得到满足，从而可以保证防洪的安全。

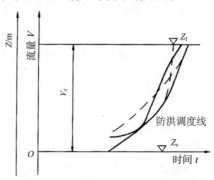

图 5-8　下包线法绘制防洪调度线

5.2.4.2　确定水库防洪调度区

水库防洪调度区是指汛期为防洪调度预留的水库蓄水区域，该区域的下边界是防洪限制水位 Z_x，右边界是防洪调度线，上边界是对应各种标准设计洪水的防洪特征水位（Z_f，Z_{sh}，Z_j），如图 5-9 所示。

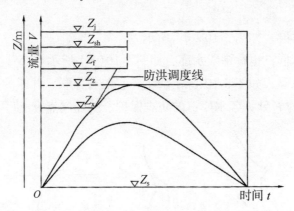

图 5-9　水库防洪调度区

由图 5-9 可知，防洪限制水位 Z_x、防洪调度线、防洪高水位 Z_f 之间的区域称为正常防洪区，该区域是为防范下游设计洪水而预留的防洪库容，在这种情况下为了使下游免遭洪灾，规定水库最大泄洪流量 $q_m = q_a$。防洪高水位 Z_f、防洪调度线、设计洪水位 Z_{sh} 之间的区域称为加大泄洪区，该区域是针对大坝设计洪水而额外预留的调洪库容。在发生大坝设计洪水的情况下，为确保大坝安全，下游不可避免会遭受洪灾，水库最大泄洪流量 $q_m = q_{msh} > q_a$。设计洪水位 Z_{sh}、防洪调度线、校核洪水位 Z_j 之间的区域称为非常泄洪区，该区域是针对大坝校核洪水而额外预留的调洪库容，这种情况下为了确保大坝安全，下游肯定会遭受非常严重的洪灾，此时水库最大泄洪流量 $q_m = q_{mj} > q_{msh} > q_a$。

5.3　水库群联合防洪调度

从流域防洪系统看，水库群是防洪系统的重要组成部分。水库群利用其共同的蓄水容积调节径流及调控洪水，共同承担兴利和防洪的任务。水库之间相互配合、相互补偿、统一调度可以达到最佳的联合运用效果，从而实现综合开发水资源和有效防治洪水灾害的目的。在研究水库群联合防洪调度问题时，还必须考虑与其他防洪工程措施（如堤防、河道整治、分蓄洪）及非工程措施（如洪水预报、防洪优化调度等）的联合运用和统一调度。

5.3.1　水库群基本形式

根据流域防洪系统中干支流水库群的空间分布情况，可将水库群分为三种形式。

①并联水库群，如图 5-10（a）所示。

②串联水库群，也称梯级水库，如图 5-10（b）所示

③混联水库群，如图 5-10（c）所示，它兼有串联、并联的两种形式。

图 5-10 中的 F 处为各水库群的防洪保护区的控制点。

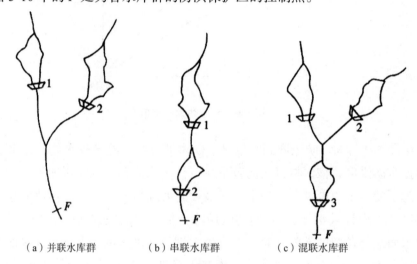

（a）并联水库群　　　　（b）串联水库群　　　　（c）混联水库群

图 5-10　水库群基本形式示意图

5.3.2　水库群联合防洪调度的内容

水库群联合防洪调度的主要内容是研究水库群承担其下游共同防洪任务的洪水调度方法。必须根据对下游防护对象的防洪标准以及防洪控制点的河道安全泄量，研究各水库的联合调控，以达到下游的防洪要求。对于下游防洪标准设计洪水，必须结合干支流水库控制面积，并考虑干支流及区间洪水的地区组合，以及相对应的干支流水库调洪方式。不同的地区洪水组合典型，要求各水库所承担的调控洪水的任务也不相同。由此可见，水库群洪水调度问题远比单一水库洪水调度复杂。除了对水库群承担下游防洪任务的洪水调度之外，与单库情况相似，还有水库安全的洪水调度问题。

5.3.3 水库群自身安全的洪水调度

当水库群通过设计标准洪水或校核标准洪水时，应保障各水库安全运行。原则上讲，对于水库群，特别是并联水库群，应考虑各水库安全的调洪方式与单一水库保坝安全的调洪方式基本相同。串联水库群由于上下梯级存在水力联系，因此在制定各水库保坝安全的调洪方式时，应从下列两种情况及上下游水库之间的影响考虑。

①当水库上游存在设计标准较低的水库时，在研究该水库保坝安全的洪水调节计算时，应考虑上游水库一旦失事可能造成的影响，并采取相应的保坝措施。

②当水库上游有设计标准较高的水库时，在研究该水库设计标准和校核标准的保坝安全的洪水调节计算时，可分别考虑上游水库对其入库洪水的调控作用的有利影响。具体做法是对于上述设计标准（及校核标准）相应的入库洪水过程线，考虑以下两种洪水的地区组合。

第一种，上游水库至本水库的区间发生与设计标准同频率的洪水，上游水库发生相应的入库洪水；经上游水库调节后的下泄流量过程，与区间洪水过程组合得到下库入库洪水；然后进行下库保坝安全的洪水调节计算。

第二种，洪水组合是上游水库发生与下库设计标准同频率的入库洪水，上下库区间发生相应洪水；经上库调洪后下泄流量过程与区间相应洪水过程组合得到下库入库洪水；然后进行下库保坝安全的洪水调节计算。

从上述两种洪水的地区组合推求的下库保坝安全的洪水调节计算结果中，选取偏于安全的结果，作为下库的设计依据。

若水库下游有防洪标准较低的水库，在研究本水库的调洪方式时，应考虑到在发生超下游水库校核标准洪水时，尽可能减小对下游水库的不利影响。若水库下游有设计标准较高的水库，在研究本水库保坝安全的调洪方式时，应防止本水库一旦失事可能对下游水库产生连锁反应的严重后果。有条件时，可按下游水库校核洪水的相应标准，研究本水库可能采取的保坝安全措施。

综上所述，对于存在水力联系的梯级水库，原则上应尽可能考虑水库群的整体安全。由于上下游水库的水工建筑物的等级不同而可能出现不同的安全标准，对于这些可能出现的情况，对解决问题的方法的总的要求是不应该由于上下游水库之间的不利影响而降低任一级水库的安全标准，而是应设法对设计标准较低的水库采取补救措施，尽可能确保设计标准较高的水库的保坝安全运行条件。

5.3.4　水库群防洪库容的分配

水库群防洪库容的分配是规划设计阶段的研究课题。当水库群共同承担下游防洪任务时，必然要研究在组成库群的各水库之间合理分配防洪库容的问题。在下游防洪保护区防洪标准设计洪水以及防洪控制点河道安全泄量已知的条件下，满足下游防洪要求的水库群防洪库容分配存在众多的可行方案。原则上讲，可以通过建立数学规划模型寻求最佳分配方案。但是必须看到，上述防洪库容分配问题还涉及一些比较复杂的条件。如必须考虑设计洪水的地区组合的不稳定性；在制订防洪库容分配方案时，必须同时考虑各水库的联合调洪方式（应按统一调度要求采用合理的乃至于优化的联合调洪方式）。下面是规划中通常采用的水库群防洪库容分配常规做法。

5.3.4.1　求下游防洪所需的总防洪库容

将与下游防洪标准相应的设计洪水与防洪控制点的河道安全泄量相对比，洪水过程中超出河道安全泄量的超额水量，即为满足下游防洪要求所需的最小防洪库容。考虑到水库防洪补偿调节实际上只是按小于或等于安全泄量控泄，从防洪安全出发，一般建议应将求得的最小防洪库容乘以 k（取 $1.1 \sim 1.3$）作为采用的所需总防洪库容。

5.3.4.2　初定各水库可承担的防洪库容

水库群所需的总防洪库容，应由各水库来分担。一般可从洪水的地区组成出发来考虑如何在各水库设置防洪库容。下面以图 5-10（a）所示的并联水库群为例，介绍一种确定各库防洪库容的经验性方法。

对于下游防洪标准设计洪水采用两种组合。一是水库 2 及区间（指水库 1、水库 2 至防洪控制点 F 之间的流域面积）发生与下游防洪标准同频率的洪水，水库 1 发生相应洪水。基于这一洪水组成，假设水库 2 拦蓄其全部入库洪水不泄洪，据此，对水库 1 按下游防洪补偿调洪方式进行洪水调节计算，确定其所需的防洪库容为 V_{f1}。二是采用水库 1 及区间为与下游防洪标准同频率的洪水，水库 2 为相应洪水。假设水库 1 拦蓄其全部入库洪水不泄洪，对水库 2 按防洪补偿调洪方式进行洪水调节计算，求得所需的防洪库容 V_{f2}。

若 V_{f1} 与 V_{f2} 之和大于或等于上述确定的下游防洪所需的总防洪库容 V_2，则可认为满足设置防洪库容的要求。否则，应将其差额作为需进一步设置的公共防洪库容，在并联水库群之间进行分配。

若梯级水库由于上、下级水库存在水力联系，则上库泄流可由下库进一步调节，所以下游防洪所需的总防洪库容设置在下库。可采用上下库区间及下库至防洪点区间均为与下游防洪标准同频率的洪水，上库为相应的洪水的组成。针对此种洪水组成，上库按自身情况调洪，下库以上库泄洪过程与相应时刻上下库区间洪水流量过程相加为入库洪水过程，按下游防洪要求进行调洪，求得下库所需的防洪库容。

5.3.4.3　水库群公共防洪库容的分配

公共防洪库容是指按特定方法推求水库群（并联水库群或梯级水库），当所需设置防洪库容之和不满足下游防洪要求所需的总防洪库容的库容差值时，必须进一步研究如何在水库群的各水库之间合理分配公共防洪库容。原则上讲，位于干流的水库，或是距防洪控制点较近、占洪水来源比重较大、淹没损失较小、综合利用任务较轻的水库，宜多分担一些公共防洪库容。详细研究阶段，对拟定的公共防洪库容分配方案必须进行经济比较和综合分析，从而选出最佳方案。

对于水库群所需的总防洪库容及库容分配方案，必须选择合适的联合调洪方式，进行水库群调洪的模拟演算，以验证所选的水库群防洪库容方案是满足防洪要求的。

上述介绍的初定各水库可承担的防洪库容的方法采用了一些近似假定，也没有详细研究水库群联合运用时的合理调洪方式和调度规则，因此，通过模拟运行检验，经分析后可对防洪库容设置情况做出必要的调整。

5.3.5　水库群联合调洪方式的拟定

水库群共同承担下游防洪保护区的防洪任务时，应研究如何对其进行统一调度，充分发挥水库群整体最优的防洪效果。通常是按各水库所处的地理位置、控制洪水来源的比重、所设置防洪库容的大小及担任综合利用任务的情况等，分别拟定各水库的调洪方式，然后根据洪水地区的实际情况，拟定水库群的统一调度方式。

对于梯级水库，由于上游水库距防洪控制点较远，且其下泄流量可由下级水库再调节。因此，当梯级水库各库洪水基本同步时，应先蓄上游水库后蓄下游水库，以达到防洪库容最充分利用的效果。梯级水库泄洪次序一般与水库蓄洪运用次序相反，并以最下一级水库的泄量加区间流量不大于防洪控制点的安全泄量为原则，尽快腾空各水库的防洪库容。若各水库洪水组合遭遇多变，则应根据洪水实际发生情况确定水库的运用次序。如一般可以根据降雨信息，确定在暴雨中心先蓄上游水库、后蓄下游水库的运用次序。

水库工程安全联合调洪方式，原则上与单独运行的水库工程安全调洪方式相同，但对于梯级水库应尽可能考虑泄洪的影响：在拟定上游水库遭遇设计洪水和校核洪水的泄洪方式时，要考虑最大泄量对下游设计标准较低水库的安全影响；在拟订下游水库遭遇超标准洪水的保坝措施时，要考虑上游设计标准较低的水库可能同时发生溃坝的影响。

5.3.5.1　并联水库群调度

并联水库群调度一般应采用防洪补偿调节的调洪方式。对于有两个以上的并联水库群，可按调节洪水性能的好坏（防洪库容与所控制的洪水比值的大小）、控制洪水来源所占比重两个补偿指标安排补偿次序。防洪库容与所控制的洪水比值越大，调节洪水性能越好；控制洪水来源所占比重越大，该补偿指标越优。指标最差的水库可按本库自身条件（包括支流水库自身下游防洪及其他综合利用要求）拟定单库运行的调洪方式。再考虑补偿指标次差的水库的防洪补偿调洪方式，该水库应根据下游河道安全泄量要求，视未控区间洪水流量及被补偿水库下泄流量的组合洪水过程，按水库防洪库容的调控能力适当控泄。同理，可逐级进行防洪补偿调节，补偿指标最好的水库将作为最后进行防洪补偿调节的水库。这种按补偿次序进行并联水库群联合调洪的方式，适用于各水库洪水基本同步、洪水地区分布相对稳定的情况。若各水库洪水不同步、洪水地区分布不稳定，则应根据实际洪水发生情况，合理确定各水库之间的相互补偿关系。如对于如图5-10（a）所示的并联水库群，若水库1及区间发生与下游防洪标准同频率的洪水，水库2为相应洪水，则水库群调洪的补偿次序应该由水库1先进行洪水补偿调节，水库2之后进行洪水补偿调节。

5.3.5.2　梯级水库调度

对于梯级水库而言，主要有利用空间关系的补偿调节法确定下游先供先蓄上游的供水规则，包括由库容利用效率值确定的供水规则和设置不同的供水限制线确定的供水规则。由于梯级水库存在着直接的水力水量联系，对于确定这类水库群的调度规则主要是需要关注上下游关系以及找到合适的供水分配方式。由于梯级水库上级水库的泄流可以被下级水库再调节，故其调洪方式主要是研究根据梯级水库的相对位置和洪水预报结果，确定水库蓄水和泄水的次序。当水库群蓄水量未超过为下游防洪所预留的防洪库容时，应按下游防洪要求蓄水；当水库群蓄水已超过为下游防洪所预留的防洪库容时，应按本身安全要求蓄泄。在进行防洪联合调度时，如各水库洪水有一定的同步性，为便于控制水库区间来水，一般以先蓄上游水库较为有利；为预防下次洪水而腾空库容时，一般以先泄放下游水库较为有利。如各水库洪水同步性较差，则应从洪水的地区组成、时间分配等特性，考虑各水库的蓄泄次序。如各个水库之间尚有防洪要求时，则在防洪联合调度中还应考虑这种要求。

5.3.5.3 混联水库群调度

混联水库群防洪联合调度方式的制定，比并联水库群、梯级水库的情况更为复杂。原则上讲可以将水库群中有水力联系的串联水库划分为子系统，对各子系统按梯级水库防洪调度的方式确定各水库的运用次序和调洪方式。然后将各子系统视为并联形式，按并联水库群联合调度的方式协调各子系统的联合调洪方式。将各子系统协调后的联合调洪方式，再反馈至各子系统，并要求各子系统梯级水库的联合调洪方式做出相适应的调整。若混联水库群只有干流梯级区一条支流梯级，且干流梯级最下游水库位于支流梯级汇入点的上游，那么该混联水库群可以将干流、支流梯级当成两个并联的子系统。若干流梯级最下游水库位于支流汇入点的下游，则最下游水库同时与干支流梯级存在水力联系。假如该水库具有较好的调节洪水的能力，那么干支流梯级水库下泄流量均可由该水库进行再调节。对于这种情形一般可以将最下游水库作为单个水库来看待，将上游干支流梯级分别作为并联子系统。

研究混联水库群联合调度时，可先对子系统分别按梯级水库联合调洪方式安排各水库的运用次序及调洪方式。并联子系统与下游单个水库之间的联合调洪方式可根据洪水组合遭遇及调洪能力的具体情况，参照并联水库群及梯级水库考虑补偿次序的一般原则，确定合理的联合调洪方式，尽可能充分发挥水库群防洪联合调度的效果。

5.4 水库防洪优化调度

5.4.1 单库防洪优化调度及其模型

单库防洪优化调度，既要考虑水库大坝安全与尽可能均匀泄洪等运行管理操作的要求，又要最大限度地发挥水库防洪库容的作用，使泄洪总量最小，以达到减小下游防洪负担和洪灾损失的目的。

单库防洪优化调度的目标函数为：在保证水库大坝安全的条件下，使泄洪过程尽可能均匀且泄洪水量最小，其数学表达式为：

$$F = \min \sum_{k=1}^{N} \left[D(k)^2 + \beta(k) \min \left\{ 0, Q_s - D(k)^2 \right\} \right] \qquad (5\text{-}5)$$

式中，N——调度期进段；

$D(k)$——第 k 时段水库池洪流量；

Q_s——水库下游河道安全泄量，由水库泄洪设施规模和下游防洪标准共同确定，

$\beta(k)$——罚系数，经试算确定。

单库水量平衡约束：

$$V_{k+1} = V_k + (I_k - Q_k) \cdot \Delta k, k = 1, 2, \cdots, N \qquad (5\text{-}6)$$

式中，V_k，V_{k+1}——第 k 时段初、末水库的蓄水容积；

I_k——第 k 时段水库的来水流量；

Q_k——第 k 时段水库的泄洪流量。

单库蓄洪水量状态约束：

$$VL_k \leqslant V_k \leqslant VU_k, k = 1, 2, \cdots, N \qquad (5\text{-}7)$$

式中，VL_k——第 k 时段水库防洪限制水位所对应的蓄水量；

VU_k——第 k 时段保证水库大坝安全的设计洪水位所对应的蓄洪水量。

单库泄洪时段水量决策约束：包括单库泄洪能力约束和下游河道过水能力约束。

边界条件约束：通常，在主汛期的一次洪水调度过程中，要求水库从汛期限制水位开始起调，到洪水调度过程结束时使水库蓄洪水位回落至汛期防洪限制水位，以便留有足够余地迎接下次洪峰的到来。但在汛期末的洪水调度过程中，应不失时机地通过洪水预报抓住最后一场洪水过程，使洪水调度过程终止时蓄至正常蓄水位，以提高水资源利用率和兴利效益。

其他约束：如防洪调度规程约束和变量非负约束等。

5.4.2 混联水库群防洪优化调度及其模型

修建水库是河流综合开发治理中普遍采用的有效工程措施。混联水库群

利用其蓄水容积调节径流及调控洪水，共同承担兴利和防洪任务，各水库相互配合、联合调度，以达到水资源调配的最佳效果。混联水库群防洪优化联合调度，就是对流域内一组相互间具有水力联系的水库及相关工程设施（如堤防、滞洪区、分蓄洪区等）进行整体的统一的协调调度，既保证水利设施自身安全，又确保上下游洪水损失最小，从而达到全流域水资源损失最小的目的。对于流域防洪优化调度的研究，从 20 世纪 80 年代以来，相关部门就一直非常重视，并且探索形成了很多理论与方法，如大系统理论、多目标决策理论、随机理论、数学规划方法、模糊数学和人工神经网络方法等。但是这些理论与方法在防洪调度方面的发展很多都没有上升到实际应用的阶段，特别是现在已建成了以水库群作为主体的巨大防洪工程，然而在工程的管理运行上，对于流域的实时防洪调度，很多时候都基本上还是依靠经验来调度。

混联水库群防洪优化调度的效益，主要表现为各水库的空间补偿效益，具体体现在三个方面。

①库容之间的补偿效益。利用各水库空闲库容的不同，安排蓄泄次序，实现流域内各水库安全度汛的总体均衡。

②水文补偿效益。由于各个水库的来水时间不尽相同，因此，可依据不同水库的来水发生时间和各个水库的当前状态，制订各个水库的蓄泄方案，使防洪控制点最大过水流量最小或成灾历时最短，即使防洪效益最大。

③水力补偿效益。不同水库与同一防洪控制点之间的距离不尽相同，为了增大防洪控制点的安全性，就需要制订并实施水库群的联合调度方案，避开或减弱各支流的洪峰相遇。对于水库与河道的联合调度，主要考虑的是水力补偿效益，尤其是在考虑水库与防洪控制点以及水库与水库之间的水力补偿效益时，不但要考虑洪水在河道中的流动变形，更要关注河槽对洪水的调蓄作用。

为了使建立的模型具有更好的适应性，假定混联水库群防洪系统结构具有如下特征：

①水库与防洪控制点之间的区间流量都考虑在内。

②考虑区间河道内的水流演变。

③各水库都有自己的防洪对象。

④不同水库有共同的防护对象。

假设符合以上特征的混联水库群防洪系统包含串联水库 A，B 与并联水库 C，a，b 和 c 为 A，B，C 三个水库对应的防洪控制点，d 为三库共同防洪控制点，见图 5-11。在满足各防洪控制点要求的前提下，以防洪控制点断面的最大过水流量最小为优化准则，寻求洪水在混联水库群的最佳时间和空间分配，即制定混联水库群的最优防洪调洪方式。

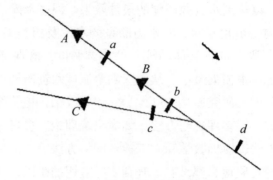

图 5-11　混联水库群防洪系统

将洪水过程划分为 N 个时段，建立数学模型目标函数：

$$\min F = \sum_{k=1}^{N}\left\{\beta_b\left[O_{b,\,k}+\alpha_b\cdot q_{b,\,k}\right]^2+\beta_c\left[O_{c,\,k}+\alpha_c\,q_{c,\,k}\right]^2+\left[O_{b,\,k}+O_{c,\,k}+O_{区}\right]^2\right\}$$

$$（5\text{-}8）$$

式中，$O_{b,\,k}$——由梯级水库防洪优化调度求得；

　　　$O_{c,\,k}$——由单库防洪优化调度求得；

　　　β_b，β_c——b，c 两防洪控制点的重要性系数；

　　　α_b，α_c——b，c 两防洪控制点调度模式指示变量。

流域中的每一个水库需要承担的防洪任务都不相同，而且需要保护的对象的重要程度也不尽相同。并联水库群的各水库之间没有水力联系，各水库的自身防洪任务之间是相互独立的。但是对于各水库的共同防护对象来说，它们又是彼此联系的。特别是，当某个水库的自身防洪控制点的重要性如果比公共防洪控制点的低，那么公共防洪控制点的任务在一定条件下会向其转移，相反，如果某水库的自身防洪控制点的重要性高于公共防洪控制点，那么其承担的公共防洪控制点的防洪任务就相对较小。各防洪控制点的重要性用 β_b（或 β_c）来定量描述。对于没有自身的防护对象的水库，可令 β_b（或 β_c）= 0。

针对各库的具体情况，在水库群中具有自身防洪控制点的水库在调度模式上一般有两种不同的选择：补偿模式与削峰模式。当水库与防洪控制点的区间汇流面积较小或水库距防洪控制点较近时，区间来水可忽略，这时采用削峰模式。采用 α_b（或 α_c）的作用是降低了混联水库群防洪调度的难度，增强了处理部分问题的灵活性。α_b（或 α_c）和 β_b（或 β_c）的联合运用，可以使式（5-8）的灵活性和适应性大大增强，有益于编制混联水库群防洪的调度软件和人机交互界面。

5.4.3　单目标防洪优化调度模型及其求解方法

单目标防洪优化调度问题一般由动态规划的数学模型来求解。动态规划的数学模型一般由系统方程、目标函数、约束条件和边界条件等组成。在建立模型时，应先将研究的问题根据其时间或空间特点划分为若干个阶段，形成多阶段决策过程，并相应选取阶段变量、状态变量和决策变量。水库防洪调度属于典型的多阶段决策问题，因此可按以下思路把单目标防洪优化调度转化为多阶段决策过程，从而利用动态规划求解。

5.4.3.1　阶段与阶段变量

对于具有长期调节性能的水库，可以将调节周期按月或旬划分为 T 个阶段，以 t 表示阶段变量，则 $t=1$，2，$\cdots$，T。相应的时刻 $t \sim t+1$ 为面临时段，时刻 $1 \sim t$ 为余留时期，$t=1$，2，$\cdots$，$T+1$。

5.4.3.2　状态变量

状态变量即描述多阶段决策的演变过程所处状态的变量。它具有三种性质：能够描述过程的演变、状态变量的值可以直接或间接地获知、满足无后效性。对于单目标防洪优化调度而言，可以选用每个阶段末的水库蓄水量 V（或水库水位 Z）为状态变量。V_t 和 V_{t+1} 分别为第 t 时段初、末的水库蓄水量，其中，V_{t+1} 也就是第 $t+1$ 时段初的水库蓄水量。

5.4.3.3　决策变量

可以选取水库防洪调度泄水流量等指标为决策变量。当时段 t 的初始状态给定后，如果做出某一决策，则时段初的状态将演变为时段末状态。在水库优化调度中，决策变量的选取往往被限制在允许决策集合范围内。

5.4.3.4　状态转移方程

在单目标防洪优化调度系统中，水量平衡方程即为状态转移方程：

$$V_{t+1} = V_t + (I_t - Q_t - L_t)\Delta t \qquad (5\text{-}9)$$

式中，I_t，Q_t，L_t——第 t 时段入库、出库及损失的流量；

Δt——单位时段。

状态转移方程把多阶段决策过程中的三种变量，即阶段变量、状态变量、决策变量三者之间的相互关系有机地联系起来。对于确定性的决策过程，阶段末的状态完全由时段初的状态和本阶段决策所决定。

5.4.3.5　目标函数

对于单目标防洪优化调度系统，常以泄洪过程的均匀性以及泄洪水量最小作为优化准则或目标。应用动态规划求解水库防洪优化调度的递推方程，主要是逐时段使用递推方法进行。递推方程的具体形式与递推顺序、阶段变量的编号有关。模型可采用大系统递阶分析算法、遗传算法、粒子算法等进行求解。

5.4.4　多目标防洪优化调度模型及其求解方法

通常，水库可用于灌溉、市政、工业供水、水力发电、防洪和其他用途。单纯以供水或发电为目标运行已不能满足实际需要。因此，同时满足多目标需求来实现水利工程综合效益最大化越来越重要。由于多目标之间有冲突，所以多目标水库的运行管理是很复杂的。多目标防洪优化调度的目标是在一定的约束条件下通过确定水库在整个运行期内的最优下泄水量以最大限度地发挥效益。

对于下游有防洪任务的梯级水库的防洪问题，与单库优化调度相似，反映防洪调度要求的一般有三个主要指标：一是水库的最大下泄流量，它在很大程度上决定了下游的防洪效益；二是水库的坝前最高水位，它体现了上游防洪保护区（对上游有淹没时）的效益和水库本身的安全；三是调度期末的水库所控制的水位，它反映了水库防洪与兴利的相互协调关系，对于汛期防洪调度，要尽可能缩短高水位历时，使库水位落到期望水位（或汛限水位），以防后继可能到来的大洪水。当调度期末水库所控制的水位给定时，水库最高水位最低与最大下泄量最小是互相矛盾的。下游防洪要求水库尽量多削峰、多拦蓄洪量，而库区及大坝防洪要求水库尽量多下泄，降低坝前水位，减少库区淹没损失，同时腾空防洪库容，以备调蓄后续洪水之用，二者存在一定的冲突。因此，实际上梯级水库在下游有防洪任务时的洪水调度决策，是一个多目标决策问题。

对兼有发电任务的梯级水库，在一次洪水调度中，既要考虑到枢纽和防洪对象的防洪安全，又要考虑到水电站发电效益的发挥和各次洪水之间的衔接，因此需要考虑以下目标。

①一次洪水的发电量最大

$$\max\{G_1 = \omega_{11}E_1 + \omega_{21}E_2\} \tag{5-10}$$

②调节一次洪水的最高水位 Z_{max} 最小，此目标等价于调节一次洪水动用的最大防洪库容 V_{max} 最小

$$\min\left\{G_2 = \omega_{12}V_{max,1} + \omega_{22}E_{max,2}\right\} \tag{5-11}$$

③调节一次洪水的最大下泄流量 Q_{max} 最小

$$\min\left\{G_3 = \omega_{13}Q_{max,1} + \omega_{23}Q_{max,2}\right\} \tag{5-12}$$

④一次洪水的弃水量最小

$$\min\left\{G_4 = \omega_{14}W_1 + \omega_{24}W_2\right\} \tag{5-13}$$

⑤调节一次洪水的末水位 Z_{end} 与理想末水位 Z_{ideal} 之差最小，其中理想末水位 Z_{ideal} 可分别取为水库规划时确定的汛期分期防洪限制水位或正常蓄水位

$$\min\left\{G_5 = \omega_{15}\left|V_{end,1} - V_{ideal,1}\right| + \omega_{25}\left|V_{end,2} - V_{ideal,2}\right|\right\} \tag{5-14}$$

式中，ω_{ij}——第 i 个水库第 j 个目标的分配系数（权系数），它的取值一般与其控制的流域面积 F_i 成正比，或与防洪库容成正比。

多目标防洪优化调度模型的约束条件除了单库防洪调度约束条件外，对承担发电任务的水库群，还需要考虑汛期防洪和发电的不同目标间的相互协调问题，所以还要考虑水电站的出力限制约束条件：

$$\begin{cases} P_{i,k} \leqslant PT_{i,k} \\ Pb \leqslant \sum_{i=1}^{l} P_{ik} \leqslant P_{xk} \end{cases} \tag{5-15}$$

式中，$PT_{i,k}$——i 电站第 t 时段的预想出力；

P_{xk}——梯级水库的整体预想出力；

Pb——梯级水库的保证出力，为各水电站的保证出力之和。

求解多目标防洪优化调度问题，比较可行的方法是将多目标优化问题转化为单目标问题进行求解。传统求解多目标优化问题的方法有加权法、约束法和混合法等。这些求解方法将多目标优化问题转换为多个不同的单目标优化问题，并用这些单目标优化问题最优解构成的解集去近似多目标优化问题的帕累托（Pareto）最优解集。近年来，由于进化算法在单目标优化领域的成功应用，

相关学者把目光投向了应用具有多方向和全局搜索特点的进化算法研究多目标优化问题。

进化算法包含进化策略、进化规划和遗传算法等多个分支，在多目标进化中应用最多的是遗传算法，这类算法就被称为多目标遗传算法。多目标遗传算法的核心是协调各目标函数之间的关系，找出使各目标函数能尽量达到比较大（或比较小）的最优解集。1989 年，戈尔德贝格（Goldberg）提出了基于帕累托最优解的概念计算个体适应度方法，借助相应的选择算子使种群在优化过程中朝帕累托最优解的方向进化。这种思想已产生了多种基于帕累托最优解的多目标遗传算法，比较有代表性的有向量评估遗传算法、多目标遗传算法、小生境帕累托遗传算法、非支配遗传算法、快速非支配遗传算法等。其中向量评估遗传算法对目标函数的处理比较简单，但当搜索空间非凸时无法求得帕累托最优解。多目标遗传算法效率较高，但帕累托最优解的分布不理想。非支配遗传算法性能优越，但是算法过程十分复杂。快速非支配遗传算法采用简洁明晰的非优超排序机制，使算法具有逼近帕累托最优解的能力，采用排挤机制保证得到的帕累托最优解具有良好的散布。

非支配遗传算法是由斯里尼瓦斯和德布于 20 世纪 90 年代初提出的，它基于个体的等级按层次来分类。非支配遗传算法与简单遗传算法的主要区别在于选择的算子不同。在进行选择前，找出当前种群中的非劣最优解，所有这些非劣最优解构成第一个非劣最优解层，并给其赋一个大的假定适应值。为了保持群体的多样性，这些非劣最优解共享它们的假定适应值，然后以同样的方法对种群中剩下的个体进行分类，下一层的共享是假定适应值小于上一层的设定值，这一过程继续进行直至群体中所有个体都被归类。非支配遗传算法的高效性在于运用一个非支配分类程序，使多目标简化至一个适应度函数。运用该方法，能解决任意数目的目标问题，并且能够求最大值和最小值的问题。印度科学家德布于 2000 年在非支配遗传算法的基础上进行了改进，提出了快速非支配遗传算法，一种快速的非劣性排序方法。快速非支配遗传算法有效地克服了非支配遗传算法的三大缺陷。

①提出了快速非支配排序法，降低了算法的计算复杂度。

②提出了拥挤度和拥挤度比较算子两个概念，二者代替了需要指定共享半径的适应度共享策略，并在快速排序后的同级比较中作为胜出标准，使准帕累托域中的个体能扩展到整个帕累托域，并均匀分布，保持了种群的多样性。

③引入精英策略，扩大了采样空间。将父代种群与其产生的子代种群组合，共同竞争产生下一代种群，有利于保持父代中的优良个体进入下一代，并

通过对种群中所有的个体进行分层存放，使得最佳个体不会丢失，迅速提高种群水平，从而进一步提高计算效率和算法的鲁棒性。

快速非支配遗传算法原理如下。

1. 非劣分层

首先，为种群中所有的个体进行非劣分层，每个个体 i 都设有两个参数 n_i 和 S_i，其中 n_i 为在种群中支配个体 i 的解个体的数量，S_i 为被个体 i 所支配的解个体的集合，然后将种群中的个体进行两两比较，计算每个个体 i 的 n_i 和 S_i。其次，根据种群个体之间的支配与非支配关系进行排序：找出该种群中的所有非支配个体，得第一个非支配最优层；忽略这组已分层的个体，对种群中的其他个体继续按照支配与非支配关系进行分层，对剩下的个体继续上述操作，直到种群中的所有个体都被分层。

2. 虚拟适应度的计算

在快速非支配遗传算法中，个体的适应度包括非劣解的等级和个体的虚拟适应度。为了保持个体的多样性、防止个体在局部堆积，快速非支配遗传算法首次提出了虚拟适应度的概念，它指目标空间上的每一点与同等级相邻两点之间的局部拥挤距离。例如，图 5-12 中，目标空间第 i 点的局部拥挤距离等于它在同一等级相邻的点 $i-1$ 和 $i+1$ 到 f_1 轴和 f_2 轴距离的和，即由点 $i-1$ 和 $i+1$ 组成的矩形的两个边长之和。使用这一方法可自动调整小生镜，使计算结果在目标空间比较均匀地散布，具有较好的鲁棒性。

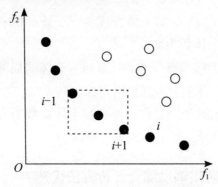

图 5-12 个体 i 的局部拥挤距离

具体实现时，先计算每个个体相应的目标函数，再根据目标函数值进行非劣分层，计算每层个体的虚拟适应度。虚拟适应度的计算步骤如下：

① 对同层的个体初始化距离，令 $L(i)_{dis} = 0$。

② 对同层的个体按第 m 目标函数值升序排列，令 $L = \text{sort}(L, m)$。

③使得排序边缘上的个体具有选择优势，给定一个较大的数 $L(I)_{dis}=L(N)_{dis}=M$。

④对于排序在中间的个体，计算局部拥挤距离为

$$L(i)_{dis} = L(i)_{dis} + L(i+1)m - L(i-1)m \qquad （5-16）$$

⑤对不同的目标函数，重复步骤②~④。

3. 选择运算

选择运算使优化朝帕累托最优解的方向进行，并使解均匀散布。选择算子的作用是为了避免有效基因的损失，使高性能的个体得以更大的概率生存，从而提高全局收敛性和计算效率。采用轮赛制选择算子，即随机选择两个个体，如果非劣解等级不同，则选取等级高（级数小）的个体。否则，如果两点在同一等级上，则取稀疏区域内的点，使进化朝非劣解和均匀散布的方向进行。设个体 i 的非劣解等级属性和局部拥挤距离属性分别为 i_{rank}，i_{dis}。定义偏序关系为 $i<n$，当满足条件 $i_{rank}<j_{rank}$，或满足 $i_{rank}=j_{rank}$，且 $i_{dis}>j_{dis}$ 时，定义 $i<j$。也就是说，随机选取两个个体并进行比较，按照上述方法比较偏序关系，保留一个优良个体，淘汰另一较差个体。

4. 精英策略

精英策略即保留父代中的优良个体直接进入子代，它是遗传算法以概率 1 收敛的必要条件。采用的方法如下：

①将父代 P_t 和子代 Q_t 全部个体合成为一个统一的种群 $R_t=P_t \cup Q_t$，并放入进化池，种群 R_t 的个体数为 $2N$。

②将种群 R_t 按非劣解等级分类并计算每一个体的局部拥挤距离，依据等级的高低逐一选取个体，直至个体总数达到 N。

③以此形成新一轮进化的父代种群，其个体总数为 N。在此基础上开始新一轮的选择、交叉和变异，形成新的子代种群 Q_{t+1}。

5.4.5 水库实时防洪调度综合评价方法优选

目前，水库已由单一防洪发展到治涝、灌溉、供水、发电与航运等综合开发治理。水库防洪调度涉及自然、社会、经济、环境等各个方面，防洪调度过程实际上是一个复杂的多层多目标决策过程。

科学的综合评价方法是客观决策的基础，因而国内外研究者对综合评价方法进行了大量的研究。近年来，随着管理学科、系统学科和决策学科之间的逐步深入融合，许多学者针对综合评价问题提出了新的研究思路和方法，这些

方法将经济学、管理学、运筹学、系统学等不同学科交叉渗透，为评价决策方法开拓了广阔的思维空间，综合起来大致有以下九类：系统模拟与仿真评价方法；信息论方法，包括绝对信息熵方法和相对信息熵方法；灰色综合评价方法；新的智能化评价方法；可拓评价方法；动态综合评价方法；交互式多目标的综合评价方法，包括基于目标满意度的交互式评价方法以及基于目标实际达成度和目标满意度综合的交互式评价方法；交合分析法；基于粗糙集理论的评价方法。

综合评价方法的发展是水库防洪调度评价决策研究的基础，防洪调度决策过程中存在的不确定性因素及其自身的特殊性，决定了防洪调度决策具有实践性、社会性、时效性、风险性的突出特点。

5.5　水库防洪调度风险分析与控制措施

5.5.1　水库防洪调度风险分析方法

水库防洪调洪方式设计与实时防洪调洪方式的任务，以及所依据信息的不同，导致了防洪调度风险源的差别。在规划设计阶段，由于制定调度规则时依据的典型洪水、设计洪水选择等方面存在许多不确定性因素，所以在水库防洪调度规则制定时存在风险。在实时调度阶段，由于受资料精度、洪水预报和降雨预报误差等不确定性因素的影响，以及决策者对实时调度信息认识和处理的局限性，使得水库在实施防洪调洪方式时存在风险。为评价水库防洪调洪方式的可行性，以及其对水库及其上下游防洪安全的影响，分析水库防洪调洪方式的风险是非常必要的。

目前，水库防洪调洪方式风险分析方法已有多种，从直接积分法、蒙特卡罗法、均值一次二阶矩法，发展到改进的一次二阶矩法和当量正态化法等。下面分别简要讨论上述方法。

5.5.1.1　直接积分法

直接积分法又称全概率方法，它是通过对荷载和抗力的概率密度函数进行解析或数值积分来求解。当求得功能函数的诸影响因素的概率密度函数以及找出概率关系时，就可以直接找出风险。此方法理论概念较强，用于处理线性的、变量为独立同分布且影响因素较少的简单系统时是比较有效的。但如果影响因素较多，就难以找出影响因素的概率密度函数或概率关系，或者即使找到，也难以求得风险的解析解或数值解，特别是对于非线性变量的不同分布的复杂系统，直接积分法则无法求解系统的失事概率，所以直接积分法在实用时受限较多。

5.5.1.2　蒙特卡罗法

蒙特卡罗法又称统计实验法。这种方法是先制定各影响因素的操作规则和变化模式，然后用随机数生成的办法，人工生成各因素的数值再进行计算，从大量的数值计算结果中找出风险。该法精度较高，尤其是对非线性、不同分布及相关系统更为有效。蒙特卡罗法不需要将非确定性问题转化为确定性问题，可以直接从非确定性问题出发，通过模拟原问题的实际过程得到问题的解，因此可以结合现有的确定性分析程序来进行解的求解。同时收敛速度与问题的维数无关，不受参数的变异系数大小的限制。因此，蒙特卡罗法具有广泛的实用性。但由于该方法的计算结果依赖于样本容量和抽样次数，且对基本变量分布的假设很敏感，因此计算结果会表现出不唯一性。另外，该方法所用机时较多，且随着计算精度要求越高，变量个数越多，所用机时越多。

5.5.1.3　均值一次二阶矩法

由于影响因素较多且复杂，对于有些因素的研究还不够深入，难以用统一的方法确定各随机变量的概率分布及关系。通常，一阶矩（均值）和二阶矩（方差）相对容易得到。一次二阶矩法就是一种随机变量的分布，但尚不清楚时，采用只有均值和方差的数学模型求解，继而进行风险分析。这种方法运用泰勒级数展开，使之线性化。根据线性化点选择的不同，一次二阶矩法分为均值一次二阶矩法和改进的一次二阶矩法。均值一次二阶矩法假设各影响因素相互独立，将线性化点选为均值点。该方法是一种近似分析法，比较简单。其不足之处是在实际工程中，荷载与抗力元素多为非正态分布，展开功能函数时，其线性部分与真实值误差较大，因而该方法在精度方面不高。

5.5.1.4　改进的一次二阶矩法

这种方法是对均值一次二阶矩法的改良。改进的一次二阶矩法针对均值一次二阶矩法精度不高这一缺点，在泰勒级数展开时，将线性化点选为风险发生的极值点（或风险点），其计算结果是截断误差小，故比均值一次二阶矩法精度高。极值点的位置事先并不能知道，需要根据数据进行计算。当荷载与抗力变量为正态分布时，其结果是较为理想的。但在实际工程中，荷载与抗力变量也有非正态分布的情况，这样会增大误差。为了确保计算精度，应将非正态分布变量转化为正态分布变量，即进行变量的正态化处理。

5.5.1.5 当量正态化法

当量正态化法是克拉维茨和菲斯莱等提出来的，它适用于随机变量为任意分布的情况。当量正态化法的基本原理是：首先将随机变量的非正态分布用正态分布代替，但对于此正态分布函数要求在失事点处的累计概率分布函数值和概率密度函数值与原来的累计概率分布函数的值和概率密度函数值相同。然后根据这两个条件求得等效正态分布的均值和标准差，最后用一次二阶矩法求出风险值。该法对均值一次二阶矩法和改进的一次二阶矩法的缺点进行了改进，故其计算精度较高。但当量正态化法的收敛性问题并未从理论上给予证明，且该法的计算精度与模式失效概率的大小、随机变量的变异系数和失效面在设计点附近的局部形状有关，特别是当面对不能显示表示功能函数的复杂结构的概率设计问题时，则显得无能为力。

5.5.2 风险的识别

水库防洪调度的风险也可以从客观和主观两个层面进行风险分析，总的来说只要存在不确定性就存在风险。客观风险主要是在自然条件的不可抗力下决策者面对风险做出的决策和应对，从而存在主观风险。如果把失事作为风险的定义，那么它指出现"事故"的概率或者水资源工程方面的水位低于正常值的任何事件。考虑实际水库防洪调度运行方式，可将风险定义为水库运行、管理策略和调度决策，导致水库系统达不到预期目标（如综合利用效益最大）和偏离正常状态的可能性。水库防洪调度方案运行方式的风险，包括水库防洪调度方案编制的风险、水库防洪调度方案运行的决策的风险和水库防洪调度方案执行过程的风险。

对于自然条件的客观风险，可以采用水文统计和分析的方法进行风险分析。其中，水文统计中水文频率占主要地位，对于不确定性的分析同时也是对风险存在原因的分析。这样就把贝叶斯理论应用到风险分析中了。水文的不确定性包括水文线型和水文设计结果的不确定性。水文模型预报结果存在不确定性，影响因素可分为输入不确定性和水文不确定性（包括模型结构、模型参数等）。水文频率计算是求解"概率值"，即求得某指定水文频率对应的水文设计值，但"概率值"结果同样存在不确定性，故水文设计结果存在较大的风险。

对水库防洪优化调度风险的识别，也是识别各种不确定性。具体来讲，水库防洪优化调度的不确定性包括模型输入不确定性和水文不确定性，这种不确定性决定了水库防洪优化调度风险是一种不能预期的事件。有多种因素影响着水库防洪调度方案的决策，采用不同的风险识别无疑是更为适合工程实际的应用。

水库防洪调度方案运行方式是在一定的可靠性水平下，给定水库的防洪、兴利目标，求所需库容的大小（水库设计阶段的主要工作）。水库防洪调度在一定的约束条件下，给定库容大小，求下泄流量，如果计算时段（周或月）较长，则适用于规划阶段，如果计算时段（小时或天）较短，则适用于实时调度。而优化调度实际上是一种搜索过程或规则，它是基于某种思想和机制，通过一定的途径或规则，得到满足用户要求的解决问题的方法。只有在真正理解优化调度思想的基础上，才能真正识别水库防洪优化调度中存在的风险。

由于汛期水位动态控制和防洪过程有特定的风险存在，梯级水库调度风险的不确定性因素是多方面的，有客观因素，也有主观因素。分析梯级水库的特点，梯级水库汛期水位动态控制的主要风险因素包括降雨预报、洪水预报、入库洪水、水库调度四个方面的不确定性，下面考虑这几个不确定性因素的随机组合来研究梯级水库汛期水位动态控制的风险。

5.5.2.1 降雨预报不确定性

降雨预报仍存在一定的不确定性。如若降雨预报为无雨，则实际降雨既可能与预报结果一致，也可能发生大雨及以上量级降雨。因此，当降雨预报准确时，则汛期水位动态控制方案与现行调度方案相比风险未发生变化；当发生漏报时，在实际调度过程中存在遭遇极端洪水事件的可能。如若降雨预报为有雨，则实际降雨既可能与预报结果一致，也可能无雨。因此，当降雨预报准确时，则汛期水位动态控制方案与现行调度方案相比，风险未发生变化；当发生空报时，由于汛期水位已按下游安全允许泄量降至相应水位，所以，风险与现行调度方案相比也未发生变化。

5.5.2.2 洪水预报不确定性

洪水预报误差来源主要有：模型输入误差，主要是原始数据资料的测量误差和整理误差；模型结构误差，由于模型不能完全描述物理过程而引起的误差；模型参数率定误差；资料代表性误差，由现有的有限资料分析所得的水文规律，不能完全代表总体的水文规律，尤其是缺乏大洪水资料时，抽样误差往往较大，是造成预报误差的主要原因。

5.5.2.3　入库洪水不确定性

设计洪水一般采用一个或几个典型洪水过程，但实际来水过程受天气系统、降雨时空分布和流域下垫面条件等因素的影响将会出现各种不同的类型，常与所选典型过程并不一致。入库洪水的不确定性可以用实测洪水系列中的不同典型来反映。

5.5.2.4　水库调度不确定性

水库调度的不确定性主要来源于制订调度方案、上报决策和实际操作过程中的不确定性，表现为实施调度方案的延时即调度滞时。其不确定性主要由人为因素所致，所服从的分布为主观概率分布。

目前最为常用的主观概率分布是三角分布。梯级水库调度滞时的概率分布即采用三角分布。这种分布的突出特点是：针对相应风险变量只需给出最小值、最可能值和最大值三个数，而无须给出具体的概率。三角分布的最小值是某一绝对低的值，低于该值的其他任何数值均不能存在，即最小值的概率是零。最可能值是最有可能发生的数值，它是分布的高频值，而不是均值。最大值是绝对的高限值，不存在任何大于它的数值。

三角分布如图 5-13 所示，若假定风险变量 x 的最小值、最可能值、最大值分别为 a，b，c，那么这三个数值就可以构成一个三角分布，风险变量 x 的概率密度分布函数为

$$f(x)=\begin{cases}\dfrac{2(x-a)}{(b-a)(c-a)},a<x\leqslant b\\[3mm]\dfrac{2(c-x)}{(c-b)(c-a)},b\leqslant x<c\\[3mm]0,x\leqslant a,x\geqslant c\end{cases}\qquad(5-17)$$

对应于 x（$a<x<c$）值，各点的累积概率为

$$F(x)=\begin{cases}\dfrac{(x-a)^2}{(b-a)(c-a)},a<x<b\\[3mm]1-\dfrac{(c-x)^2}{(c-b)(c-a)},b\leqslant x<c\end{cases}\qquad(5-18)$$

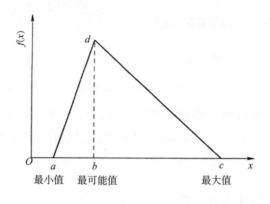

图 5-13　三角分布图

5.5.3　水库优化调度风险分析

水库调度运行时，存在不同种类的风险。对于水库优化调度风险分析可以从两个角度出发，即定性和定量角度，分层次进行风险分析，层层递进。同时水库优化调度运行过程中的风险是一种自然的、微观的以及可测度的风险，而这种风险无法进行实时控制和分析，但是在实际运行过程中可以进行水库风险后评价分析。定性与定量相结合的风险分析法对水库优化调度风险分析是较适宜的。

5.5.3.1　水库优化调度风险的定性分析

定性分析法主要用于风险可测度很小的风险主体。水库优化调度风险分析潜在的因素很大一部分难以准确地定量描述，但都可以利用历史经验或专家知识用语言生动地描述它们的性质及其可能的影响。并且，现有的绝大多数风险分析模型是基于定量分析的，但与风险分析相关的大部分信息很难定量描述，却易于定性描述。常用的风险分析定性方法主要有以下四种。

①故障树分析法。该方法是利用图解的形式，将研究的故障分解成各种小的故障，或对各种引起故障的原因进行分析。

②专家调查法。它是系统风险辨识的主要方法。专家为信息索取者，各领域的专家运用专业方面的理论与丰富的实践经验，找出各种潜在的风险并对其后果做出分析与估计。专家调查法主要包括专家判断法、头脑风暴法和德尔菲法等十余种方法。德尔菲法是美国咨询机构兰德公司首先提出的，该方法主要是借助有关专家的知识、经验来对风险加以估计和分析。在水资源系统中，有些不确定性因素难以分析、计算，所以该法在水库优化调度风险决策中具有实

用价值。如水库汛期限制水位控制的某一时刻是否存在风险，决策者的经验判断都是一个定性的概念。头脑风暴法与德尔菲法用途较广且具有代表性。

③情境分析法。情境分析法是一种能够分析引起风险的关键因素及其影响程度的方法。

④外推法。外推法是一种合成估计的方法，在预测和信号分析等学科中已大量采用。在项目管理实践过程中的应用表明，这是一种项目风险分析和估计的有效方法，可分为前推、后推和旁推三种类型。

根据这种定性描述，人们提出了模糊数学法，它是一种利用模糊集理论分析问题的方法。普通集合只能表示"非此即彼"的现象，并不能表示"亦此亦彼"的现象，而现实生活中的模糊现象或模糊概念普遍存在。美国控制论专家首先引入模糊集的概念，其基本思想是把普通集合中的绝对隶属关系灵活化，使元素对集合的隶属度从只取 {0, 1} 中的值扩充到可以去取区间 [0, 1] 中的任一数值。因此，在模糊集中，一个元素的从属关系，不是简单地用风险辨识"是"或"否"、"真"或"伪"来回答的，而是一个渐变的过程。不是从量的角度来说明这类风险的存在与否，而是从模糊集的角度说明这种风险确实存在，但是风险存在的大小以及水库调度对水库影响程度没有进行量测。

从模糊数学的渐变的性质出发，可以把水库调度风险分为不同的等级，如 A 是风险隶属度，可把 A 定义为：1/高风险、0.5/中等风险和 0.2/低风险，表示 A 的高风险隶属度为 1，中等风险隶属度为 0.5，低风险的隶属度仅为 0.2。显然此处的风险隶属度 A 表征了模糊性。对于风险隶属度的分析和界定，具有很强的主观因素，受决策者影响较大。

风险的定性分析就是对项目管理过程中可能存在的风险进行确认、分析并进行评价。定性分析一般有两种类型：一种是项目风险管理要研究与分析的对象本身就是定性的事物或材料，无法量化或者量化水平较低的定性分析；另一种是建立在定量研究基础上的定性分析。不管是哪种类型它们的研究目的都一样，即确认项目风险的来源、性质和影响程度等。在经济评价过程中，故障树风险分析法分解出来的很多影响因素的性质无法用数字来定量地描述，它们的结果也是含糊不定的，无法用单一的准则来评判。

根据水库优化调度运行存在的风险的影响因素，可把风险划分成更小范围内的风险，从而形成风险故障树。对总的风险进行分析时可逆序考虑，即从风险故障树的底端开始分析，风险因素分解的"小树枝"即小风险，对小风险分析的结果进行综合，便得到上一层次的风险，直至推到要分析的风险因素，而把每一个风险因素综合起来就得到所要找的风险。

这是一个层次递进的风险分析方法。对于每一个小风险的分析可以采用模糊数学理论进行隶属度的分析。分析风险的目的就是要降低风险，就要对风险的每一个不确定性因素进行分析，提高调度方案的决策分析与评价的可靠性和科学性。降低水库调度运行风险，需要在调度方案研究的基础上进行风险因素评价，评价风险的可能影响。常用的风险分析方法有调查和专家打分法、净现值法、层次分析法、灵敏度分析法等，很多分析方法往往把不确定性理解为随机性，这是不全面的。事实上，不确定性既有随机性，具有模糊性。根据模糊数学中的隶属度的定义可把三峡水库的调度风险大小分为三个等级，见表5-5。

表5-5　风险隶属度表

底层	第一层	第二层	第三层	隶属度
三峡水库调度风险	大坝安全风险			1/ 高风险
	大坝上游风险	库区淹没风险	征地安全水位风险	0.5/ 中等风险
			城区安全风险	0.5/ 中等风险
			库区移民安全水位风险	0.5/ 中等风险
		生态环境安全风险		0.5/ 中等风险
		泥沙淤积风险		0.2/ 低风险
		上游河道安全风险		0.2/ 低风险
	供水风险			0.5/ 中等风险
	大坝下游风险	航道冲刷风险		0.5/ 中等风险
		生态用水风险		0.5/ 中等风险
		下游防洪保护对象安全风险	荆江安全风险	1/ 高风险
			城陵矶安全风险	1/ 高风险
			两湖安全风险	0.5/ 中等风险
		下游水电站安全风险		1/ 高风险
	航运风险			0.5/ 中等风险
	发电保证出力风险			0.5/ 中等风险

5.5.3.2　水库优化调度风险的定量分析

定量风险分析方法是借助数学工具研究风险主体中的数量特征关系和变化，确定其风险率（或风险度）的方法。定量风险分析方法包括重现期法、直接积分法、蒙特卡罗模拟法、可靠性指标法以及均值一次二阶矩分析法等。

1. 重现期法

假定重现期为 T_r，并将其定义为荷载 L 大于或等于特定抗力 R 的平均时间长度。如果规定了重现期的时间单位，那么荷载在规定时间内等于或大于特定抗力的概率为

$$P(L \geqslant R) = 1/T_r \qquad （5-19）$$

对应的失事概率为水文风险大小。由于这种方法只考虑了部分水文风险，忽略了与荷载和抗力有关的其他不确定性，因此它不能用来估算复杂系统的总风险，所以在分析和设计复杂系统的总风险时可以采用安全系数进行补充。

2. 直接积分法

这种方法可以直接通过对荷载和抗力的概率密度函数进行解析或者数值积分计算风险大小。具体的风险公式可表示为

$$RI = P_F = \int_0^\infty \int_0^l f_{R,L}(r,l) \mathrm{d}r \mathrm{d}l \qquad （5-20）$$

式中，P_F——失事概率；

　　$f_{R,L}(r,l)$——R 和 L 的联合概率密度函数。

3. 蒙特卡罗模拟法

蒙特卡罗模拟法可以看成是对实际可能发生情况的模拟，即利用从相应概率分布中人为生成的一组特殊随机变量值进行模拟的过程。通过检验大量重复模拟运算的结果来估算风险的期望值，并令其等于失事数与模拟数的比，风险率表示为

$$RI = P_F = \frac{N_1}{N} \qquad （5-21）$$

式中，N_1——模拟成功的次数；

　　N——各随机数的容量，也就是模拟次数。

用蒙特卡罗模拟法求解风险问题的关键在于随机数的产生。绝对的随机数

现实中是不存在的。计算机只能产生伪随机数，即只是相对的随机数。伪随机数是计算机按照一定算法生成的具有一定规律的随机数。伪随机数按照用途可以分为两种：统计学意义上的伪随机数，主要用在仿真学中；密码学意义上的伪随机数，主要用在密码协议上。目前的工程应用中，习惯把伪随机数称为随机数。

运用蒙特卡罗模拟法时，为了产生具有一定分布的随机数，首先有一个等概率密度的随机数发生器，产生 0～1 之间等概率密度分布的随机数，通过数字转换，形成具有一定分布规律的随机数。产生随机数的方法很多，包括迭代取中法、加同余法、乘同余法、混合同余法和组合同余法等。例如，采用乘同余法产生随机数，这种方法相对于其他随机数产生的方法有者统计性质优良、周期长的特点。用乘同余法产生 [0，1] 均匀分布的随机数递推公式为

$$x_i = \lambda x_{i-1} (\mathrm{mod}\, M)(i = 1, 2, \quad, n) \qquad (5\text{-}22)$$

式中，λ——乘子；

M——模。

当 $i=1$ 时，$x_i=x_{i-1}$ 为初始参数，x_0 可取 1 或任意奇数。算出序列 x_1，x_2，…的值后再取 $\gamma_i=x_i/M$ 为所要求的随机数。

蒙特卡罗法已经广泛应用手水文和水利工程以及其他工程系统的可靠性问题中，是解决那些由于非线性或系统复杂相关而不能用解析法求解的问题的唯一方法。但是此法依赖于样本容量和模拟次数，绝不能认为统计结果一定真实地反映被模拟的联合概率分布的真正规律，虽然是通过无穷样本或试验获得的结果，但计算量随着高精度和多变量而剧增。

4. 可靠性指标法

假定系统功能变量为 Z，系统失事可能性与 Z 有关，并且 Z 是荷载和抗力变量 X_i 的函数，那么

$$Z = g(X_i), i = 1, 2, \quad, m \qquad (5\text{-}23)$$

采用功能变量 Z 的变差系数的倒数作为衡量水工建筑物的可靠性指标，由于不需要变量 x_i 的统计特征信息，计算比较方便，从而定义为可靠性指标。

$$\beta = E(Z)/\sigma_Z \qquad (5\text{-}24)$$

式中，$E(Z)$，σ_Z——Z 的期望值和标准差。

因此，这种可靠性指标可以方便看作从原点（$Z=0$）到均值$E(Z)$的标准差为测量单位的距离。同样也可用β量测$x_i \leq 0$的概率。

5. 均值一次二阶矩分析法

均值一次二阶矩分析法，是由可靠性指标推导而来的，是计算系统风险或部分风险的有力工具。如果计算风险产生的单个因素的影响程度，只需知道对应参数的均值和标准差，而不需要相应的概率分布。均值一次二阶矩分析法是一种近似风险计算方法，略去了随机变量按台劳级数展开的二次或更高次项，只采用了两个统计矩，即随机变量的期望值和方差（或变差系数），大大减少了计算量，通常比直接积分法和蒙特卡罗模拟法要少得多，计算起来较为方便。

然后把式（5-23）中Z按变量X_i的均值$\overline{X_i}$展开的泰勒级数取一次项得

$$Z = g\left(\overline{X_i}\right) + \sum_{i=1}^{m}(X_i - \overline{X_i})\frac{\partial g}{\partial X_i} \tag{5-25}$$

式中，导数值是对$\overline{X_i} = (\overline{x_1}, \overline{x_2}, \quad, \overline{x_m})$计算的。取式（5-23）中$Z$的第一和第二阶矩，并略去高于二次的项，可得

$$E(Z) \approx \overline{Z} = g\left(\overline{X_i}\right) \tag{5-26}$$

$$V_{ar}(Z) \approx \sum_{i=1}^{m} c_i^2 V_{ar}(X_i) \tag{5-27}$$

$$c_i = \frac{\partial g}{\partial X_i}\big|_{X=\overline{X_i}}, i=1,2, \quad, m \tag{5-28}$$

假如各变量X_i是统计独立的，则有

$$\sigma_Z = \left[\sum_{i=1}^{m}\left(c_i\sigma_i\right)^2\right]^{1/2} \tag{5-29}$$

式中，σ_Z，σ_i——Z和X_i的标准差。

根据式（5-24），可得可靠性指标：

$$\beta = \frac{g\left(\overline{X}_i\right)}{\left[\sum_{i=1}^{m}\left(c_i\sigma_i\right)^2\right]^{1/2}} \quad (5\text{-}30)$$

如果 Z 服从正态分布，则风险为

$$RI = P_F\, p\left(Z < 0\right) = 1 - \Phi\left(\beta\right) \quad (5\text{-}31)$$

利用式（5-31）求得的风险是近似的。当基本变量都是正态分布，而且函数 g 能够表示为基本变量的线性组合时，式（5-31）求出的风险才是准确的。

应用均值一次二阶矩分析法时需注意：Z 应该服从正态分布，或者 Z 可以表示为正态变量的线性组合。但是在实际水文系统中，水文变量不一定都是正态分布。这时，需要把非正态变量转换为等价的正态分布。基本变量正态化的基本原则：在均值点上，转化得到的等价正态分布的累积分布函数的数值和概率密度函数的数值都与原始的非正态分布的相应值相等。

$$F_{X_i}\left(\overline{X}_i\right) = \Phi\left(\frac{\overline{X}_i - \overline{X}_i^{(N)}}{\sigma_i^{(N)}}\right) \quad (5\text{-}32)$$

$$f_{X_i}\left(\overline{X}_i\right) = f^{(N)}\left(\frac{\overline{X}_i - \overline{X}_i^{(N)}}{\sigma_i^{(N)}}\right) / \sigma_i^{(N)} \quad (5\text{-}33)$$

式中，$F_{X_i}\left(\overline{X}_i\right)$，$f_{X_i}\left(\overline{X}_i\right)$——$X_i$ 在 $\overline{X}_i$ 处的累积分布函数和概率密度函数值；

$\Phi(\bullet)$，$f^{(N)}(\bullet)$——标准正态分布的累积分布函数和概率密度函数值。

相关学者用一次泰勒级数展开法对非正态分布函数进行了近似处理，非正态分布的基本变量等价正态分布后，均值和标准差计算如式（5-34）和式（5-35）所示

$$\overline{X}_i^{N} = X_i - \Phi^{-1}\left[F_{X_i}\left(\overline{X}_i\right)\right]\sigma_i^{(N)} \quad (5\text{-}34)$$

$$\sigma_i^{(N)} = \frac{f^{(N)}\{\Phi^{-1}[F_{X_i}\left(\overline{X}_i\right)]\}}{f_{X_i}\left(\overline{X}_i\right)} \quad (5\text{-}35)$$

式（5-32）是在各基本变量统计独立的假设前提下得到的，使用均值一次二阶矩分析法计算风险必须保证基本变量是独立的。如果基本变量不独立，则实际应用中可以运用相关方法把基本变量去相关化。

采用均值一次二阶矩分析法进行定量风险计算的步骤如下。

①确定风险描述方式。为了进行中长期调度风险分析，采用均值一次二阶矩分析法计算定量风险，计算公式和推导如式（5-32）至式（5-35）。

②根据式（5-32）选取功能函数的基本变量。选取功能函数的基本变量是均值一次二阶矩分析法的初始问题。因为基本变量决定了广义荷载和广义抗力的具体表达形式，最终决定了功能函数（极限状态函数）的表达形式。采用均值一次二阶矩分析法计算中长期水库调度风险时，选取基本变量可以近似地简化变量，使得基本变量能够以线性组合的形式构成 Z 的表达式，从而符合均值一次二阶矩法的应用要求，并能获得比较理想的结果。

水库调度决策与径流、用水预报等关系比较密切，时段决策必须考虑来水径流量与决策放水等主要因素，在选取基本变量时主要考虑影响决策的变量。在中长期优化调度风险分析中，主要从考虑实际下泄流量达不到预期目标的概率的角度出发，影响目标的因素较多，如入库流量（径流预报精度）、蒸发渗透、优化算法本身精度、库容、决策出库流量等。因此，采用入库流量、库容和出库流量作为基本变量，并在此基础上，从优化算法本身决策角度出发，进行传统优化算法和进化优化算法的风险结果比较。

③构造功能函数。由于均值一次二阶矩法需要对功能函数求均值和方差，合理构造 Z 的表达形式十分重要。它关系到求解复杂程度和计算结果的精度。选取入库流量、决策流量作为基本变量，从而可以把水量平衡方程作为构造功能函数的基础。水库调度模型中的第一个约束条件——水量平衡约束为

$$V_{i+1} = V_i + (I_i - O_i)\Delta t$$

式中，V_i——i 时段的水库库容；

I_i——第 i 时段的入库流量；

O_i——第 i 时段的出库流量；

Δt——时段长度，由于是计算时段的风险，所以时间长度 $\Delta t = 1$。

而功能函数表达式中应该明确荷载与抗力组成形式，所以可令功能函数为

$$Z = R - L = g(x) = g(x_1, x_2) = I_t + v_t - v_{t+1} - O_t \qquad （5-36）$$

其中：

$$x = (x_1, x_2) = (I, O) \tag{5-37}$$

式中，v_t，v_{t+1}——时段初、末库容。

首先，来水是随机变量，库容过程为决策过程，所以库容不能作为随机变量，只能为决策变量。由于决策过程是随机的，根据水量平衡方程可知，出库流量可以作为随机变量。而功能函数中明确定义了荷载与抗力，其中广义抗力定义为

$$R = I_t + v_t - v_{t+1} \tag{5-38}$$

它是通过决策实际计算得到的出库流量。

广义荷载定义为

$$L = O_t \tag{5-39}$$

它是出库流量的预期目标。二者可能相等，但不是水量平衡方程中的完全意义上的两部分。

④随机变量的相关性与正态化。来水流量基本符合 P-Ⅲ 分布，需要对基本变量进行正态化，通过式（5-34）至式（5-35）把来水转化成正态分布形式来计算。而出库流量是根据决策变量来计算的，可以认为其是服从正态分布的。其中平均值就是算术平均值，方差是根据年统计数据进行的计算。

$$\sigma = \sqrt{\frac{\sum (X_i - \bar{X})^2}{N}} \tag{5-40}$$

来水与放水作为随机变量，通过决策变量联系起来，由于决策变量也是一个随机变量，三峡水库调节性能较好，可以认为来水与放水的相关性较小，可以假设它们相互独立。

⑤数据处理与计算风险。由均值一次二阶矩分析法有

$$E(Z) \approx \bar{Z} = g\left(\overline{x_1}, \overline{x_2}\right) = \overline{I_t} + \overline{v_t} - \overline{v_{t+1}} - \overline{O_t} \tag{5-41}$$

$$c_1 = \frac{\partial g}{\partial x_1}\Big|_{x = \overline{x_1}} = 1, c_2 = \frac{\partial g}{\partial x_2}\Big|_{x = \overline{x_2}} = -1 \tag{5-42}$$

$$\sigma_Z = \left[\sum_{i=1}^{2}\left(c_i\sigma_i\right)^2\right]^{1/2} = \left(\sigma_1^{\,2} + \sigma_2^{\,2}\right)^{1/2} \qquad （5\text{-}43）$$

5.5.4 水库汛期水位动态控制风险

5.5.4.1 水库汛期风险因素

风险，通俗地说就是可能发生的损失。目前对风险的研究中，通常针对所研究的特定风险事件定义风险和提出相应的风险量表示方法。在国内开展的风险研究中，风险大多是事故概率，而不包括考虑事故的后果。只考虑事故发生概率的风险，为狭义风险。

水库汛期水位动态控制是相对于规划设计的固定汛限水位控制而言的，水库汛期水位动态控制风险重点研究其防洪风险率的相对变化。水库汛期水位动态控制运用的风险是由于水库调度过程中自然、人为等不确定因素的影响，水库系统防洪风险在实施汛期水位动态控制前后的变化量。水库汛期水位动态控制运用风险分析是针对风险分析对象（水库系统）对风险来源进行识别，对风险大小进行估计，从风险角度分析汛期水位动态控制对水库调度运用的影响。

从系统论的观点来看，洪灾系统是孕灾环境、致灾因子、承灾体、防灾力和灾情之间相互作用、相互影响、相互联系，共同形成的一个具有一定结构、功能、特征的复杂体系。洪灾风险的大小与孕灾环境和致灾因子的危险性、承灾体的暴露性和脆弱性、防灾减灾能力直接相关。由于水库汛期水位动态控制风险研究的对象主要是水库在实施汛期水位动态控制前后的风险变化量，是相对风险。因此，研究中风险评估侧重于考虑其危险性的变化，暂不考虑承灾体的有关风险影响。

在汛期水位动态控制风险评估中，风险变化的大小通过多项指标予以综合反映。风险评估指标要求能够反映不同风险主体在实施水库汛期水位动态控制前后防洪安全风险的变化：对水库上游而言，主要从上游淹没事件发生的可能性变化方面考虑风险评估指标的选取；对水库大坝而言，主要从影响大坝安全事件发生的可能性变化、大坝本身安全变化等方面考虑风险评估指标的选取；对水库下游而言，主要从下游防洪安全变化方面考虑风险评估指标的选取。

5.5.4.2 水库汛期防洪调度风险模拟过程

梯级水库汛期水位动态控制风险分析涉及众多风险因素和目标，且各风险变量之间存在着比较复杂的影响机制，可采用数理统计、专家判断、水库调洪演算与随机模拟相结合的分析技术。

梯级水库防洪调度风险模拟过程：首先，由试验数据或经验判断确定防洪调度主要不确定性因素的概率分布；其次，由蒙特卡罗模拟法随机生成符合相应分布的各主要不确定性因素的数值；再次，根据入库洪水过程并考虑不确定性因素的影响得到某一频率的模拟洪水过程；最后，通过模拟洪水过程，按照水库的调洪规则，进行水库调洪，运用模拟得到防洪目标（水位或水量）的数值。经过上述过程的 n 次重复，可得到容量为 n 的目标样本。在此基础上，用统计学方法分析得到在指定条件下防洪目标破坏的概率，其为风险计算的依据。

在梯级水库调度运行过程中降雨预报信息、洪水预报信息、入库洪水、调度滞时等因素是随机组合的。风险分析主要对降雨漏报而发生稀遇的特大暴雨这一最不利的情况下水库工程风险变化进行研究，将预报无雨而实际发生稀遇的特大暴雨（概率小于 0.01%）进而引发 20 年一遇、500 年一遇或 5000 年一遇作为风险分析的大前提。重点对洪水预报、入库洪水、调度滞时等风险因素组合进行研究：仅考虑入库洪水过程不确定性（典型）；考虑入库洪水过程不确定性和洪水预报不确定性（典型＋预报）；考虑入库洪水过程不确定性和调度滞时不确定性（典型＋滞时）；综合考虑多种不确定性（综合）。

5.5.4.3　水库汛期风险因素模拟示例

以白龙江流域的碧口水库和苗家坝梯级水库为例，梯级水库汛期水位动态控制风险评估时主要考虑水库大坝和下游影响区两个子系统。

①水库大坝。苗家坝挡水建筑物混凝土面板堆石坝按 500 年一遇洪水设计，5 000 年一遇洪水校核，相应入库洪峰流量分别为 2 930 m³/s 和 3 880 m³/s，相应的设计洪水位、校核洪水位分别为 800.00 m、803.50 m。碧口水库大坝设计洪水标准为 500 年一遇，校核洪水标准为 5 000 年一遇，相应入库洪峰流量分别为 7 280 m³/s 和 9 950 m³/s，相应的设计洪水位、校核洪水位分别为 703.20 m、709.84 m。

②下游影响区。碧口水库下游 3 km 为碧口镇，河道堤防工程设计洪水标准为 20 年一遇。当碧口水库上游来水小于或等于 20 年一遇时，碧口水库的下泄流量不得超过 4310 m³/s。

假设 A_1 与 A_2 分别代表苗家坝水库与碧口水库发生的超过防洪安全标准的时间（如水库水位超过设计洪水位），相应概率分别为 $P(A_1)$ 与 $P(A_2)$，由全概率公式可知，梯级水库汛期发生超标准时间的概率为

$$P\left(A_1 \quad A_2\right) = P\left(A_1\right) + P\left(A_2\right) - P\left(A_1 A_2\right) \tag{5-44}$$

式中，$P(A_1 A_2)$ 表示事件 A_1 和 A_2 同时发生的概率。这样就可以从单个水库风险分析入手，再分析梯级水库风险变化。对于单个水库，设出现设计洪水位风险率变化量、出现校核洪水位风险率变化量分别为 $\Delta P_{\text{设计}}$ 与 $\Delta P_{\text{校核}}$，则计算公式为

$$\begin{cases} \Delta P_{\text{设计}} = P\left[Z_{\text{坝前}} \geq Z_{\text{设计}} \mid Z_{\text{起调}} = Z_1, \ Q_{\text{in}}(t) = Q_{P=\text{设计标准}}(t)\right] \\ \qquad - P\left[Z_{\text{坝前}} \geq Z_{\text{设计}} \mid Z_{\text{起调}} = Z_0, \ Q_{\text{in}}(t) = Q_{P=\text{设计标准}}(t)\right] \\ \Delta P_{\text{校核}} = P\left[Z_{\text{坝前}} \geq Z_{\text{校核}} \mid Z_{\text{起调}} = Z_1, \ Q_{\text{in}}(t) = Q_{P=\text{校核标准}}(t)\right] \\ \qquad - P\left[Z_{\text{坝前}} \geq Z_{\text{校核}} \mid Z_{\text{起调}} = Z_0, \ Q_{\text{in}}(t) = Q_{P=\text{校核标准}}(t)\right] \end{cases} \tag{5-45}$$

式中，Z_0，Z_1——汛期水位动态控制运用前后的洪水起调水位；

$Z_{\text{坝前}}$，$Z_{\text{设计}}$，$Z_{\text{校核}}$——坝前水位、大坝设计洪水位和校核洪水位；

$Q_{\text{in}}(t)$——入库洪水过程；

$Q_{P=\text{设计标准}}(t)$——频率为设计标准的入库洪水过程；

$Q_{P=\text{校核标准}}(t)$——频率为校核标准的入库洪水过程。

设下游防洪控制断面风险率变化量为 $\Delta P_{\text{下游}}$，则其计算式为

$$\Delta P_{\text{下游}} = P\left[Q_{\text{下泄}} \geq Q_{\text{安全泄量}} \mid Z_{\text{起调}} = Z_1, \ Q_{\text{in}}(t) = Q_{P=\text{下游防洪标准}}(t)\right] \\ - P\left[Q_{\text{下泄}} \geq Q_{\text{安全泄量}} \mid Z_{\text{起调}} = Z_0, \ Q_{\text{in}}(t) = Q_{P=\text{下游防洪标准}}(t)\right] \tag{5-46}$$

式中，$Q_{\text{下泄}}$，$Q_{\text{安全泄量}}$——水库下泄流量、水库允许安全泄量，$Q_{\text{安全泄量}}$ 取 $4\,310 \ \text{m}^3/\text{s}$。

梯级水库入库洪水频率和风险事件参见表 5-6。

表 5-6　梯级水库入库洪水频率和风险事件

梯级水库	入库洪水频率 /%	风险事件	
		泄量 / (m³/s)	水位 /m
苗家坝	5		
	0.2		800.00
	0.02		803.50

梯级水库	入库洪水频率 /%	风险事件	
		泄量 / (m³/s)	水位 /m
碧口	5	4 310	—
	0.2	—	703.20
	0.02	—	709.84

按照模型合理性分析和计算各风险主体在实施动态控制方案前后的风险率变化量，设定计算方案。方案一是进行模型合理性分析和风险评估的基本方案，其起调水位为水库实施动态控制之前的起调水位，调度方案是水库实施动态控制之前所采用的调度方案。方案二是进行风险评估的基本方案，可认为是水库实施动态控制之后所采用的实时调度方案。针对各方案，对不同风险因素组合条件下的入库洪水过程进行洪水调节计算，计算得到相应约束条件下的防洪目标的风险率变化量，并对实施汛期水位动态控制前后的风险率变化量进行分析。

梯级水库汛期水位动态控制的不确定性因素包括洪水预报信息、入库洪水过程、水库调度等，考虑这几个不确定性因素的随机组合来研究梯级水库汛期水位动态控制的风险。

①洪水预报误差。洪水预报误差来源主要有模型输入误差、模型结构误差、模型参数率定误差、资料代表性误差等方面。根据水库汛期水位动态控制方案，在洪水来临之前利用洪水预报信息进行预泄过程中，当预报流量偏大或偏小时可能会增大下游或大坝本身的风险。采用水库洪水预报中流量误差和峰现时间误差的保证率曲线，来模拟洪水预报误差。

预报误差分析：假定预报等级为甲等，则从统计意义上可以认为，预报方案有 85% 的概率可以将预报误差控制在许可误差（$\varepsilon_p=0.2$）范围内。若有 ε_t , $N(0,\sigma^2)$ ，则存在

$$\alpha = \int_{-\varepsilon_p}^{\varepsilon_p} \frac{1}{\sqrt{2\pi}\sigma} \exp(-\frac{\varepsilon_t^2}{2\sigma^2}) \mathrm{d}\varepsilon_t \qquad (5-47)$$

$$\sigma = \varepsilon_p / \Phi'\left(\frac{1+\alpha}{2}\right) \qquad (5-48)$$

式中，$\Phi'\left(\dfrac{1+\alpha}{2}\right)$——在标准正态分布中对应于概率$\dfrac{1+\alpha}{2}$的分位数。

将α=85%与ε_p=0.2代入式（5-48），可以得到$\sigma = 0.13889$。在计算过程中，首先生成符合标准正态分布N（0，1）的随机数e_t，然后将其代入$\varepsilon_t=\sigma\varepsilon_t$，则$t$时刻预报流量$Q_t = Q_0(1+\varepsilon_t)$，其中$Q_0$为$t$时刻实测流量。

②入库洪水过程模拟。入库洪水不确定性主要包括设计洪水计算的不确定性和洪水典型选择的不确定性。设计洪水计算的不确定性是鉴于目前设计洪水计算规范中规定的设计洪水计算方法存在不确定性；洪水典型选择的不确定性主要是鉴于目前水库的设计洪水成果、各级防洪标准、防洪预报调度方案均是以某一典型洪水过程为基础的，而实际洪水受天气系统、降雨类型、雨型分布和流域下垫面条件等因素的影响将会出现各种不同的类型。水库入流过程不确定性具体表现为洪峰流量不确定性、控制时段洪量和洪水过程线不确定性等方面。

③调度滞时随机模拟。调度滞时随机模拟要考虑水库调度方案制定、信息传递、上级主管部门审批决策及决策的具体实施等问题。首先，由于洪水形成、洪水预报方案、决策制定、调度实施等均存在一定的不确定性，因此无法准确判断实施水库泄流方案的准确时间；其次，由于洪水特征不同，调度方案的制定过程及上级主管部门审批决策所需时间也存在明显差异；最后，实施调度方案时泄洪建筑物启闭设备操作影响因素较多，使得启闭设备开启时间存在不确定性。防洪调度中无论出现上述何种不确定性，都意味着实时调度方案实施时间滞后，而导致水库蓄水量增多或水位上升，造成防洪风险。因此，根据水库防洪调度过程，由经验判断，确定调度滞时三角分布的最小值α=0、最可能值b=0、最大值c=3h。

基本公式为

$$x_t = a+\left[r(b-a)(c-a)\right]^{1/2},0\leqslant r\leqslant(b-a)/(c-a) \qquad （5-49）$$

$$x_t = c-\left[(1-r)(c-b)(c-a)\right]^{\frac{1}{2}},\frac{(b-a)}{(c-a)}<r\leqslant1 \qquad （5-50）$$

式中，r——[0，1]区间的均匀分布随机数。

调度滞时随机模拟。为了验证模拟计算程序和模拟结果的合理性，对调度滞时进行了2万次随机模拟，模拟结果的概率分布如图5-14所示。由图5-14可知，模拟的调度滞时服从三角分布。

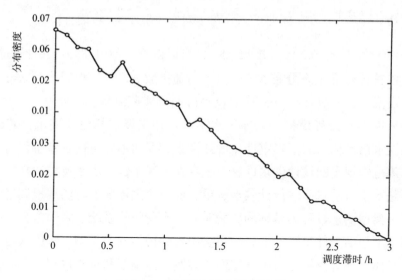

图 5-14　调度滞时随机模拟结果

5.6　水库防洪调度存在的问题及发展趋势

5.6.1　水库防洪调度存在的问题

5.6.1.1　通信不畅，测报手段落后

当下，我国还有很多水库存在通信质量不佳的问题，水库调度指挥部门和下游保护部门仅通过有线电话和短波电台完成通信，通常为于农村及偏远地区的线路，保证率较低，同外部联系不顺畅。即使天气条件允许也需要花费较长时间接通，同洪水时效性强的特点完全不符。因为通信质量得不到保障，如果发生洪水，信息传递对水库调度指挥将造成严重影响。由于区域水情测报手段落后，报讯滞时较长，对洪水预报质量将产生严重影响。

5.6.1.2　水库优化调度研究滞后

水库优化调度尤其是全面使用水库优化调度方式，显然在我国有较长的研究历史，研究成果较多，但在具体应用过程中仍存在一定的问题，目前尚未形成完善、成熟、可操作性较强的调度方法。部分水库优化调度研究过于重视理论方面，片面追求高水平、重视算法的完美；或者部分模型过于复杂，操作不便；或者过于简化，与实际存在较大差异，导致无法体现水库群的具体工况。

5.6.1.3 计算工具落后

当下，还有部分水库仍在使用试算、查图等一些传统方法进行洪水预报工作，预见期非常短。现如今计算机技术发展迅速，计算机取代了计算尺，计算方式进步明显。但是因为很多水库即使配备了计算机系统，也并没有使用洪水预报模型，导致应用效果不佳、预报精度差。

防洪和兴利问题指对水文规律的预测与认知是否具有精确性。目前，我国水库在发展进程中通常具有防洪调度的水文预报不准确情况，无法对其进行有效应用，这也导致该方面问题不能得到合理解决，对防洪调度的全过程均产生较大的影响。并且对于广大水利工程来说，做好水库的防洪调度工作至关重要，能够保证大坝与防洪保护区的安全性和稳定性，进一步降低水库上游、下游之间形成的防洪压力，具有良好的兴利效益。但是防洪和兴利问题在实际运行过程中又都是难以解决的问题，这就需要相关工作人员能够制定有效的措施尽快处理该问题。

5.6.2 水库防洪调度改进措施

5.6.2.1 提高水库自动化建设水平，不断优化和完善洪水预报及洪水警报系统

对水情自动预测警报系统的使用，能够实现水情信息的自动化采集和传输，在第一时间进行洪水预报。工作人员能根据洪水预报的预见期进行合理验算，对即将发生的分洪、行洪情况进行预见，在洪水出现前便发出警报，快速转移洪区灾民。并且，洪水预报的精确性和预见期能够有效减少洪灾带来的损失。不断改进水库通信方式，确保其通信畅通，加强遥测报讯规划，提高库区遥信站网建设水平。

5.6.2.2 强化信息系统建设水平，增强提前预测能力

水库防洪调度属于一种信息密集性工作，雨水情测报是该项工作的一个关键技术，能够及时得到有效的实时信息，并展开趋势预测，能够有效提高洪水调度的效果。因此，工作人员需要深入研究气象及水文预报相关技术，进一步提高预报工作质量。目前，越来越多的水库开始引进新技术，如遥感测量技

术、现代观测技术等，并且绝大多数水库对洪水的预报能力均达到了甲级水平。现如今，科技发展迅速，越来越多的水库都具备先进的设施设备，通过对其合理应用有助于得到更为准确的数据。

5.6.2.3　强化人才队伍建设水平

水库防洪调度工作具有较高的专业性，因此极其需要大量的高科技人才，只有具备专业化的高素质人才队伍，才能从根本上提高水库防洪调度工作的质量及效率。因此这便需要调度部门加强人才队伍建设，这就需要从三方面做起。第一，领导需要加强对水库防洪调度工作的重视，为专业化人才队伍建设提供良好的环境。第二，做好招聘工作，人才招聘时需要进行严格筛选，如果应聘者专业水平较低、能力不过关，就坚决不予录用，保证人才的质量。第三，定期组织相关培训和教育活动。水库防洪调度工作并不是一成不变的，随着技术的进步，它也在不断发展。这就需要定期组织工作人员接受培训，不断增强业务能力，确保其能够满足水库防洪调度的工作要求。

5.6.2.4　制订合理的调度方案

水库控制使用计划作为水库防洪调度的基本依据，如果不具备科学合理的控制运用方案，可操作性较低，则会使该项工作具有一定的盲目性，也无法保证调度的质量和效率。因此，水库防洪调度部门应该严格遵守各省市水利厅及水利主管部门的相关规定，做好水库控制运用方案编制工作，充分掌握水库库区的淹没状况以及下游泄洪河道的详细情况，提高基本情况的调查水平。因为不同年份降雨量各不相同，水库库区的淹没状况及下游泄洪河道的情况也在发生改变。这就需要每年组织专家及工作人员对水库进行详细勘察，确保控制运用方案符合具体情况，确保调度工作的顺利进行及有序完成。

5.6.3　水库防洪调度发展方向

变化是永恒的常态，接受变化，适应变化才能有立足之本，这是亘古不变的道理。水库防洪调度亦如此，它处于随机、动态、非平衡、错综复杂、多变的约束条件下。水库防洪调度工作中存在着大量的不确定性，涉及的因素有以下几方面。

第一，来水的变化。来水的变化取决于径流预报的变化，径流预报与实际来水之间有一定的偏差，尤其是预见期比较长的径流预报具有很大的随机性和波动性，导致根据预报的来水情况制订的调度计划在实施中与实际情况有较大的偏差。

　　第二，时间尺度的变化。水库预报调度根据时间尺度来划分，有长期、中期、短期的调度。调度与预报疏密相关，预报的预见期是不一样的，调度计划方案也不一样。调度计划在一定意义上来说是独立的，大尺度的调度计划对小尺度的调度计划没有起到约束的作用，小尺度的调度计划对大尺度的调度计划也没起到反馈的作用，使得调度计划没有实现尺度嵌套、滚动修正反馈的作用，这样就很难指导水库的实际运行调度。当时间尺度发生变化时，需要快速响应变化。

　　第三，不同调度方式的变化。调度方式有单库调度、梯级水库调度、并联水库调度、混联水库调度等。调度方式涉及的因素比较多，根据不同的调度方式，需要考虑不同的因素。

　　第四，不同调度计算方法的变化。调度计算方法有多种，如传统调度法（如时历法、等流量法、等出力调节法、调度图法等）、优化调度法（单目标法、多目标法）等，无论采用哪种计算方法的调度，都会影响水库自身的变化，包括水位、库容、出流以及经济效益等。

　　第五，水库目标变化。由于水利工程往往承担着防洪、发电、生态、供水等诸多任务，单纯以供水或发电为基础的单一目标运行已不能满足实际需要。因此，需要根据实际情况适应水库目标的变化，满足多目标需求来实现水利工程综合效益的最大化。

　　实际上，要考虑的因素远远不限于这些，还有水库自身、输水管道、用水需求、水源或用水用户的增减变化等众多因素的变化。只要有一个因素变化，就会引起某个问题发生变化，问题变化了又会影响一系列相关问题发生变化，从而产生连锁反应。这在水库预报调度过程中是无法避免且必须逐项突破的问题。水库调度管理越来越复杂，并且管理者在面临多种不确定性变化时很难同时比较多种情况，只能进行重复性的试验来获得有效的方法。这样，导致工作量大大增加，时效性比较差，这不是最有效最科学的方式。永恒不变的就是变化。

　　水库预报调度是一个复杂的决策问题，涉及大量的基础数据和信息，同时调度的系统性和复杂性决定了多个领域的信息参与到调度过程中。因此，水库预报调度问题主要在于过程中的动态，而如何体现动态是研究的重点。不能只在模型和求解方法上研究，应该与实际调度需求接轨，以达到适应调度工作中的变化为目的，构建水库预报调度过程动态决策模式，对时间尺度耦合嵌套采用反馈、滚动、适应的调度决策机制，对预报调度结果进行动态决策，由动态性产生适应性，由适应性产生合理性。

5.7 沅江流域梯级水库防洪调度

5.7.1 防洪规划

沅江流域水库防洪对象分为两段：一为沅江尾闾地区；二为安江河段。

5.7.1.1 沅江尾闾地区防洪规划

沅江下游赤山以西的桃源县、常德市（武陵区、鼎城区）、津市市、汉寿县与常德市所属平原河网地区，通称沅江尾闾。沅江尾闾地势低洼，河势宽广，汛期河道水位可高出地面数米，洪涝灾害严重。为提高沅水尾闾地区防洪能力，常德城区规划防洪标准为 50 ～ 100 年一遇，主要通过堤防建设达到规划防洪标准；桃源县及尾闾地区规划防洪标准为 20 年一遇，在堤防建设的基础上，防洪任务由五强溪水库、凤滩水库分别设置 13.6 亿 m³、2.8 亿 m³ 防洪库容解决。

5.7.1.2 托口—安江河段防洪规划

托口—安江河段，指托口—安江 110 km 干流两岸冲积平原内的农田和城镇，主要城镇包括托口镇（该镇位于托口库内，托口水电站建成后被淹）、黔城镇（现洪江市）、安江镇与黔溪镇（现洪江区）。托口—安江河段防洪规划为：黔城镇（现洪江市）自身防洪能力达 20 年一遇，黔溪镇（现洪江区）自身防洪能力达 10 年一遇，安江镇自身防洪能力达 10 年一遇，结合托口水库 2.0 亿 m³ 的库容，将托口—安江河段防洪标准提高至 20 年一遇。

5.7.2 防洪现状

5.7.2.1 沅江尾闾地区

常德市的防洪工程经过多年的建设，至今已初步形成以水库、防洪堤、撇洪渠为主的防洪体系。防洪保护区分为三个防洪保护圈，分别为江北防洪保护圈、德山防洪保护圈和江南防洪保护圈。其中，常德市主城区主要通过堤防建设达到 50 ~ 100 年一遇的防洪标准，但常德市外上下游存在堤防建设未达标情况，防洪标准至少在 10 年一遇。

桃源县防洪工程现已建成防洪堤垸 10 座，包括木塘垸、陬溪垸、车湖垸、漳江垸、桃花垸、浔阳垸、麦氏垸、团结垸、桐岭垸和福庆山垸。防洪大堤总长 121.1 km，保护面积为 27.35 万亩（1 亩 ≈666.7 m²）。桃源县主城区堤防建设基本达到 20 年一遇防洪标准，存在的薄弱环节主要有木塘垸、漳江垸等。

常德市主城区在堤防建设的基础上，分别结合五强溪水库、凤滩水库 13.6 亿 m³、2.8 亿 m³ 防洪库容联合调度，在下游河道安全泄量为 2 万 m³/s（防洪控制点为桃源水文站）的情况下，将沅水尾闾地区防洪标准提高至 20 年一遇。

5.7.2.2 安江河段

2018 年，相关部门在开展托口水电站中小洪水防洪调度研究工作时，对安江河段主要防洪对象的防洪现状进行了调研勘察，具体情况如下：

黔城镇地处沅江与舞水汇合处，是一座文化古镇，现为洪江市人民政府驻地。洪江市城区沿黔城大桥水溯河而上，约 1 km 到舞水河口处；再沿着水溯河而上，约 4 km 为止，将城区全部包围起来；堤顶高程为 193.6 ~ 194.0 m，防洪标准已达 20 年一遇，河道安全流量为 16 400 m³/s。

安江镇由老城区、河西区、大江坪区三部分组成。重要建筑物均建在高处，不需要防护。老城区主街高程为 163 ~ 168 m，现可防 10 年一遇洪水，河道安全流量为 16 600 m³/s。

洪江区防洪工程分为沅江南岸巫水西、沅江南岸巫水东及江北三个保护圈。目前，洪江区巫水西、巫水东和江北防洪保护圈均未达到防洪标准，实际自身防洪能力不到 2 年一遇，河道安全流量为 6 800 m³/s，远低于规划防洪标准 10 年一遇的河道安全泄量（13 900 m³/s）。

5.7.3 汛期洪水分期及汛期水位设计

沅江流域梯级水电站中承担下游防洪任务的有五强溪、托口水电站，根据水库坝址洪水特性、下游防洪能力及规划，五强溪水库设计 5 ~ 7 月汛限水位控制为 98 m，托口水库设计 6 ~ 7 月汛限水位控制为 246 m。

沅江流域降水充沛且降雨时空分布不均，流域旱涝灾害交替发生，防汛与抗旱工作矛盾突出。五强溪水库是沅江尾闾地区的重要的控制性工程，2002 年被国家防汛抗旱总指挥部列为全国 12 座大型水库汛限水位设计与应用研究试点水库之一，开展了五强溪水库汛限水位分期动态水位控制研究。

5.7.3.1 汛期洪水分期

根据运用模糊数学、气象学和统计学知识对五强溪水库汛期降雨、入库水量及洪峰时间的分布规律进行的研究，五强溪水库汛期洪水具有明显的分期特征，汛期可分为初汛期、主汛期和后汛期。各分期具有不同的水文特点，初汛期和后汛期洪水明显少于主汛期洪水，且较大的洪水均发生在主汛期。根据多种方法研究的综合结论，五强溪水库汛期汛限可分为 5 个时期，分别为 4 月、5 月、6 月上中旬、6 月下旬至 7 月下旬以及 8 月。其中 6 月下旬至 7 月下旬为主汛期，4 月和 5 月为初汛期，6 月上中旬为过渡期，8 月为后汛期。

5.7.3.2 水库汛期水位分期控制方案

水库汛期水位分期控制方案中防洪调度规则的依据是设计报告调度原则和下游尾闾及洞庭湖区防洪现状。根据洪水调节计算结果分析，各月水库汛期水位分期控制方案如下：5 月汛限水位控制为 102 m、6 月汛限水位控制为 98 m、7 月汛限水位控制为 98 m、8 月汛限水位控制为 102 m。

5 ～ 7 月的汛限水位计算以考虑尾闾地区及水库本身的防洪为主，考虑到 8 月是长江干流的主汛期，洞庭湖防洪压力较大。经计算分析，8 月汛限水位控制为 102 m，可降低城陵矶站高洪水位 0.1 m 左右，减轻了洞庭湖的防洪压力，防洪效益巨大。综合考虑初汛期洪水特点和 5 月洞庭湖较为缓和的防汛形势，5 月汛限水位比原设计水位抬高 4 m，兼顾水库防洪和发电效益。

5.7.3.3 水库运行水位动态控制方案

1. 动态水位控制方案实施的条件

（1）比较高的气象预报准确率

根据湖南省气象台的预报，五强溪水库 1 ～ 5 天的一般的定量预报的准确率较高，准确率在 60% 以上；暴雨天气预报的准确率相对低一些，但对重大降雨过程的预报精度较高，对水库水位的宏观控制有指导意义。

（2）洪水预报的合格率较高

根据湖南省水文局的评价结果：中下游洪水的有效预见期一般为 12 ～ 24 h，上游洪水的有效预见期超过了 3 天。大多数洪水的 15 ～ 18 h 有效预见期精度有保证，水库预报预泄时间有保障。

（3）五强溪水库预泄能力强

五强溪水库闸门泄洪能力强，因为水库预泄能力也较强。根据计算分析，在假定入库基流为 3 000 m³/s 时，预见期为 12 h 时水库预泄可降低水位 4.15 m；考虑最不利条件预见期为 6 h 的情况，水库预泄仍可降低水位 2.6 m，为五强溪水库实施汛限水位动态控制提供可靠保障。

2. 动态水位控制方案实例

动态水位控制方案应在分期控制方案的基础上制订，考虑到动态水位控制方案实施的条件，下面以五强溪水库动态水位控制方案为例进行介绍。

（1）5 月动态控制方案

①控制水位：98～102 m，一般情况下水位为 102 m。

②控制条件：气象 1～3 天预报、水文预报。当预报洪水可能达 20 年一遇时应将库水位降低到 98 m。

（2）6～7 月份动态控制方案

①控制水位：98 m，根据洪水预报大洪水来临之前水位可预泄至 96 m。

②控制条件：水文预报即将出现大于 5 年一遇的洪水，可进行预泄，但预泄流量不应超过 1.5 万 m³/s。

（3）8 月动态控制方案

①控制水位：8 月上中旬水位控制为 102～106 m，8 月下旬为 106～108 m。

②控制条件：当洞庭湖城陵矶站水位大于 32 m 时，且水文预报水位处于涨水阶段时，五强溪水库水位应控制在 106 m 以下；当洞庭湖城陵矶站水位小于 32 m，且水文预报无大的涨水过程时，五强溪水库水位可控制在 106 m；8 月下旬，若洞庭湖城陵矶站水位在 33 m 以下，且水文预报洞庭湖水位处于退水或平水阶段时，五强溪水库应尽量蓄水，水位可控制在正常蓄水位 108 m；当洞庭湖城陵矶水位在危险水位 33 m 以上时，应视情况将水位控制在 106～108 m。

五强溪水库分期动态控制汛限水位：5 月 1 日至 5 月 31 日，汛限水位为 98～102 m；6 月 1 日至 7 月 31 日，汛限水位为 98 m；8 月 1 日以后，结合流域防洪形势和洞庭湖城陵矶站水位，水库水位可由 98 m 逐步蓄至 108 m。

5.7.4 防洪调度实例

5.7.4.1 单库防洪调度

根据沅江梯级水库之间水力联系、水库特性、洪水特性，沅江流域单库防洪调度以碗米坡水库、五强溪水库近坝区防洪调度为例。

1. 碗米坡水库防洪调度

碗米坡水库位于酉水流域中下游，坝址控制流域面积为 10 415 km²。酉水是沅水的最大支流，酉水有南北两源，流域形状呈西北高、东南低的三角形形状。酉水流域地势海拔落差大，大部分地区为高山峡谷区；河流落差也大，南源落差有 161 m，北源落差有 258 m，且北源流域呈羽状。因此，碗米坡水库暴雨洪水具有预见期短、峰高、洪形尖瘦等特点，洪水调度具有一定的难度，在洪水调度中以库水位控制为主，确保大坝自身及上下游的防洪安全，下面以碗米坡 #20200613 段洪水调度为例进行介绍。

（1）降雨分布情况

2020 年 6 月 9～13 日，酉水流域发生了一轮强降雨过程，从时空分可以分为两个阶段。

第一阶段：6 月 9 日晚～10 日凌晨，碗米坡区间发生短时强降雨，暴雨中心位于近坝区，碗米坡面雨量为 36 mm，单站最大雨量为 213 mm（碗米坡坝上站）。

第二阶段：11 日降雨间歇，12 日凌晨至 13 日，碗米坡区间发生强降雨过程，暴雨集中在南源及近坝区附近，碗米坡面雨量为 68 mm，单站最大雨量为 285 mm（南源龙潭站）。

（2）洪水过程

本轮洪水碗米坡入库洪峰 8410 m³/s，洪水重现期为 5 年一遇标准，单日最大洪量为 3.86 亿 m³。受 9～10 日近坝区局地暴雨影响，碗米坡入库洪量从 510 m³/s 涨至 1 410 m³/s，降雨停歇后退至 600 m³/s 以下；12～13 日强降雨后，宋农、石堤等水库开闸泄洪，碗米坡入库流量从 510 m³/s 涨至 1 950 m³/s，之后急剧增加至洪峰 8 410 m³/s，洪峰段洪水涨率达 1 615 m³/s。

（3）洪水调度过程

根据实际水雨情情况，洪前碗米坡水库加开闸门预泄，水位由 245.81 m 降至 243.86 m，腾库 0.27 亿 m³。在洪水起涨后，碗米坡水库加开闸门控制水库水位上涨，将有限库容留给洪峰时段调洪。洪峰时段，根据实时水库水位变化及前时段入库流量，不间断加开闸门，直至洪峰出现。本轮洪水，碗米坡水库最大下泄流量为 7740 m³/s，洪峰时段水库最高水位 244.68 m。

（4）调度经验

在碗米坡水库洪水调度中，建议：洪前腾库，预留调节库容，为防洪调度提供更多调度空间；洪水调度过程中，根据当前时段入库流量调整闸门，主要以水位控制为主，建议洪水起涨阶段水库水位控制在 246.8 m 以内。

2. 五强溪水库近坝区防洪调度

以五强溪 #20200708 段为例。

（1）降雨分布情况

2020 年 7 月 5 ～ 11 日，沅江流域发生了一轮强降雨过程，从时空分布可以分为两个阶段。

第一阶段：5 ～ 7 日，酉水流域发生强降雨。5 日凌晨，从酉水开始，暴雨中心集中在酉水北源。本阶段酉水面雨量为 111.4 mm，单站最大雨量为 247 mm（酉水石牌洞站），沅江干流中下游为小雨。

第二阶段：8 ～ 11 日，主雨带由酉水移至沅江干流，干流洪江以上、五强溪区间均有强降雨过程，暴雨中心集中在五强溪近坝区、洪江近坝区。本阶段三板溪面雨量为 91.7 mm、洪江为 106.6 mm、五强溪为 105 mm，五强溪区间单站最大雨量为 256 mm（干流浦市站），洪江以上单站最大雨量为 273 mm（干流洪江坝上站）。

（2）洪水组成

本轮洪水五强溪入库洪峰为 26 300 m^3/s，洪水重现期接近 10 年一遇标准（P10%=28000 m^3/s，P20%=200 m^3/s），单日最大洪量为 17.69 亿 m^3，三日洪量达 40.48 亿 m^3，七日洪量为 62.78 亿 m^3，三日、七日洪量均不到 5 年一遇标准。本轮洪水主要由五强溪近坝区暴雨产流和凤滩、洪江泄洪组成，且洪水主峰段主要由近坝区暴雨产流形成，洪水组成见表 5-7。

表 5-7 五强溪 #20200708 段洪水组成

干支流	酉水	武水	潕水	辰水	沅江干流		
水电站名称	凤滩	河溪	思蒙	陶伊	洪江	浦市	五强溪
洪峰流量 /（m^3/s）	10 000	3 440		1 560	5 500	9 570	26 300
出现时间	2020-7-8 14：00	2020-7-8 13：00	无明显起涨过程	2020-7-9 7：00	2020-7-9 17：00	2020-7-9 23：00	2020-07-08 20：00
大流量 /（m^3/s）	>8 000	>2 000		>1 000	>5 000	>8 000	>20 000
过程持续时间 /h	17	8		10	18	24	12

（3）洪水调度过程

根据天气预报情况，洪前开始腾库迎洪，水库水位由 103.32 m 消落至 97.70 m，预留调节库容 13.6 亿 m³。7 日，洪水起涨后，五强溪出库流量加至 6 000 m³/s；7 日夜间至 8 日，受五强溪近坝区暴雨及凤滩加大下泄流量影响，五强溪入库流量迅速上涨，由 7 700 m³/s 涨至 26 300 m³/s，为控制水位上涨速度，逐步加开闸门，出库流量加至 18 000 m³/s，洪峰过后，逐步减小出库至 5 000 m³/s，为减轻洞庭湖防洪压力拦蓄洪水。本轮洪水调度，五强溪调洪最高水位为 105.87 m，为下游拦洪 10.44 亿 m³、削峰 10 400 m³/s，削峰率为 39.55%，有效减轻了长江流域和洞庭湖区的防洪压力。

（4）调度经验

考虑到五强溪水库近坝区洪水起涨迅速、峰高量小的特点，在五强溪近坝区洪水调度中建议如下。

①洪前腾库，预留调节库容，尽可能为削峰留足库容。

②洪水起涨阶段，在有效预见期内，尽可能加大出库流量，将防洪库容留给洪峰段拦洪。

③洪峰段，为下游削峰拦洪，尽量确保出库流量小于下游安全泄量。

④在拦洪阶段，实时关注水雨情信息，必要时及时调整调度决策，避免出现复式洪水而无足够调节库容的被动局面。

5.7.4.2　水库群联合防洪调度

根据流域水文特性、梯级水库特征、流域防洪任务，沅水流域水库群联合防洪调度主要分为凤五联合防洪调度、三白托洪四库联合防洪调度。

1. 凤五联合防洪调度

五强溪水库入库洪水由洪江出库、凤滩出库、五强溪流域区间产流三部分组成。洪江—凤滩—五强溪区间流域面积为 29 663 km²，洪江—五强溪坝址沅水干流河长约 347 km，洪水平均传播时间约 21 h；凤滩—五强溪坝址河长约 33 km，洪水平均传播时间为 1.5 h。根据暴雨中心分布，五强溪水库洪水调度可以分为上游型（浦市及以上）洪水调度、五强溪流域区间型洪水调度。

（1）上游型洪水调度（以五强溪 #20120718 段洪水为例）

①降雨分布情况。

2012 年 7 月 11～19 日，沅江流域发生了一轮强降雨过程，从时空分布上看，本次降雨过程分为三个阶段。

第一阶段：11～14 日，酉水流域发生强降雨。11 日凌晨，从酉水开始，暴雨中心集中在酉水北源。本阶段酉水面雨量为 75.2 mm，单站最大雨量为 341 mm（酉水湾塘站），沅江干流为小雨。

第二阶段：15 ～ 17 日，主雨带由酉水流域移至沅江干流，大到暴雨过程在全流域徘徊持续至 17 日，干流洪江以上、五强溪库区及辰水、武水等一级支流均有强降雨过程。本阶段三板溪面雨量为 91 mm、洪江为 140 mm、五强溪为 134 mm，单站最大雨量为 397 mm（矮寨站）。

第三阶段：18 ～ 19 日，主雨带移至湘西北地区。从 18 日凌晨开始，五强溪库区沅陵至桃源、酉水、武水支流等出现强降水。本阶段五强溪面雨量为 43 mm，沅陵—五强溪区间为暴雨中心，区间内三个站点累计雨量超 100 mm。

本次降雨过程历时长、强度大，范围覆盖沅水全流域，且暴雨洪水组合恶劣，不断抬高五强溪入库洪峰，形成了 2000 年以来最大的一场洪水。

②洪水组成。

本轮洪水五强溪入库洪峰为 29600 m³/s，洪峰重现期超 10 年一遇（P10%= 28 000 m³/s，P20%=31 800 m³/s），单日最大洪量为 20.10 亿 m³，三日洪量为 44.09 亿 m³，七日洪量为 56.98 亿 m³。洪水主要由沅江上游干流洪水，还有五强溪区间武水、辰水支流及近坝区暴雨洪水叠加而成，洪水组成见表 5-8。

表 5-8 五强溪 #20120718 段洪水组成

干支流	酉水	武水	溆水	辰水	沅江干流		
水电站名称	凤滩	河溪	思蒙	陶伊	洪江	浦市	五强溪
洪峰流量 /（m³/s）	2 440	1 370	6 840	6 910	18 200	29 600	
峰现时间	2012-7-17 23：00	2012-7-17 3：00	2012-07-17 16：00	2012-07-17 22：00	2012-07-18 07：00	2012-07-18 15：00	
大流量 /（m³/s）	>2 000	>1 000	>5 000	>6 000	>16 000	>20 000	
过程持续时长 /h	15	6	12	15	20	28	

③洪水调度情况。

本轮洪水五强溪水库起调水位为 96.41 m，预留调节库容 15.9 亿 m³。按湖南省水利厅洪水调度令，五强溪水库从 7 月 17 日 11 时开闸泄洪，总出库流量按 6 000 m³/s 控制。18 日凌晨近坝区暴雨后，为控制五强溪水库水位，湖南省水利厅连续下达三次洪水调度令，总出库流量从 1.5 万 m³/s、1.7 万 m³/s，至15 时预测五强溪水库水位将超过 108 m 时，总出库增加到 2 万 m³/s。同时，开展凤滩—五强溪水库联合调度，凤滩水库由满发电（发电流量为 1 300 m³/s）进一步减少，仅按出库为 280 m³/s 的小流量为五强溪水库错峰调度（水库水位为 197.15 m，入库流量为 5 180 m³/s），五强溪入库洪水由原本近 20 年一遇削减至 10 年一遇。洪水消退后逐步减小出库流量至闸门全关。本轮洪水调度，五强溪水库调洪最高水位为 107.83 m，为下游拦洪 14.82 亿 m³，削峰 9 600 m³/s，削峰率为 32.4%，防洪效益显著。

（2）流域区间型洪水调度（以五强溪 #20140717 段洪水为例）

①降雨分布情况。

2014 年 7 月 11～16 日，沅江流域中下游地区发生了一轮强降雨，从时空分布上看，本次降雨过程可以分为两个阶段。

第一阶段：11～13 日午间，洪江—五强溪区间及酉水支流集中降雨，降雨空间分布较为平均，量级不大，五强溪流域区间面雨量为 47.6 mm。

第二阶段：13 日降雨短暂停歇；14～16 日，降雨集中且雨强加大，降雨仍集中在洪江—五强溪区间及酉水支流。本阶段五强溪流域区间面雨量为 150 mm，暴雨中心集中在武水—浦市—溆水支流一线，单站最大雨量为429 mm（兴隆场站）。

②洪水组成。

本轮洪水五强溪入库洪量为 35 700 m³/s，洪水重现期超 20 年一遇，接近50 年一遇洪水标准（P2%=36 600 m³/s，P5%=31 800 m³/s），单日最大洪量为27.73 亿 m³，三日洪量为 63.02 亿 m³，七日洪量为 89.00 亿 m³。洪水主要由武水—浦市—溆水及酉水支流暴雨洪水组成，洪水组成见表 5-9。

表 5-9　五强溪 #20140717 段洪水组成

干支流	酉水	武水	溆水	辰水	沅江干流		
水电站名称	凤滩	河溪	思蒙	陶伊	洪江	浦市	五强溪
洪峰流量/（m³/s）	9 400	5 370	3 270	7 580	2 820	17 600	35 725

出现时间	17日4:00	16日16:00	15日15:00	16日8:00	16日19:00	16日19:00	17日9:00
大流量/（m³/s）	>5 000	>3 500	>2 000	>4 000	无长时间大流量泄洪	>17 000	>30 000
过程持续时间/h	17	19	33	15		9	21

③洪水调度过程。

根据天气预报情况，综合考虑 7 月中旬省内涝旱转换特殊的时间节点，确定腾库迎洪方案。洪前从 9 日 10 时（水库水位为 105.78 m）开闸预泄，水位最低消落至 98.71 m，腾库 9.7 亿 m³。洪水起涨后，13 日 12 时再次开闸，出库流量为 4 500 m³/s；14～16 日，受集中强降雨影响，逐步加开闸门，出库流量增加至 25 000 m³/s；17 日，凤滩水库加大泄洪流量（最大泄量达 9 400 m³/s、调洪最高水位接近正常蓄水位 205 m），五强溪出现复峰，为控制水库水位，五强溪出库流量加至 26 000 m³/s，并严格控制不超过此流量。洪水消退后，逐步减小出库流量至闸门全关。本轮洪水调度，五强溪水库调洪最高水位为 108.67 m，为下游拦洪 13.87 亿 m³、削峰 9 730 m³/s，削峰率为 27.23%，大大减轻了下游防洪压力。

（3）调度经验

在凤五联合防洪调度中，建议如下。

①当五强溪水库水位高于 100 m 时，五强溪水库泄流能力已大于下游河道安全泄量，若沅江干流洪水仍上涨，则考虑凤五联合防洪调度。

②凤滩水库结合自身调节能力为五强溪水库做错峰调度，一般情况下，在凤滩水库洪水的涨水段不考虑拦洪，应尽快下泄；当五强溪水库水位高于 103.6 m，凤滩水库水位低于 205 m 时，控制下泄流量为五强溪错峰。

③当遇 20 年一遇以内洪水时，五强溪水库结合自身调节能力，根据下游防汛形势，为下游做补偿调度。

2. 三白托洪四库联合防洪调度

面对安江河段洪江区防洪能力不足两年一遇的防洪现状，为尽力确保下游防洪安全，五凌有限电力公司水库调度决策者在常遇洪水调度中，合理运用沅江上游梯级水库调节库容，适时开展三白托洪四库联合防洪调度（图 5-15），防洪效益显著，以沅水流域 #20190709 段洪水为例。

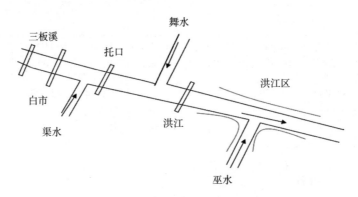

图 5-15　三白托洪四库位置示意图

（1）降水分布情况

2019 年 7 月 4～9 日，沅江流域自上而下出现了强降雨过程，从时空分布可以分为两个阶段。

第一阶段：7 月 4～6 日，降雨从清水江开始，逐步发展至整个沅江流域中上游地区，各水库流域区间中雨，三板溪面雨量为 37 mm，托口面雨量为 45 mm，洪江面雨量为 21 mm。

第二阶段：7 月 7～9 日，沅江流域中上游地区出现了持续强降雨过程，降雨集中在 8 日，暴雨中心集中在清水江下游，三板溪面雨量为 95 mm，白市面雨量为 106 mm，单站最大面雨量为 278 mm（小江磻溪站）。

（2）洪水过程

受强降雨影响，沅江干流各水库及巫水支流出现明显的洪水过程，三板溪洪峰流量为 3 900 m³/s，白市洪峰流量为 4 000 m³/s，托口洪峰流量为 5 910 m³/s，洪江洪峰流量为 6 220 m³/s、巫水支流洪峰流量为 2 100 m³/s。

（3）调度过程

依据天气预报情况，7 月初，托口水库水位控制在 242 m 左右，起调水位为 241.2 m，汛限水位为 246 m，腾空库容 1.95 亿 m³。洪水起涨后，按湖南省水利厅洪水调度令，托口水库逐步加开闸门，出库流量最大按 3 700 m³/s 控制。9 日 9 时，根据实时水雨情，托口维持出库流量 3 700 m³/s，舞水、巫水洪峰与干流洪水叠加，洪江区面临被淹的风险。针对此情况，及时利用洪江、托口水库为下游错峰拦洪，托口出库流量由 3 700 m³/s 调减至 2 500 m³/s，调洪最高水位为 248.56 m，涨洪段拦蓄洪水 3.1 亿 m³；洪江最大出库控制在 5 170 m³/s，为下游削峰 1 100 m³/s。同时，三板溪以满发方式运行（满发流量为 750 m³/s），为下游削峰 3 150 m³/s、白市出库由 3 000 m³/s 调减至 2 000 m³/s。

洪水期间，两座水库为下游拦蓄洪水 5.07 亿 m³，减轻下游托口防洪压力。待下游支流舞水、巫水消退后，开展托口—安江河段补偿调度，加大托口下泄量，尽快使托口库水位消落至汛限水位以下。通过四库联合防洪调度，充分发挥梯级水库调蓄作用，使得洪江区河段最高水位低于城区防洪堤最低点 2 cm，确保下游城区防洪安全。

（4）调度经验

在三白托洪四库联合防洪调度中，建议如下。

①洪前托口水库腾库，腾库水位根据气象预报在 242～246 m 处动态控制，为防洪调度提供更多的调度空间。

②结合三板溪、白市水库当前库水位，为托口水库进行错峰调度，减轻托口水库防洪压力。

③托口水库结合自身调节库容，根据下游防洪形势，为下游补偿调度，且在为洪江区进行补偿调度时，原则上不宜动用托口水库 247.1 m 以上的防洪库容。

6　南方湿润地区流域梯级水库兴利调度

6.1　水库兴利调度概述

6.1.1　水库兴利调度的意义和任务

6.1.1.1　水库兴利调度的意义

水库兴利调度是承担灌溉、发电、工业及城镇供水、航运等兴利任务的水库的控制运用。兴利调度是根据水库承担兴利任务的主次及规定的调度原则，在确保工程安全和按规定满足下游防洪要求的前提下，运用水库的调蓄能力，有计划地对入库的天然径流进行蓄泄，最大限度地满足各用水部门的要求。

兴利调度是水库运行管理的中心环节，其主要内容包括编制水库调度运用规程，拟定各项兴利调度任务的调度方式，制订水库年度调度计划，确定水库实时调度的规则和必要措施等。不同的水库具有不同的兴利用水需求，即使是综合用水水库也存在多个用水部门的用水主次关系问题。水库调度研究的任务是研究在水库的蓄水量 V 已知，水库面临时段天然来水量 S 预知的条件下，如何确定水库的出库水量 Q，即研究 Q 与 V 与 S 之间的规律。这一规律可用调度函数来表达：

$$Q = Q(V, S) \tag{6-1}$$

水库调度的关键问题是研究确定调度函数，利用调度函数来指导水库的实际运行。水库调度是保障水库安全，充分发挥水库综合效益的最重要的环节。水库调度工作关系到国民经济各部门的发展，如果调度得当，其增加的效益相当可观；如果调度失误，则将造成十分严重的后果。

近年来，我国的水资源浪费非常严重，出现了水资源紧缺的现状。这使得新时期水资源的利用战略对水库水资源的实际运用提出了更高的要求，主要是粮食生产用水、生态环境用水、饮水安全、经济发展用水、防洪安全等方面的要求。我国水库的防洪调度在后期发展过程中的主要制约因素是水资源紧缺，这很大程度地影响着我国的绿色可持续发展战略，所以要采取积极的措施来解决水库规划设计与运行中的突出矛盾。开展水库科学管理、合理调度，实现"一库多用，一水多用"，更好地满足各部门对水库和水资源的综合利用要求。通过合理调度，使水电站水库在承担电力负荷的同时，尽可能满足下游航运、灌溉用水的要求。

水库兴利调度是在确保大坝安全和满足下游防洪要求的前提下，使水库兴利效益最大的调度方法。它是保证水库经济运行的前提，包括以下内容。

①保证运行方式，即遭遇丰水年时，根据需要与可能向各兴利部门加大供水，以尽可能扩大兴利效益。

②降低供水方式，即遭遇特枯水年时，按各兴利部门保证率的高低分别减少供水，并尽可能使因减少供水而造成的损失最小。

1. 发电调度方式

①对于具有长期调节能力水库（指年调节水库或多年调节水库）的水电站，一般应绘制水库调度图。在实际运行中，根据面临时段的水库水位按调度图决定其发电出力。对于具备条件的水库，还应结合水文预报拟定各运行期的最佳调度方式。

②对于仅具有日调节能力水库的水电站，日发电量由日入库径流量决定。在枯水季节，应根据电力系统调峰要求拟订逐时发电出力；在丰水季节，当入库径流量达到水电站最大过流能力时，一般应停止日调节，使水库尽量维持在正常蓄水位，并按机组最大出力工作，以减少电能损失。对于具备条件的水库，还可结合短期水文预报，拟定遭遇中小洪水时提高发电量的调度计划。

③对于径流式水电站，水库应维持在正常蓄水位运行，电站按入库径流量工作。对于一些有条件的低水头径流式水电站，在遭遇洪水时，可研究采用在系统低谷负荷时段加大泄洪量、高峰负荷时段减少泄洪量的间隙泄洪，以提高水电站的发电量和调峰出力。

2. 灌溉或供水调度方式

对于具有长期调节能力的以灌溉、供水为主的水库，应绘制水库调度图，划分出正常供水区、加大供水区、降低供水区。在实际运行中，根据面临时段库水位在调度图上的位置，决定供水状况。

①水库水位位于正常供水区，即按灌区及供水对象的正常需求供水。

②水库水位位于加大供水区，可按扩大效益的需求加大供水。

③水库水位位于降低供水区，应及早减少供水，以免造成集中破坏。灌区内的骨干水库要与区内中小水库合理配合运用，以充分利用各类工程的供水、蓄水能力，达到扩大灌溉范围及提高灌溉保证率的目的。

3. 综合利用调度方式

承担两种或两种以上兴利任务水库的调度方式。

6.1.1.2　发电调度

1. 水库发电调度任务

发电调度主要是研究在水库的蓄水量及入库径流量已知或预知的情况下，如何确定水库的发电用水量及发电出力。水库发电调度是水库兴利调度的重要组成部分，需要做到以下四点：加强水库来水分析和预测，减少弃水，保发电；严格把握水位，完善监测实施；抢蓄汛末洪水余量，实行高水位运行；做好洪前预腾库，拦蓄洪尾增发电量。

增加大中型水库发电调度效益旨在控制维持较高的发电水头，最大化地减少弃水的排放量，降低发电水耗，提高水量的使用率，增强发电量，充分发挥大中型水库发电调度的综合效益。可以利用水情自动测报系统来深入开展洪水预报工作，水库调度工作人员也要加强与调度中心水调处的交流互动，秉承"一切从实际出发，实事求是"的原则，适时提出负荷调整建议，最终达到减少弃水、保发电的整体目标。总之，在响应国家所提出的环保经济与节能减排要求的条件下，电网调度机构应该在有效保证电网运行安全的前提下，根据设计原则与规定，结合具体的情况，考虑好经济用水，以获得最大的兴利效益。

严格把握水位在不同的时期有不同的要求：在洪水期，要严格管控以顺利地完成调度工作；在涨洪段，要尽量实现发电消落水位。此外，充分掌握工程运行信息是实施调度运行计划的首要前提，从整体上全面地建立健全资料分析制度与检查观测制度。总体来说，相关的专业技术人员要进行适当的调度，使得水电厂水头效益得以充分地发挥出来，在为整个社会提供环保能源的基础上，正确处理好防洪与兴利之间的矛盾，确保水库的防洪安全。

要想使得水电厂的发电效益与水库经济调度水平能够得到大幅度提升，就要在水库汛期时进行水库预报调度，合理地抬高水库的运行水位。这不单单有助于抗旱，还能够有效地凭借高水位的运行方式为下次设计兴利运用提供重要的经验。换言之，抢蓄汛末洪水余量、实行高水位运行指的就是在增加蓄水的黄金时期，各个区域的大中型水库都应该先后实施"后汛期与大汛末抢蓄洪水"，从整体上实现综合的社会效益与经济效益。因此，从事增加大中型水库发电调度效益项目的专业人员应在把握汛情与科学调度的前提下，充分发挥水库的工程效益。

就拦蓄洪尾增发电量来说，大中型水库要想实现对水资源的充分使用与最大化地增发电量，就必须在洪水真正来临之前根据水库的实际水位状况而采取积极有效的合理措施，尽可能地去严格控制洪尾水量。另外，就做好洪前预腾库工作而言，通常由大中型水库的水库调度人员在科学准确预先观测雨水情报信息的基础之上，依据水库库容的具体实际情况来进行蓄泄工作的安排，在洪水真正到来之前通过使用发电这个手段来预腾库容，实现与下游河道错峰的目的，进一步确保水库周边地区的洪水得以顺利排泄。总而言之，做好洪前预腾库、拦蓄洪尾工作，在增加大中型水库发电调度效益中扮演着重要角色。

2. 水库发电调度意义

近年来，为了积极响应我国节能减排与绿色可持续发展的重要战略，增加大中型水库的发电调度效益已是时代的潮流与趋势。在我国现代化建设过程之中，水电站是一项基础工程，是重要的能源基地，充分挖掘大中型水库潜能，能够为有效保证水库的经济运行提供必要的能源保障，这不仅有利于对水资源的合理利用，大力开发电能资源，还有助于显著改善水库科学调度与水文预测预报水平。另外，我国的经济实力在得到突飞猛进的同时也给生态环境带来了严重的威胁与挑战，使得许多不可再生能源面临着日趋枯竭的境地，而增加大中型水库的发电调度效益能够有效地缓解这一紧张的趋势，实现对电这种可再生清洁、无污染能源的充分利用，减少对环境的破坏，实现经济的协调稳步发展。

3. 水库发电调度分类

根据所研究的时间长短，水库发电调度可分为长期调度、中短期调度和水电站厂内经济运行。

①长期调度。长期调度一般是以年为调度周期，以月、旬或周为计算时段，研究一年内各月（或旬）的运行方式。长期调度研究的周期较长，需要考虑径流的随机特性。

②中短期调度。中短期调度一般以月、旬或周为调度周期，以天或小时为

计算时段，研究一月、旬或一周内每天或每小时水库的发电出力。中短期调度要以长期调度为指导，月初和月末的水位由长期调度控制。

③水电站厂内经济运行。水电站厂内经济运行，主要是研究在水电站全厂的出力已定的情况下，如何确定开机台数及机组同负荷的分配，以使全厂的耗水量最小。

6.1.1.3　航运调度

1. 水库航运调度任务

船舶对航道的要求可归结为两个方面：一是不同吨位的船只都有一定的吃水深度，它要求航道有与其等级相应的航运水深。二是船只有一个保持其定倾中心稳定的问题，航道水流纵、横向的比降若超过一定值，船只就有倾覆危险，而且港区水面若起伏较大，则将导致码头和停船忽开忽降，影响正常工作。所以，航道水流应当是稳定流，这样航运对水位和流速方面的要求才能得到满足。因此，水库航运调度应满足涉及范围内航道、港口和通航建筑物等航运设施的最高与最低通航水位、最大与最小通航流量与流速等安全运用的要求。

2. 水库航运调度意义

水库航运的突出特点是：运量大，成本低，一个百吨级的船队相当于几列火车的运量。航运是消耗能源最少的一种运输方式。据统计，若完成每吨千米消耗的燃料水库航运为1，则铁路为1.5，公路为4.8，空运为126。铁路运输为投资水库航运的4.6倍，而水库航运成本仅为铁路运输的1/3～1/5、公路运输的1/5～1/20。水库航运具有污染轻、占用土地少、综合效益高等特点。因此，好水库航运调度，可以为相关水域的经济发展作出贡献。

3. 水库航运调度分类

水库航运调度方式包括固定下泄调度方式和变动下泄调度方式，两种调度方式都应该满足航运要求，即在航运保证率范围内的水库下泄流量应不小于最小通航流量、不大于最大通航流量，且其变动幅度应满足上下游航道的流态要求。以发电为主兼顾航运的水库，枯水期消落水位和洪水期泄流量应兼顾航运的要求，水电站日运行方式及发电出力变幅应兼顾航运对通航水位、水位变幅、表面流速的要求，尽可能减少对正常航运的影响。对于重要航道，应协调好发电和航运的关系，制定两者兼顾的水库调度方式。当发电等其他兴利任务用水与下游航运用水矛盾时，应根据它们的主次关系和各自的设计保证率，按两级调度方式进行用水量调度。本书将水库航运调度分为三类。

（1）以航运为主的水库

应尽量保持均匀放流。若受库容等条件限制，则在满足正常航运的前提下，也可采用多级泄流方式，并兼顾发电效益。

（2）不是以航运为主要任务的水库

①关于水电站日调节问题，基于水电站的特点，它在系统中适宜担任尖峰负荷，故水电站调峰通常是必要的、经济的，即日调节不可避免。但为了统筹兼顾航运方面，应在担负峰荷的数量及负荷曲线的形式上与系统调度方面协商做好安排，使水电站只担任必要的部分，负荷曲线尽可能避免突变，从而使日内泄水过程变化不过于剧烈。根据泄水过程，还应进行水电站下游日调节的不恒定流计算，以校验是否满足航运方面对水位、流速变化的要求。如果航运与发电矛盾很大，还应提供研究情况请上级主管部门做出究竟按何种方式运行的决策。

②在日常兴利调度中，应按照原水利规划的要求为航运补充水量。如果规定在非灌溉季节有补充航运用水的安排，则应当执行；如果航运用水是与其他（发电、灌溉等）用水结合的，则应注意当其他方面放水不足航运最低要求时，应尽量按航运最低要求放水。要做到这一点，就必须实行正常调度，不要因为发电的一时需要而过分加大出力，以致后期水库消落过低，不但没有发电用水，连航运的最低要求也满足不了，需汲取这方面的经验教训。

③在日常的洪水调度中，主要应当根据防洪要求来进行泄水，但当有条件时，也应尽可能照顾航运，不使泄量过大及变化过猛。特别是在某一流量以上就要停航时，一般情况下泄量不能超过此流量，必须超过时应事先告知，以免造成损失。

④对水库的消落，也在可能条件下照顾到交通接续的实际情况。水库消落是不可以避免的，而消落以后，由于无适当的码头地点而可能使交通接续发生困难，给库区人民造成很大不便。故在调度中应尽可能使船能到达合适的码头。对于库尾航道的淤积问题，解决是比较困难的。只有逐步摸索出规律，找到在哪些库水位及其他条件情况下对淤积有利、哪些情况下很少产生淤积，然后根据航道的重要性拟定相应的调度措施，使水库尽可能避免会促使航道淤积的情况下运行。至于专门为改善下游航运而修建的调节水库，应首先根据航运的要求来拟定调度方式，其原则与供水水库基本相同。

（3）反调节水库

反调节水库是专门为了航运的需要而兴建的，其作用是把上一级水库由于水电站日调节而产生的日内剧烈变化的泄水过程调节成比较均匀的过程下泄，以适应航运的要求。目前，长江上已建的葛洲坝水利枢纽就是三峡水利枢纽的反调节水库。

有了反调节水库，上一级水库水电站的装机容量及运行方式就可以不受或少受日调节的限制，效益显著。对下游航运最有利的反调节就是要把泄水过程完全拉平，但这样做需要较大的日调节库容，而有时受各种限制不能获得这么大的库容。另外，反调节水库消落过多会引起本水库电站较大的电能损失（因平均水头降低），还可能使反调节水库库区流态不满足航运要求，所以有时并不把反调节水库的泄水过程完全拉平，而允许有小范围的波动，这种波动应当在航运方面允许的范围内。在拟定反调节水库的运用方式时，一般使本水库电站与上级主要水库的电站共同担负同一系统的尖峰负荷，即从系统日负荷图上划出两个水电站共同担任的部分，然后在两个水电站之间进行出力分配。为充分利用水电站容量及减少所需日调节库容，在出力分配时一般应尽量使两个水电站日内的最大出力在同一时间。拟定出力方案后，即可进行主水电站及反调节水电站联合运行的径流调节计算与反调节水库库区及下游出流的流态计算，查看各种水力因素是否满足航运方面的要求：如不满足，则应改变出力分配方式重新计算，直至找到比较理想的出力分配方案，进行实际调度。

6.1.1.4　供水调度

水库供水调度即为满足供水对象需求而进行的水库出库水量随对象、时间的变化而调节的工作。随着国民经济的发展和居民生活水平的提高，对供水水质、水量和保证率提出了越来越高的要求，供水已成为越来越多的水库的重要运用目标。水库供水包括生活用水、生产用水、环境用水、消防用水、城郊农村用水等。

1. 水库城镇供水调度

城镇供水是保障城市正常运行的重要环节。在现代化的工业城市里，每人每天需水 1 000～1 500 L，即一座 200 万人口的城市，每天的生活用水就需要 200 万 t 以上。生产用水需求更大，例如炼一吨钢需水 20～40 t，采 1 t 石油需水 30～50 t，造 1 t 纸需水 300 t，生产 1 t 人造纤维需水 1 200～2 000 t。工业发展越快，生产需水量也越大。人们的生活和生产劳动，不仅需要足够的水量，还需要水具有一定的质量，而且对不同用途的水有不同的水质要求。比如生活饮用水，要防止水传播霍乱、伤寒、疟疾等多种疾病，并防止由饮水造成的克山病、甲状腺肿、踽齿病等多种地方性疾病。因此，需要去除水中有害物质或控制其含量，以保障人们的身体健康。工业生产用水中，高压锅炉（100 Pa 以上）给水要求使用纯水，电阻率要在 $2 \times 10^4 \, \Omega \cdot m$ 以上；电子工业用水要求水的纯度更高，不允许水中含有诸如大肠杆菌大小的任何杂质，否则会导致电子产品报废。可见，水不仅是人们日常生活和从事一切生产活动不可或缺的物质，而且足够的水量、合格的水质是保障人们身体健康，促进现代工业发展的重要因素。但是，由于经济的发展，城市工业生产能力的不断提高，人口的增多、需水数量的增大、水质要求的提高，全国许多城市严重缺水，城市供水问题已成为城市国民经济发展的制约因素。因此，在搞好城市供水工作中，必须遵守"满足城市居民生活用水，统筹兼顾农业、工业用水和航运需要。在水源不足地区，应当限制城市规模和耗水量大的工业、农业的发展"的原则；同时，应当在科学地掌握水资源基本数据的前提下，用现代科学方法，制定切实可行的城市发展规划，做到开发与治理相结合，多目标、多途径，综合利用城市供水；应当切实贯彻有关规定，建立区域性管水机构，对地下水、地表水、自来水和自备水源进行统一管理，增强全民节水意识，逐步使城市水资源的开发利用走上商品化、制度化、法律化的轨道。

水库调度在城镇供水中的基本任务是经济合理、安全可靠地供给城镇居民生活、生产用水和用以保障人们生命财产的消防用水，以满足对水量、水质和水压的要求。供水系统一般由三部分组成。

①取水工程。其主要任务是能保证系统取得有足够水量和质量良好的原水。因此，关键在于选择合适的水源和取水地点，需要建造取水建筑物和一级泵站等。

②净水工程。其主要任务是满足用户对水质的要求。因此，需建造水处理建筑物，对天然水进行沉淀、过滤、消毒等处理。

③输配水工程。其主要任务是将符合用户要求的水量输送、分配到各用户，并保证水压要求。因此，需建造二级泵站，铺设输水管道、配水管网，设置水塔、水池等调节建筑物。

城市用水可以分为多方面的用水，不同方面的用水其特点也不尽相同。

①生活用水指满足城镇居民日常生活所必需的用水。按照用水部门的不同可分为居住区居民生活用水、工业企业职工生活用水、社会性公共设施用水等，按照用水性质不同可分为饮用水、皮肤接触用水、杂用水等。生活用水占整个城市供水的比重较小，但与人们的日常生活密切相关，因此，必须保证供水水量及较高的供水保证率。同时，供水水质必须符合生活用水水质标准，而这一标准将随着科学技术的发展和人们生活水平的提高而不断变更。生活用水

用户对水质的要求不尽一致，对饮用水水质要求较高，皮肤接触用水较次之，杂用水水质要求较低。

②生产用水又称工业用水，指国民经济各产业部门在生产过程中所消耗的水量。生产用水是城市用水大户，也是节水大户。

③环境用水指为了改善城镇环境，使自然免遭破坏而需要人为消耗和人为补充的水量。其包括街道洒水、园林绿化用水、公园湖泊风景河流补充用水、环境保护中污染稀释用水等。环境用水占整个城市供水的比重很小，对水质的要求不高。因此，有条件时，应尽量考虑回用污水，节约水资源。

④消防用水指扑灭城市或建筑物火灾需要的水量。其用水量与灭火次数、火灾延续时间、火灾范围等因素有关，不易计算，但必须保证足够的水量。根据火灾发生的位置高低，还必须保证足够的水压。在水质方面无特殊要求。消防供水的使用是随机的、无规律性的，经常处于备用状态。

⑤城郊农村用水指保障城郊农村生产和生活等所必须供给的水量。其包括农、林、牧、渔、乡镇企业、村民生活用水等。

城镇用水量调查与计算的任务是根据现阶段城镇发展的需要，不断累积用水量调查资料，计算补充有关用水数据，为城镇供水系统的规划设计提供可靠依据；同时，可将系统供水情况与实际调查用水情况进行比较，研究城镇供水的利用程度，以利于城镇规划水平的提高。城镇用水量调查与计算方法很多，常用的有以下两种。

①分类法。分类法是将用户用水特性一致的类型归纳在一起，然后根据用水量标准及有关因素进行调查计算。城镇总用水量可用式（6-2）表示：

$$W_{cz} = \sum_{j=1}^{m} W_j \qquad (6-2)$$

式中，W_j——一定时期或时段第 j 种用水类型的用水量（m^3）；

m——用水类型的总数。

每种用水类型还可据其规格、性质、特点等进一步细分，并列表进行调查与计算。分类法的特点是调查范围大，计算简便。

②分区法。分区法是将城镇人为地划分为若干区域，也可按行政区域划分，然后根据各区用水特点、用水量标准进行调查与计算。其城镇总用水量可用式（6-3）表示：

$$W_{cz} = \sum_{i=1}^{n} W_i \qquad (6\text{-}3)$$

式中，W_i——一定时期或时段第 i 个区域的用水量（m³）；

　　　n——城镇被划分的区域数。

区域划分还可将大区域分为若干小区域，然后列表进行调查与计算。这种方法与分类法相比，调查范围小，不易遗漏，但计算工作量较大。

③实际调查与计算中，常根据上述两种方法的特点，综合成"分区分类法"，即先分区后在区内再分类。这时城镇总用水量可用式（6-4）表示：

$$W_{cz} = \sum_{i=1}^{n}\left(\sum_{j=1}^{m} W_j \right) \qquad (6\text{-}4)$$

2. 水库灌溉调度

在水库的供水兴利调度中，农田灌溉是其中的重要内容。用于灌溉的耗水主要是农作物需水量，以及其间的蒸发、蒸腾、渗漏损失。

农作物的生长需要保持适宜的农田水分，农田水分消耗主要有植株蒸腾、株间蒸发和深层渗漏。植株蒸腾指农作物根系从土壤中吸入体内的水分，通过叶面气孔蒸散到大气中的现象；株间蒸发指植株间土壤或田面的水分蒸发；深层渗漏指土壤水分超过田间持水量，向根系吸水层以下土层的渗漏，水稻田的渗漏也称田间渗漏。通常把植株蒸腾和株间蒸发的水量合称为农作物需水量。

农作物生育期可划分若干个生长阶段，农作物各阶段需水量的总和即农作物全生育期的需水量。水稻田常将田间渗漏量计入需水量内，并称为田间耗水量。农作物需水量资料可由实验观测数据提供。在缺乏实验资料时，一般通过经验计算式估算农作物需水量。农作物需水量受气象、土壤、农作物特性等因素的影响，其中以气象因素和土壤含水率的影响最为显著。可以利用农作物需水量与主要影响因素的相互关系建立计算式。

如水稻以水面蒸发为主要影响因素，建立农作物需水量估算式：

$$E = \alpha E_{sh} \qquad (6\text{-}5)$$

或 $$E_i = \alpha E_{shi} \qquad (6\text{-}6)$$

式中，E，E_i——全生育期、生长阶段 i 的农作物需水量；

  E_{sh}，E_{shi}——全生育期、生长阶段 i 的水面蒸发量；

  α——需水系数，即农作物需水量与水面蒸发量的比值。

灌溉是人工补充土壤水分、以改善农作物生长条件的技术措施。农作物灌溉制度，是指在一定的气候、土壤、地下水位、农业技术、灌水技术等条件下，对农作物播种前至全生育期内所制定的一整套田间灌水方案。它是使农作物生育期保持最好的生长状态，达到高产、稳产及节约用水的目的，是进行灌区规划、设计、管理、编制和执行灌区用水计划的重要依据及基本资料。它包括灌水次数、每次灌水时间、灌水定额、灌溉定额等内容。灌水定额指农作物在全生育期间单位面积上的一次灌水量。灌溉定额为单位面积上各次灌水定额的总和。灌水时间指每次灌水比较合适的起讫日期。

灌溉用水按其目的可分为播前灌溉、生育期灌溉、储水灌溉、培肥灌溉、调温灌溉、冲淋灌溉等。灌溉目的的不同，灌溉用水的特点也不同。一般情况下，灌溉用水应满足水量、水质、水温、水位等方面的要求。

①水量方面，应满足各种农作物、各生育阶段对灌溉用水量的要求。

②水质方面，水流中的含沙量与含盐量，应低于农作物正常生长的允许值（粒径大于 0.15 mm 的泥沙，不得入田；含盐量超过 2 g/L 的水及其他不合格的水，不得用作灌溉用水）。

③水温方面，水温不应低于农作物正常生长的允许值。④水位方面，应尽量保证灌溉时需要的控制高程。

灌溉用水量指灌溉农田从水源获取的水量。分净灌溉用水量和毛灌溉用水量，分别用符号 M_j 及 M_m 表示。两者的比值 M_j/M_m 为灌溉水有效利用系数 η_{sh}。一种农作物某次灌溉水的净灌溉用水量 M_{ji} 可用式（6-7）估算：

$$M_{ji} = m_i A_i \tag{6-7}$$

式中，m_i——农作物 i 某次灌水定额（m³/m²）；

  A_i——农作物 i 的灌水面积（m²）；

  M_{ji}——农作物 i 某次灌水的灌溉用水量（m³）。

灌区某次灌水的净灌溉用水量，应为灌区某次灌水的各种农作物的净灌溉用水量之和。灌区灌水的净灌溉用水量，应为灌区各种农作物在一年内各次灌水的净灌溉用水量之和。净灌溉用水量，计入水量损失后，即为毛灌溉用水量。

6.1.1.5 生态调度

1. 水库生态调度任务

生态调度指在兼顾防洪、发电、航运等社会经济效益的同时，也能维持河流生态健康安全的新型水资源管理理念和调度模式。生态调度通过协调各目标因子，达到生态效益最大化。水库生态调度对流域的负面影响可划分为两类：一是栖息地和生态环境的变化，主要指库区淹没、泥沙淤积、岸边植物带损失等；二是水文、水力学因子的影响，如流量、水温、水情等。针对这些问题，生态调度在完成经济社会综合目标的前提下，将生态环境改善作为目标任务，主要包括以下四方面。

（1）满足最小生态径流量

以河道内生态需水量为基础（河道及连通的湖泊、湿地、洪泛区范围内的陆地），生态需水量须维持水生生物栖息地的生态平衡、水沙平衡及通航要求，使河流保持稀释和自净能力。泄流量过大或消能不足则易造成岸坡土体结构破坏，改变地貌。

（2）恢复天然水文情势

水文情势主要由水文周期和来水时间组成，其自然变化驱动昆虫、浮游生物和众多植物进行生命活动，并极大地影响泥沙的动态特性、河床地貌及化学工况、河流热状况、栖息地结构等情况。

（3）防治库区水体污染

水体内部由于光、热及各种营养元素，特别是氮、磷等元素的富集，使水体生产力逐渐提高，某些浮游藻类异常增殖，导致水体富营养化。

（4）缓解下游气体过饱和

水体中溶解气体饱和度超过当地大气压下的相对饱和度时就易形成总溶解气体过饱和。彭期东等研究发现，三峡大坝泄流导致下游水体中溶解气体含量显著增加，造成坝下鱼苗死亡。王远铭及张亦然等通过实验得到，总溶解气体饱和度达到一定值后再提高则鱼类探知回避能力将下降，死亡率增长，故缓解下泄气体过饱和更有利于下游水生生物的繁殖和发育。

2. 水库生态调度意义

传统水库生态调度过于强调水资源对经济发展的促进作用，而忽视了水库调节对生态环境的负面影响，导致河道生态系统保护和水资源开发利用之间的矛盾日益凸显：水库大坝的兴建破坏了河道的连续性和完整性，天然河道的破坏不仅影响水质，还会阻碍鱼类迁徙，并对水生生物栖息地多样性造成破坏；建坝蓄水导致库区以及库湾静水区污染物扩散能力降低，且在支流回水区易发生局部缺氧或水体富营养化现象，引起藻类水华的爆发；河道下游出现径流减少、河道河床变形、下游河道鱼类产卵量下降等现象。2020 年 12 月 26 日，十三届全国人大常委会第二十四次会议表决通过了《中华人民共和国长江保护法》(以下简称《长江保护法》)，2021 年 3 月 1 日起正式实施。《长江保护法》强化了生态系统修复和环境治理，加强了规划、政策的统筹协调，将有效推进长江上中下游、江河湖库、左右岸、干支流协同治理。《长江保护法》与《中华人民共和国水污染防治法》《中华人民共和国水法》《中华人民共和国航道法》等相关法律相比，既有不同的侧重领域，又存在较密切的衔接关系，《长江保护法》的施行将不影响相关法律在长江流域的适用。为达到水资源供需平衡，保证流域经济可持续发展，最终实现人与水、自然和谐共处的目标，建立有效的水库管理模式和新型生态调度方式已经成为人与水和谐发展的必然趋势。

3. 水库生态调度分类

在过去几十年里，生态调度研究逐渐受到各界人士的重视，其研究内容也发生着深刻的变化。早期的研究主要以单因子水库生态调度为主，即以满足下游河道最小生态环境流量为目标进行的生态调度。考虑到生态问题比较片面单一，主要通过增加水量以改善水质。随着理论研究的深入和生态调度实践经验的累积，水库生态调度方式也越来越丰富，梯级调度、联合调度、分层取水调度等手段越来越多地应用在水库生态调度实践中。虽然生态调度研究已取得一系列的成果，但是对生态调度物理机制的研究仍旧匮乏，大量基于经验统计的生态调度工作难以从本质上解决经济发展与生态效益之间的矛盾。因此，从机理层面构建生态调度模型是目前亟待解决的问题，也将成为生态调度领域的新热点。此外，如何对生态调度的效果特别是对水生态系统健康的效果进行量化，也是当今亟待解决的现实问题。在流域水资源开发利用率越来越高的背景下，全球水文情势正发生着重大变革，生态调度在未来将扮演更加重要的角色，因此备受各界人士的关注。

结合国内外研究将水库生态调度分为以下五类。

①水量调度。水量对流域的水质、流速、地貌变化等占主导作用，调度主要分为两方面：一是满足河流自净需要、维持河道状态以及水生生物生存繁衍的生态需水调度；二是创造适宜的水文条件，合理调控下泄流量，模拟天然情势。

②泥沙调度。泥沙运动过程中，重金属、有毒物质、盐及微生物吸附在泥

沙颗粒表面，随迁移扩散、释放造成水体污染。多采用"蓄清排浑"、控制泄流方式等降低泥沙淤积，控制其影响。

③水质调度。从质量守恒方程出发，控制水库蓄水量，使出库营养物质浓度符合要求，改善水库环境，缓解河流污染及水体富营养化。

④生态因子调度。针对水温、径流值、土壤侵蚀率等单项影响因子采取不同调度实现治理目的。如高坝水库泄水：水流消能导致气体过饱和，不利于水生生物，则在保证防洪安全的同时延长泄洪时间，调节下泄最大流量，优化开启设施，使不同掺气量的水流掺混。

⑤综合调度。实际调度需同时考虑多种因素，结合多模型建立综合模型：如水质水量联合调度，据各功能用水要求，以水质为约束条件，优化水量配置。

6.1.2　水库发电调度国内外研究现状

6.1.2.1　水电发展研究现状

1.发展水电的类型

目前，国内外对发展水电站进行分类的标准很多，不过比较常规的分类标准有按水电站集中水头的方式、水电站利用水能的形式、水电站有无调节库容及水电站的装机容量四种。

①按水电站集中水头的方式分类，水电站可分为坝式水电站、引水式水电站和混合式水电站。在河流峡谷处拦河筑坝，坝前壅水，在坝址处形成集中落差，这种开发方式称为坝式开发，采用坝式开发修建的水电站称为坝式水电站；在河道上游坡度较陡的河段上，不宜修建较高的拦河坝，用坡度比河道坡度缓的渠道集中水头，当遇到有大河湾时，通过渠道或隧洞将河湾裁直获得水头，所修建的水电站称为引水式水电站；水头一部分由坝集中，另一部分由引水建筑物集中的水电站称为混合式水电站。

②按水电站利用水能的形式分类，水电站可分为潮汐水电站和抽水蓄能水电站。利用大海涨潮和退潮时所形成的水头进行发电的水电站称为潮汐水电站；装设具有抽水和发电两种功能的机组，利用电力低谷负荷期间的剩余电能向上水库抽水储蓄水能，然后在系统高峰负荷期间从上水库放水发电的水电站称为抽水储能水电站。

③按水电站有无调节库容分类，水电站可分为无调节水电站和有调节水电站。无调节水电站因没有调节库容，不能对河道径流进行调节，只能直接利

用河中径流发电。这种水电站的出力变化主要取决于河道天然流量，往往是枯水期水量不足，出力很小；洪水期流量很大，产生弃水。凡具有水库，且能在一定程度内按照负荷的需要对河道天然径流进行调节的水电站，统称为有调节水电站。有调节水电站能根据用电负荷要求对径流进行调节，满足发电所需的水量，将多余的水量蓄存水库，供枯水期来水不足时从水库供水，以增加发电量。

④根据装机容量的大小分类，按我国现行规范可把水电站分为大型、中型、小型水电站。即装机容量≤5万kW为小型水电站，5万～30万kW为中型水电站，30万kW以上为大型水电站。该标准未对微型水电站（以下简称"微水电"）进行定义，按照国际通行定义，单机容量小于100 kW的水电工程称为微水电。我国微水电的定义目前没有统一，单机容量10 kW和1 500 kW都可称为微水电，考虑藏东地区实际和当地水利工程建设管理的习惯，本节沿用我国传统定义，即将单机容量不超过10 kW的水电站叫微水电。

2. 国外研究现状

据国际能源署统计的统计资料，全世界目前能源总消费的80%来自化石燃料，化石燃料燃烧产生大量的有毒有害物质。另外，化石燃料资源是有限的，按照目前的开采和消费速度，石油、天然气、煤炭只够开采几十年，化石燃料消耗具有不可持续性，化石燃料资源的运用对实施可持续发展和人类赖以生存的环境构成了威胁。因此，对环境污染很小或者没有污染的可再生能源利用必将受到高度重视。

水电是清洁的可再生能源，符合世界能源的发展方向。国际能源署对2000—2030年国际电力的需求进行了研究，研究表明，来自可再生能源的发电总量年平均增长速度将加快。欧盟提出，到2020—2050年，可再生能源占其能源消费量的比例将分别达到50%；日本提出，到2050年，可再生能源等替代能源将占其能源供应的50%以上；巴西和印度等发展中国家也提出了宏伟的可再生能源发展目标。迹象表明，可再生能源在未来全球能源供应中的地位将更加突出，预计2050年有可能满足全球50%以上的一次能源需求。

3. 国内研究现状

（1）大中型水电站发展研究

大中型水电站是唯一可大规模开发、替代的可再生能源，其原因有三。

①水资源在我国能源资源中的地位高、作用大，从剩余可采储量看，煤炭占总剩余储量的51.4%、水能占44.6%，若按世界某些国家水力资源使用200年计算其资源储量，我国水能剩余可开采总量在常规能源构成中则超过60%，

优先发展水电，还可减少环境污染。

②现阶段，我国已进入世界电力生产和消费大国的行列，受技术水平、经济、自然等条件所限，水电是可再生能源中唯一能大规模开发的，这既顺应了世界电力工业发展的潮流所向，也符合可持续发展战略要求和国家电力产业政策。

③我国已是世界水利技术创新的中心，为大中型水电站的发展提供了技术保障。

（2）小水电发展问题研究

我国建设小水电的热情都非常高，小水电发展也取得了一定的成绩，小水电的数量及装机容量方面为世界第一，遥遥领先。当前，我国学者对小水电的建设多持肯定意见，并从小水电的建设管理、投资、生态保护、技术水平这几个方面对小水电的发展提出了建议，但也有人对小水电的发展提出了不同意见和相应的建议。例如，针对小水电发展存在体制上的制约、自身管理及小水电开发混乱等问题，提出在当前以促进可持续发展为目标的电力建设背景下，通过理顺小水电与大电网的外部关系，努力引进民营资本，加强行业管理，从而促进小水电发展；针对小水电大多为引水式开发，规划建设中缺乏环评，没有采取行之有效的生态保护措施，使山区河流水生生态系统受到毁灭性破坏，小水电建设应搞好流域规划，依法环评，加强生态保护；针对因地质条件等客观因素和规划建设、营运管理相对落后等主观原因，小水电提前报废问题在某些地区十分严重，提出除了采用管理和技术手段维护好现有小水电外，更重要的是应改变长期以来以小水电建设为主的水电发展对策。

（3）微水电发展问题研究

除我国外，目前世界上还没有任何国家的学者投入力量来认真研究微水电的发展问题，而我国学者在这方面的研究工作（如技术装备水平等）取得了一定的成绩，但大多的研究工作是从国家层面进行的，从地区（特别是西部高原地区）层面进行的还很少。其主要研究内容包括以下四项。

① 微水电发展潜能研究。中国能源研究会和中国农村能源行业协会的专家认为，我国发展微水电的优势：一是我国微水电资源丰富；二是发展微水电符合我国可持续发展战略，技术可行；三是我国政府重视微水电的发展；四是微水电具有良好的经济性，在"三小电"（小光电、小风电、微水电）发电技术中，微水电的供电成本最低，在解决西部无电地区的通电中是相当有竞争力的；五是推广微水电技术，可带来重大的社会经济效益和环境效益。

② 微水电发展障碍研究。中国能源研究会和中国农村能源行业协会的专家

指出，我国目前微水电发展存在的主要障碍有四方面：一是国家对发展微水电的资金几乎没有投入，中国的微水电系统尚未发展到成熟的商业化阶段；二是中国农村牧区对微水电的购买力太弱，市场缺乏政府的介入和培育；三是微水电系统的产品标准化体系不完善，是其规范化发展的另一障碍；四是现有的法规和政策不适应微水电发展的需求。

③ 微水电发展政策研究。中国能源研究会和中国农村能源行业协会的专家提出了为《节能法》制定《发展可再生能源实施细则》等发展微水电的建议。

④ 微水电技术水平研究。与国外微水电产品相比，价格低、品种多是我国微水电产品的两大优势，而微水电设备在可靠性和发电机、水轮机效率两方面却是国外发达国家（如美国、英国、加拿大等）微水电产品的优势。

6.1.2.2　水库水电调度研究现状

我国自 20 世纪 60 年代以来开展了一系列水库发电调度的研究工作，并取得了丰硕的研究成果。例如，运用动态规划与马尔可夫（Markov）过程理论，建立长期调节水电站水库的优化调度模型；采用满足保证率要求的改变约束法进行技术寻优，以控制破坏深度；利用大系统分解协调的观点，建立水电站水库群联合调度分解协调模型，寻求总体最优调度策略；为了克服传统动态规划法求解多阶段问题的"维数灾"问题，采用二元动态规划法对水电站库群优化调度问题进行求解等。

6.2　水库兴利常规调度

6.2.1　水库兴利常规调度方法

水库兴利常规调度是指利用径流调节理论和水能计算方法来确定满足水库既定任务的蓄泄过程，制定调度图或调度规则，以指导水库运行。以实测水文资料为依据的方法简单直观，加入了调度和决策人员的经验与判断等。目前水库电站规划设计及中小型水库运行调度中通常采用这种方法。但水库兴利常规调度只能从事先拟定的极其有限的方案中选择较好的方案，调度过程一般是可行方案而不一定是最优方案，且难以处理多约束和复杂系统的调度问题。满足一定约束条件，制定相应的调度规则，挑选出可调度规则指导水库调度运行。1922 年，苏联专家莫洛佐夫最早提出水库调节的概念，随着水库调节方法的不断完善，最终形成了以水库调度图为模型的水库常规调度方案，并一直沿用至今。常规调度图是根据实测的径流时历特性资料计算和绘制的一组调度线以及由这些调度线和水库特征水位划分的若干调度区组成的。除此之外，水库兴利常规调度方法还包括时历法、多年调节时历图解法、差积曲线图解法、差值累积曲线图解法等。

6.2.1.1 时历法

1. 年调节时历图解法

年调节时历图解法经常应用水量累积曲线或水量差积曲线，在此有必要先对这两种曲线进行讨论。水量累积曲线分为来水累积曲线 $W(t)$ 和供水累积曲线 $M(t)$，分别是来水流量过程线 $Q(t)$ 和供水流量过程线 $q(t)$ 的积分曲线，分别表示为

$$W(t) = \int_0^i Q(t)\,\mathrm{d}t \sum_{i=0}^t Q_i \Delta t \qquad (6-8)$$

$$M(t) = \int_0^i q(t)\,\mathrm{d}t = \sum_{i=0}^t q_i \Delta t \qquad (6-9)$$

累积曲线以时间 t 为横坐标，以累积来水量 W 或累积供水量 M 为纵坐标，采用计算单位为（流量·时间）。此外，为便于直接读出平均流量值，常用下述方法同时绘出流量比尺：沿横坐标，在坐标原点左侧单位计算时段 0 处，取作流量比尺的原点。这样一来，在纵坐标上任一点的读数为该点与流量比尺原点 0 连线的斜率所表示的流量值。

水量差积曲线则为减去某常流量 Q_0 的来水流量过程线或供水流量过程线的积分曲线，分别表示为

$$W'(t) = \int_0^i \left[Q(t) - Q_0 \right]\mathrm{d}t = \sum_{i=0}^t \left[Q_i - Q_0 \right]\Delta t \qquad (6-10)$$

$$M'(t) = \int_0^i \left[q(t) - Q_0 \right]\mathrm{d}t = \sum_{i=0}^t \left[Q_i - Q_0 \right]\Delta t \qquad (6-11)$$

式中的 Q_0 值，由于常取整数值的平均流量，故差积曲线呈围绕水平轴而上下波动状。同样，为了绘制流量比尺，可将上述流量比尺的原点提高相应的 Q_0 值至 0′ 点，即为差积曲线流量比尺的原点，因此，在纵坐标上任一点的读数，即为该点与原点 0′ 连线的斜率所表示的流量差值（$Q-Q_0$）或（$q-Q_0$）。

水量差积曲线的主要特性如下：

①曲线上升段：$Q>Q_0$；曲线下降段：$Q<Q_0$。

②曲线上任一点 k 的纵坐标，等于以起始时刻 t_0 至该时刻 t_k 的时段 (t_k-t_0) 内的水量差积值，即 $\sum_{t_0}^{t_k}(Q-Q_0)\Delta t = \sum_{t_0}^{t_k}Q\Delta t - \sum_{t_0}^{t_k}Q_0\Delta t$；故曲线上任两点 m 与 n 的纵坐标差值，等于该时段 (t_m-t_n) 内的水量减去相应于 Q_0 的水量，即 $\sum_{t_n}^{t_m}(Q-Q_0)\Delta t = \sum_{t_n}^{t_m}Q\Delta t - \sum_{t_n}^{t_m}Q_0\Delta t$。

③曲线切线的斜率所表示的流量值，可自流量比尺读出。

以下将通过图解法分别介绍水量累积曲线和水量差积曲线的具体应用。

使用水量累积曲线推求年调节库容的时历图解法的主要步骤如下：

①根据水库某年的来水流量过程和供水流量过程（图6-1），分别绘制来水累积曲线 $O'LMN$ 和供水累积曲线 $O'S$。

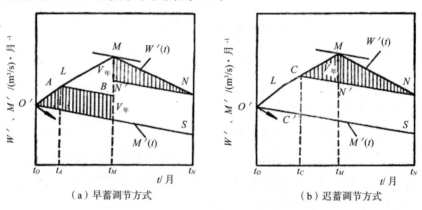

（a）早蓄调节方式　　　　　　（b）迟蓄调节方式

图 6-1　由累积曲线推求库容

②平行移动供水累积曲线，分别与来水累积曲线切于点 M 和点 N，则该两切线间的垂距 MN' 为所需的年调节库容值 $V_年$。

③对于早蓄调节方式，在 $t_0 \sim t_A$，调节库容逐渐蓄满至 $V_年$；在 $t_A \sim t_M$，维持满库，其总弃水量为 MB 线段相应值；在 $t_M \sim t_N$，由满库消退至空库，水库完成整个调节周期。对于迟蓄调节方式，在 $t_0 \sim t_C$，调节库容保持空库，总

弃水量为 CC'（同于 MB）；在 $t_C \sim t_M$，调节库容自零蓄至 $V_年$，其后的时段水库调蓄过程与早蓄方式相同。

使用水量差积曲线推求年调节库容的时历图解法与上述方法相类似，如图 6-2 所示，所不同的是最高切点 M 的位置在此比较突出。因此，即使对于多回运用水库，也比较容易推得年调节库容。同样，对于采用不同调蓄方式的水库蓄水过程和总弃水量，也都可由图 6-2 给出。

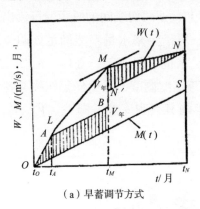 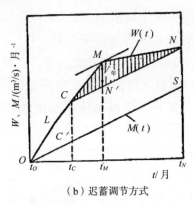

（a）早蓄调节方式　　　　　　　（b）迟蓄调节方式

图 6-2　由差积曲线推求库容

对于解决已知调节库容寻求最大可能调节流量的问题，时历图解法尤为方便。这时，只需平移来水累积曲线（或来水差积曲线），使其垂距等于已知的调节库容值，并画出两者的公切线，由公切线的斜率在流量比尺上读出所求的最大可能均匀调节流量值。

使用时历图解法，也可近似考虑水库的水量损失。为此，应先通过初估的各时刻的平均库水位，计算相应的水量损失值，并从来水累积曲线（或来水差积曲线）上逐时刻扣除，其他操作与上述方法相同。

2. 多年调节时历图解法

多年调节水库的主要作用在于跨年度调节水量，它不仅能够重新分配年内径流量，也能调蓄年际径流量。

水库多年调节计算时历法的基本原理和方法步骤，基本与年调节计算时历法相似，所不同的是它所需要的时序系列资料远较年调节计算长，一般应连续30年以上，且足以反映来水、供水的多年变化特征。另外，计算时还必须按时序连续分析跨年的亏缺水量，这样才能定出所需的多年调节兴利库容。

3. 差积曲线图解法

对于固定供水情况的水库多年调节计算，常采用差积曲线图解法。推求在已知调节流量条件下，相应于一定供水保证率的设计多年调节兴利库容；或者相应于给定多年兴利库容的供水保证率，也可用以计算在已知库容条件下，相应于一定供水保证率的调节流量，或相应于给定调节流量的供水保证率。

如图 6-3 所示，对于已知调节流量的情况，可在差积曲线图上按与该流量值所对应的流量比尺的斜率作一系列平行线，分别切于差积曲线的各峰部和谷部，其中的峰部切线只绘出不与前一年线段相交者。对于年来水量能满足该调节流量的年份（如第 1，2，6，7 年），由上、下两切线间的纵距就可读出各该年所需的兴利库容（即 V_1，V_2，V_6，V_7）；对于年来水量不能满足该调节流量的年份（如第 3，4，5，8，9 年），其不足水量（即 ΔV_3，ΔV_4，ΔV_5，ΔV_8，ΔV_9）必须由其以前的丰水年存蓄，以作跨年度调节，可由峰部切线与各谷部切线间的纵距，定出各该年组所需的多年调节兴利库容（即 V_3，V_4，V_5，V_8，V_9）。

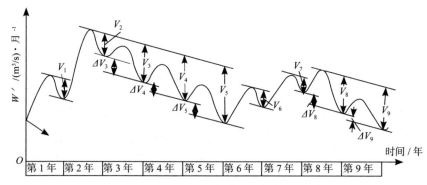

图 6-3　差积曲线图解法

根据求得的各年度和年组的兴利库容，按自小至大次序排列，计算相应的经验频率，并绘制多年调节兴利库容频率曲线（$V_兴$-P），即可由设计正常供水保证率 $P_设$ 推求 $V_兴$，或由 $V_兴$ 查算 $P_设$。

对于已知多年调节兴利库容的情况，如图 6-4 所示，根据天然来水量差积曲线与纵距相差已知兴利库容值的满库线，作两线间的诸多公切线，按各公切线的斜率，自流量比尺中分别读出相应的调节流量值。在 n 年系列中，最不利枯水年组的调节流量 Q_H 应最小，其保证率为 $P = \dfrac{n}{n+1}$；再从最不利枯水年组中扣去其末一年，另作的新公切线，相应于另一调节流量 Q_{H_2}，以之与其他公切线的调节流量值（如 Q_{H_3}）相比较，又取其最小者，作为第二次最小调节流量，此时的保证率应为 $P = \dfrac{n-1}{n+1}$。依此类推，即可绘制调节流量频率曲线 Q_H-P。使用时，可由 $P_{设}$ 推求 Q_H，或由 Q_H 查找 $P_{设}$。

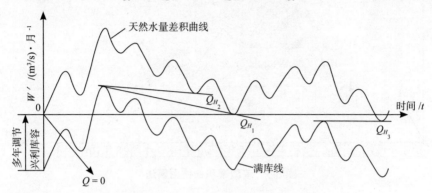

图 6-4　已知库容推求调节流量的图解法

4. 差值累积曲线图解法

对于变动供水的水库多年调节计算，如仍应用上述的差积曲线图解法，不但很复杂也不方便，有时甚至无法求解，因此，常采用差值累积曲线图解法。

所谓差值累积曲线图解法，系指以按年序将各计算时段的河流来水量 W 与水库供水量 M 的差值的累积量为纵坐标，以时序为横坐标，所绘出的累积曲线参见图 6-5。

差值累积曲线图解法如图 6-5 所示，由各年年末（如 2，4，6，8，10，12，14，16 点）逆时序引作水平线。对于余水年（如第 1，2，3，8 年）水平线分别交于本年差值累积曲线的蓄水段（图中的 2′、4′、6′ 与 16′ 点），该年段内的最高点（图 6-5 中的 1，3，5，15 点）至相应水平线的垂距，即为各该年的兴利库容值（$V_{兴1}$，$V_{兴2}$，$V_{兴3}$，$V_{兴8}$）；对于亏水年（如第 4，5，6 年）水平线则分别交于本年之前的余水年差值累积曲线的蓄水段（图中的 8′、10′、12′ 点），其兴利库容值（$V_{兴4}$，$V_{兴5}$，$V_{兴6}$）除了包含本年度的亏缺水量外，还应包括本年度之前所需的调节库容（$V_{兴3}$，$V_{兴4}$，$V_{兴5}$）。需要注意的是对于类似图中的第 7 年，虽然本年份有余水，但因其不足以补偿以前的连亏水量 $V_{兴6}$，故其多年调节兴利库容应为包括该年在内的连续不足水量 $V_{兴7}$，而不是当年亏水期的缺水量 $\Delta V_{兴7}$。

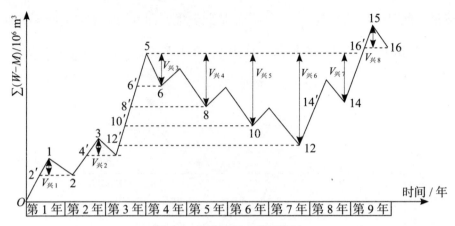

图 6-5　差值累积曲线图解法

　　同样，计算出各兴利库容值相应的经验频率，就可绘制变动供水情况下的多年调节兴利库容频率曲线 $V_{兴}$-P。

　　以上所介绍的几种多年调节时历法都没有考虑水库的水量损失值，由于多年调节水库库容一般较大，其水量损失是不可忽略的。如年调节计算一样，通常采用近似法，即先按不计水量损失推求初定的多年兴利库容，然后根据平均蓄水库容和库水面积估算水量损失值，并以之直接加到初定的多年兴利库容上。也有从来水系列中，逐时段扣除估算的水量损失值，将此净来水系列与原供水系列再进行配合计算；或逐时段将估算的水量损失值，加到水库供水系列上，将此毛供水系列与原来水系列再配合计算。最后，可算出并绘制考虑水库水量损失的名年调节兴利库容频率曲线。

　　应用时历法进行多年调节计算的优点在于概念明确，便于掌握，且可用以进行各类复杂情况下的调节计算。但是，由于水库多年调节过程的调节周期往往长达数年，而时历法所依据的通常是不太长的实测系列资料，相比之下所出现的多年调节循环数目不可能很多，因此，其计算结果并不能充分反映水库未来工作的全部情况，具有很大的偶然性，这也是时历法的缺陷，尤其是对于调节程度较高的稀遇径流变化及其组合情况更为突出。

6.2.1.2　等流量法

　　等流量法是在已知调节库容前提下，使水库在供水期初蓄满，到供水期末放空，蓄、供水期的调节流量按时段入库径流和调节库容而定。在蓄水期，调节流量小于来水流量，为充分利用水能，调节流量不一定为定值；在供水期，调节流量为一固定值，且大于各月来水量。

等流量法水能计算原理按照水量差积曲线法进行，即

$$W = \sum (Q_i - Q_0)\Delta t \qquad (6\text{-}12)$$

式中，W——差积水量（m³/s·月）；

$\quad Q_i$——月平均流量（m³/s）；

$\quad Q_0$——多年平均流量（m³/s）；

$\quad \Delta t$——时段长（月）。

调节流量计算式如下：

供水期：

$$Q_{调} = \left(W_入 + V_有\right)/T_供 \qquad (6\text{-}13)$$

蓄水期：

$$Q_{调} = \left(W_入 - V_有\right)/T_供 \qquad (6\text{-}14)$$

式中，$W_入$——调节期入库水量（m³/s·月）；

$\quad V_有$——有效库容（m³/s·月）；

$\quad T_供$——调节期（月）。

根据差积曲线计算出调节期和调节流量，按调节期内各月的来水、调节流量计算水库当月的蓄水库容，依据蓄水库容按库容曲线查算水库水位，以调节流量按厂房尾水水位流量关系曲线查算厂房尾水位，从而得发电水头，计算月平均出力：

$$N = A \times Q_{调} \times H \qquad (6\text{-}15)$$

式中，N——月平均出力（kW）；

$\quad A$——发电机组综合出力系数；

$\quad Q_{调}$——调节流量（m³/s）；

$\quad H$——发电净水头（m）。

多年平均发电量：

$$E = \frac{\Delta t}{n}\sum_{i=1}^{a} N_i \qquad (6\text{-}16)$$

式中，E——多年平均发电量（亿 kW·h）；

$\quad n$——年数；

Δt——时段内小时数（h）；

N_i——时段平均出力（kW）；

α——时段数。

选定装机 N_y，当时段出力大于装机容量时直接采用装机容量，小于装机容量时采用计算值，可统计出多年平均发电量。

6.2.1.3 等出力法

等出力法是固定出力调节方式的水能计算方法，等出力法水能计算常有试错法、半图解法。其蓄水期、供水期的判定与等流量调节法判定方法一致。

①等出力法的试错计算。供水期的固定出力应尽可能符合实际，并应结合系统需求。一般而言，该固定出力应在供水期平均出力附近浮动，供水期平均出力为

$$N = A \times Q_{调} \times H \qquad (6\text{-}17)$$

式中，N——供水期平均出力（kW）；

A——发电机组综合出力系数；

$Q_{调}$——调节流量（m³/s），且 $Q_{调} = \left(W_\lambda + V_有\right) / T_供$；

H——发电净水头（m）。

先计算供水期平均库容 $V_均 = V_调 / 2 + V_死$，据此库容查库容曲线即得平均库水位，再用 $Q_{调}$ 查水库下游水位–流量关系曲线得下游水位。

当用供水期平均出力调算至供水期末水位不为死水位时，表示库内蓄水没有用完或不足，假定的出力偏小或偏大，要重新假定出力值直至消落水位接近死水位为止。

等出力法水能计算的发电量统计与等流量法一致。

6.2.1.4 基于调度图的调度计算方法

水库兴利常规调度方法以时历法为主，采用此方法绘制水库调度图简单方便，同时在绘制调度图时考虑了诸多因素，因此被广泛使用。水库调度图在水库调度中可以用来指导水库运行，编制人员可以利用它编制调度计划，从而为水库调度工作提供便利和参考，合理利用水库的水资源，也可以用来校核水电站的主要参数。基本调度线的绘制以年调节水电站水库为例，绘制步骤如下：

①选择典型年，典型年要符合设计保证率，并将其做一定的修正。

②按保证出力进行水能计算，从供水期末开始逆时序进行水能计算至供水期初，再算至死水位，得到以保证出力为前提的水库蓄水指示线。

③取所有指示线的上包线和下包线，就可以得到上基本调度线和下基本调度线，如图6-6所示。从图中可以看出调度图有五个区域，每个区域要按照不同的出力工作。

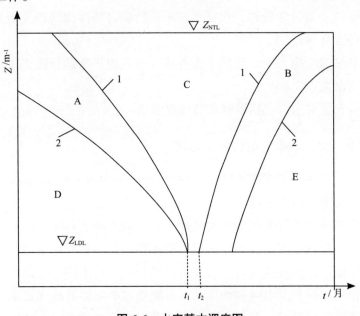

图 6-6 水库基本调度图

6.2.2 水库兴利调度图绘制

6.2.2.1 水库兴利调度图的组成及基本依据

1. 水库兴利调度图的组成

水库兴利调度图是由一组以水库水位（或蓄水量）为纵坐标、以时间为横坐标表示的调度线，以及由这些调度线和水库特征水位划分的若干调度区所组成。调度线按其重要性可分为基本调度线和附加调度线两类。基本调度线包括上基本调度线（防破坏线）和下基本调度线（限制出力线），它们是指导水电站及其水库合理调度运行的基本依据。附加调度线包括加大出力线、降低出力线和防弃水线等。这些调度线将水库兴利调度图划分为保证出力区、加大出力区、降低出力区、预想出力区。

2. 水库兴利调度图的基本依据

①水文资料，包括坝址历年逐月（或旬）平均径流资料和统计特性资料（如年或月径流频率特性曲线），以及下游水位流量关系曲线。

②水库特性资料，包括水库容积曲线和水库面积曲线，以及水库各种兴利和防洪特征水位等。

③水电站动力特性资料，包括水轮机运行综合特性曲线以及压力引水系统水头损失特性资料等。

④水电站保证出力图，反映了为保证电力系统正常运行而要求水电站每月发出的平均出力。

⑤综合利用要求，包括灌溉和航运等要求。

6.2.2.2　绘制水库发电兴利调度图

水库发电调度图是根据河川径流特性及电力系统和综合用水部门要求编制而成的曲线图，时间为横坐标、水位为纵坐标，由一些控制指示线将不同时期水库水位划分为不同的调度出力区域。它综合反映了各种来水条件下的水库调度规则，是指导水电站水库经济运行的实用工具。常规发电兴利调度图简单直观、易于操作，很好地结合了管理人员的经验，对水库运行调度能够起到一定的指导作用。按照发电兴利调度图运行能使水电站很好地满足电力系统提出的可靠性和经济性要求，避免出现因人为差错而造成的不应有的损失。在水库实际运行过程中，即使缺乏有效的径流预报，也可根据各时刻水库的实际蓄水量，按照发电兴利调度图及其所体现的调度规则，确定水电站当前应当工作在怎样一个合理状态，计算出水电站各时段出力值和出库流量。水库发电兴利调度图是实现水库合理运行的重要手段，即具有较高的实用性又可以较好地满足各个方面的要求，对指导水电站长期合理、安全、有效运行具有极其重要的意义。

1. 水库发电兴利调度的原则

①遇到设计枯水年份时，应抓紧时机使水库蓄满，以保证水电站在整个调节周期内能按保证出力图工作，同时考虑其他综合利用部门的用水要求。

②遇到丰水年时，应当确保水库大坝和上游、下游防洪安全，以及保证水电站和其他综合利用部门在正常工作不被破坏的前提下，充分利用河川径流和正常调节能力，合理加大出力，利用余水多发电，减少弃水，使水电站工作更有效。

③遇到特别枯水年时，水电站和其他综合利用部门正常工作遭到破坏是不

可避免的，为使由此带来的损失尽可能小，水电站应采用均匀降低出力的方式工作。

2. 水库发电兴利调度的规则

图6-7为以发电为主要目的的水库调度全图，以此为例介绍发电调度需要遵循的规则。

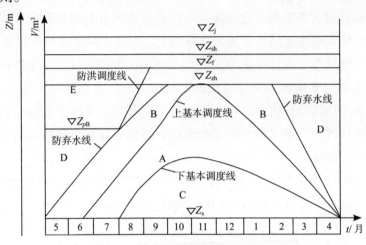

图6-7 以发电为主要目的的水库调度全图

①当水库实际蓄水位落于上、下基本调度线及两线之间的保证出力区（A区）时，则水电站按保证出力工作，即水电站出力 $P = P_p$。

②当水库实际蓄水位落于上基本调度线与防弃水线之间的加大出力区（B区）时，则水电站按加大出力工作，即水电站出力 $P > P_p$。

③当水库实际蓄水位落于预想出力线及其以上的预想出力区（D区）时，则水电站按预想出力工作，即 $P = P_y$。

④当水库实际蓄水位落于下基本调度线以下的降低出力区（C区）时，则水电站按相应降低出力线所指示的出力工作，即 $P < P_p$。

⑤当水库实际蓄水位上升至防洪限制水位与防洪高水位之间的防洪区（E区）时，则水电站按相应的最大过水能力加大出力。

3. 绘制水库发电兴利调度图

常规的发电兴利调度图一般根据典型枯水年径流采用等出力法绘制，通常包括基本调度线、加大出力线和降低出力线，将水电站运行区域分为保证出力区、加大出力区和降低出力区。它的主要目的是：在枯水年，保证水电站能按保证出力工作而不遭受破坏，供水期库水位能按正常要求消落，蓄水期水库能够顺利蓄满；在特枯年，尽可能减轻水电站保证出力破坏程度，使水电站能尽快恢复到正常工作状态；在正常年和丰水年，水电站能合理利用多余水量发电，减小弃水增加发电效益。

4. 基本调度线的绘制

水库发电兴利调度图中，上、下基本调度线是在各种设计枯水年（具有不同年内分配）的来水条件下，水电站按保证出力工作时，水库在年内各时刻的最高和最低蓄水指示线，它是决定水电站及水库合理运行调度方式的基本依据。下面以年调节水电站水库为例，介绍上、下基本调度线的绘制步骤。

首先，选择符合设计保证率的几个典型年，并按设计枯水年进行修正，使典型年供水期的平均出力等于或接近保证出力，供水期的终止时刻基本相同；然后，对各年均按保证出力自供水期末死水位开始，逆时序进行水能计算至供水期初，又接着算至蓄水期初回到死水位，得出各年水电站运行的蓄水变化过程，如图 6-8 所示。

取各年水电站运行蓄水过程线的上、下包线并经过对下包线的适当修正，得到上、下基本调度线，如图 6-8 中的曲线 1 与 2 所示。

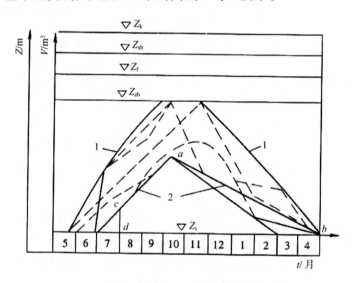

1—上基本调度线；2—下基本调度线

图 6-8　年调节水电站水库上、下基本调度线的绘制

①前述所绘制的水库蓄水变化过程是自供水期末死水位开始，逆时序进行水能计算至蓄水期初死水位，显然是一个典型的逆时序计算方式，所得到的结果是一个迟蓄水方案。对于任一典型的设计枯水年而言，这种蓄水方案是为了在供水期开始前，确保水库蓄水位达到正常蓄水位，使供水期的正常供水得到

保证。

②上、下基本调度线之间构成的区域称为保证出力区，保证出力区即保证水电站正常工作的水库运行区域。高于上基本调度线的区域称为加大出力区，低于下基本调度线的区域称为降低出力区。从上述意义来看，上基本调度线既是水电站按保证出力工作的上限指示线，又是防止水电站正常工作遭到破坏的最低指示线，故又称防破坏线。下基本调度线则既是水电站按保证出力工作的下限指示线，又是水电站限制其出力（低于保证出力）所要求的最高指示线，故又称限制出力线。

③由于供水期末下基本调度线的末端点往往与上基本调度线的末端点不重合，当下一年汛期到来较迟时，可能引起正常工作的集中破坏。因此，需做出修正，具体办法是将下包线的上端点（a 点）与上基本调度线的下端点（b 点）连接起来，如图 6-8 中的线 ab 所示。有时，在蓄水期初下包线的始端点与上基本调度线的始端点非常靠近，导致在蓄水期刚开始就可能要求水电站降低出力，这似乎不合常理，因为此时不知来水情况如何。在这种情况下，一般对下包线的蓄水段按汛期开始最迟时刻（d 点）做接近于垂直线的修正，如图 6-8 中的线 cd 所示，如此修正后的下包线即为下基本调度线 2，即 $dcab$ 线。

5. 加大出力和降低出力调度线的绘制

加大出力和降低出力的调度方式如图 6-9 所示。

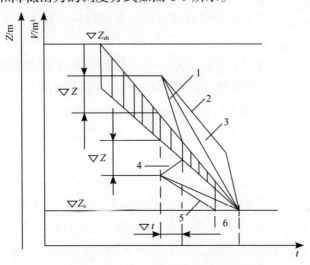

图6-9　加大出力和降低出力的调度方式

（1）加大出力调度线

当年调节水电站在运行中遇到天然来水量较丰时，在 t_i 时刻，水库实际水位比该时刻水库上基本调度线高出 $\Delta Z'$，如图 6-9 所示，则水电站应加大出力以充分利用多蓄的水量。但应采用何种方式利用多余水量，则视具体情况而定，一般而言可有如下三种方式。

①立即加大出力，使多余水量很快用掉，经过时段 Δt（旬或月），水库水位又落到上基本调度线上，这种方式使出力过程不均匀。但当水电站容量占电力系统的比重较小、水库相对库容较小时，则能更充分利用多余水量多发电，这是比较有利的方式。特别是在河流天然流量变化较大，以及汛期中小洪水次数较多、时间很不稳定的情况下，采用这种方式更为有利。

②后期集中加大出力。这种方式的出力过程也不均匀，但可使水电站在较长时期保持较高水头运行，使蓄电能增大，比第一种方式增加发电量。另外，如汛期提前来临，又可能增加弃水、损失发电量。故多适用于弃水概率较小的较大水库。

③均匀加大出力。这种方式增加出力均匀，时间较长。对水电站、火电站运行都有利，也能充分利用多余水量，一般多采用此种方式。

当确定了利用多余水量加大出力的调度方式后，就可以上基本调度线为出发点，利用分级列表法计算绘出加大出力线。下面针对均匀加大出力运行方式来阐述加大出力线的绘制方法。

第一步，根据上基本调度线和保证出力用列表计算方法推求出相应各时段的发电用水量，由水量平衡公式推求水库的来水过程，作为推求各加大出力线的计算典型年径流过程。

第二步，对以上推求的计算典型年径流过程分别按不同等级的加大出力值（取大于保证出力 P_p，但不超过预想出力 P_y 的若干出力值），如 $1.2P_p$，$1.5P_p$，$1.8P_p$，…，P_y，从供水期末上基本调度线相应的指示水位（年调节水库为死水位）起，对整个调节年逆时序逐时段试算，直至蓄水期初库水位落至相应水位为止，求得相应各加大出力各时段初的蓄水指示水位。

第三步，将计算所得的各个加大出力值对应各时段初的蓄水指示水位点绘于调度图中，除去正常蓄水位 Z_{zh} 及防洪限制水位 Z_f 以上的部分，即得一组加大出力线，如图 6-10 所示，其中水电站按预想出力 P_y 工作的水库指示线称为防弃水线，也称预想出力线。所谓预想出力 P_y，是水电站机组在一定水头下所能发出的最大出力。在某些来水较丰的时期，由于水库泄洪致使下游水位增高，或在枯水年和枯水期，水库水位很低，导致发电水头小于水轮机设计水头，而使水电站出力受阻，发不出装机出力 P_z，此时能够发出的最大出力即为预想出力，可见 $P_z \leq P_y$。

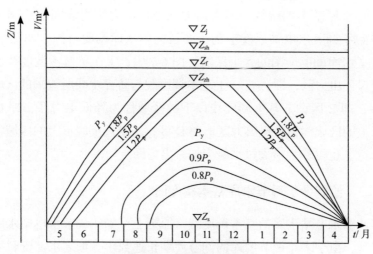

图 6-10　水库发电调度图

（2）降低出力调度线

当遇特枯年，天然来水量很小而水电站仍按保证出力图工作，经过一段时间，水库水位将降落到下基本调度线以下，水量明显不足，水电站正常工作将遭受破坏。在这种情况下，也有三种可能的调度方式。

①水电站立即减小出力，使水库水位经时间 Δt 后很快回蓄到下基本调度线上，这样破坏时间较短。

②水电站继续按保证出力图工作，直至死水位，以后按天然流量工作。如果来水很少，则将引起水电站正常工作的集中破坏。

③均匀减小出力直至供水期结束。这种方式使正常工作均匀破坏，破坏程度较小、时间较长，系统较易补充容量。

根据下基本调度线和相应的保证出力，通过列表计算方法，求出相应各时段的发电用水量，由水量平衡公式可推求水库的来水过程，作为推求各降低出力线的计算典型年径流过程。

对以上推求的计算典型年径流过程分别按不同等级的降低出力值（取小于保证出力 P_p 但大于水电站最小技术出力的若干出力值），如 $0.9P_p$，$0.8P_p$，$0.7P_p$ 等，从供水期末由死水位开始逆时序计算至蓄水期初。库水位又回落至死水位为止，求得相应各等级降低出力各时段初的蓄水指示水位。

最后，将所计算的各等级降低出力值对应的各时段初的蓄水指示水位点绘于调度图中，并将各线的供水期终点修正至下基本调度线在供水期同一终点，即得各降低出力调度线。

将上述水库基本调度线、加大出力和降低出力调度线同时绘制于一张图上，即得到年调节水电站以发电为主要目的的水库调度全图，如图 6-7 所示，同时划定了水库调度全图的各个区域。图 6-7 中，上、下基本调度线所包围的区域称为保证出力区，即 A 区；上基本调度线与防弃水线所包围的区域称为加大出力区，即 B 区；下基本调度线以下的区域称为降低出力区，即 C 区；防弃水线以上的区域称为预想出力区，即 D 区；防洪调度线以上的区域称为防洪区，即 E 区，也可称为最大过水能力加大出力区。

6.2.2.3　绘制多年调节水库基本调度图

多年调节水电站水库的基本调度线，原则上可如年调节水电站水库那样来绘制。但是，由于多年调节水库的调节周期长达数年，加之水文资料有限，难以绘出可靠的包括整个调节周期的调度线。因此，在实际工作中多采用简化的方法来绘制多年调节水库的基本调度线，简化后的绘制方法不去研究多年调节的整个周期，而是研究枯水年组的第一年和最后一年的水库工作情况。

多年调节水库的兴利库容可以看成由多年库容 V_1 和年库容 V_2 两个部分组成，V_1 是为了蓄存丰水年的余水量以补充枯水年组的不足水量，使枯水年组的各年都能得到正常供水。当水库的 V_1 未蓄满前，不应加大供水，即只有在 V_1 蓄满后才可能加大供水。这与枯水年组的第一年的工作情况有关，假设该年年末多年库容保证蓄满，而且该年来水正好满足该年供水的需要，则对这一年份求出的水库蓄水过程点绘制的水库蓄水指示线为上基本调度线（也称防破坏线）。同样，当 V_1 未放空前不应限制供水，即只有在 V_1 放空后才可能限制供水。这与枯水年组最后一年的工作情况有关，假定该年年初多年库容已经放空，且该年来水正好满足该年供水的需要，则由此绘出的该年水库蓄水指示线为下基本调度线（也称限制供水线）。

下面结合图形分别介绍防破坏线和限制供水线的绘制方法。

①防破坏线的绘制。若设计枯水年组第一年年初 V_1 满蓄，且当年径流量与年正常供水量相等，则水库按正常供水量供水，年终仍可保持 V_1 蓄水。这一情况可视为加大供水与正常供水的分界。因此，多年调节水库防破坏线，可以年径流量等于年正常供水量年份的来水过程和年保证出力图为依据，并按年初年末 V_1 为满蓄的条件进行调节计算，即可得出防破坏线的供水支与蓄水支，如图 6-11 所示。

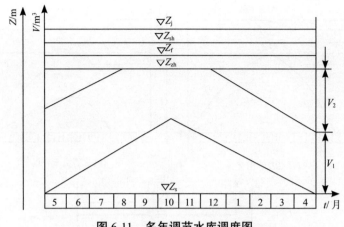

图 6-11 多年调节水库调度图

与年调节水库绘制防破坏线的原理相同，应选取几种不同径流分配典型进行计算，分别求得其相应的运行曲线，最后取其上包线作为上基本调度线（防破坏线）。

②限制供水线的绘制。多年调节水库的限制供水线所起的作用是，防止水库在设计枯水年组末期正常供水遭受集中的破坏。因此，必须研究水库在出现连续枯水年之后，V_1 蓄水量已被放空时设计枯水年组最后一年的水库工作情况。

在设计枯水年组最后一年年初 V_1 被放空的情况下，若水库年径流量与年正常供水量相等，则水库的正常供水可以得到维持，而且年终水库恰好放空。根据这一年的来水过程和年保证出力图绘出的水库运行过程线，即正常供水区与限制供水区的分界线——限制供水线。绘制该线时，可选出若干年来水量接近年正常供水量。进行水量修正后，从年终水库为空开始进行调节计算，得到不同的水库蓄水过程线，取其下包线，即为所求的下基本调度线（限制供水线）。

6.2.2.4　绘制水库防洪兴利联合调度图

1. 防洪调度图与兴利调度图关系的分析

当分别绘制了防洪和兴利调度线之后，需要将两者结合起来，并视具体情况调整两者之间不协调的关系。若所绘制的防洪调度线和兴利调度线不相交或仅交于一点，如图 6-12（a）和 6-12（b）所示，它们为满足防洪和兴利要求的调度图。

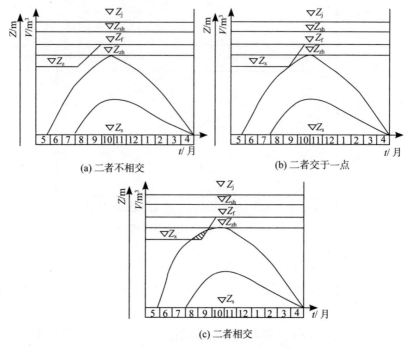

图 6-12　防洪调度线和防破坏线的关系

　　在这种情况下，汛期因防洪要求而限制的兴利蓄水位，并不影响兴利的保证运行方式，仅影响发电水库的季节性电能。若防洪调度线和兴利的防破坏线相交，如图 6-12（c）所示，即表示汛期按兴利要求的蓄水位将超过防洪限制水位，即不能保证满足下游的防洪要求；若汛期控制兴利蓄水位不超过防洪限制水位，汛后将不能保证设计保证率以内年份的正常供水，即影响兴利效益的发挥。对于这种情况，可作以下两方面处理。

　　①若水库以兴利为主，兴利正常运行方式必须予以保证，此时可适当降低防洪要求，则不需变动原设计的防破坏线位置。根据该库防洪限制蓄水的截止时间 t_k 与防破坏线求得相应时间的点 k，点 k 所对应的水位为水库降低了防洪要求的防洪限制水位，显然防洪库容比原设计减少，其调度图如图 6-13（a）所示。若正常兴利要求和防洪要求都需满足，则可将防洪高水位相应抬高，使修改后的防洪库容等于原设计的防洪库容，调度图如图 6-13（b）所示。这两个方案哪个好，应在设计中通过分析比较和综合论证来选定。然而，防洪限制水位抬高，为满足防洪要求，势必要相应抬高防洪高水位、设计洪水位和校核洪水位，所以要增加坝高、增大库容。

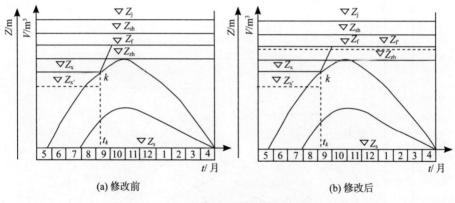

(a) 修改前 　　　　　　　　　　　　　(b) 修改后

图 6-13　防洪调度线和防破坏线的协调（一）

②若是以防洪为主的水库，则应保持防洪调度线不变，修正兴利调度线，即将防破坏线下移，正常蓄水位降低，如图 6-14 所示。修正计算条件为：入库径流采用设计枯水年（相应时段）的资料，供水量降低，控制点 k 进行调节计算，所求的最高蓄水位即为正常蓄水位。显然，修正后的调度图满足防洪要求，降低了兴利效益。

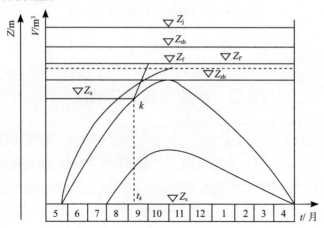

图 6-14　防洪调度线和防破坏线的协调（二）

2. 水库防洪兴利联合调度图

将前述各种调度线，包括上、下基本调度线，加大出力调度线，降低出力调度线，防洪调度线绘于同一张图上，并对不合理的或不协调的曲线进行适当的修正与调整，便可得到年调节水电站水库防洪兴利联合调度全图，如图 6-15 所示。

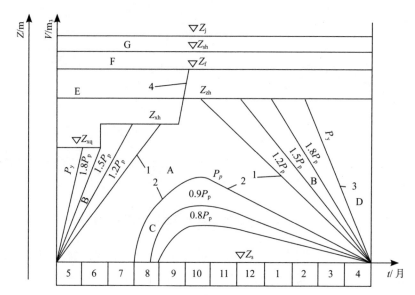

1，2—上、下基本调度线；3—预想出力线（防弃水线）；4—防洪调度线；
A—保证出力区；B—加大出力区；C—降低出力区；D—预想出力区；
E—正常防洪区；F—加大防洪区；G—非常防洪区
（E，F，G 也称最大过水能力区）

图 6-15　水库防洪兴利联合调度全图

6.3　水库发电优化调度

　　水库的常规调度以时历法为主，根据实测历史资料进行水库的径流调节计算，常规调度只能通过径流调节计算，一般情况下得到的解只是合理解，并不是最优解。而优化调度是借助优化方法寻求水库最有运行方式的一种调度方法，它能够更有效地利用水库的蓄能量，获得更大的经济效益。20 世纪 50 年代，水电站群优化调度研究开始兴起，主要依据效益函数构建最优数学模型和模型约束条件，采用传统或智能优化方法求解模型，以寻找到解空间中的对应于水电站群的最优调度方案。水库发电优化调度是水资源系统优化配置的重要手段，常规调度方法虽然简明直观，但新技术应用、客观条件变化时，对调度结果的影响分析等方面存在不足。随着科技不断发展，水库优化调度研究也逐渐由传统方法转向新技术利用、由单一方法转向多技术综合方向发展。同时水库发电优化调度研究也更注重与生产实际相结合，计算机及人工智能技术的发展，与计算机及人工智能技术相结合，并引入新的理论（如人工神经网络、专家系统、遗传算法等），成为水库发电优化调度研究的一个热点和发展趋势。相比常规调度方法，水库发电优化调度可根据水库入库径流预报成果，不需要额外的投资就可以明显增加效益，因此水库发电优化调度研究已经成为热点课题。

在水库发电优化调度中，大多都是建立优化调度模型，其优化的目标函数主要有两类：一是以水库群多年电能或供水量最大；二是以系统年费用最小，模型既可以是确定性的也可以是随机性的。随着研究的不断深入，研究的目标逐渐由单目标扩展到多目标，研究对象由单库扩大到多库乃至整个流域或系统的水库群，其模型也由单一模型发展到了组合模型。1926 年，莫罗佐夫提出水电站调配调节的概念。1946 年，美国人把水库发电优化调度概念引入单一水库调度中，水库运行、规划决策与风险管理的理论也在不断完善自库调度、梯级水库调度、综合利用水库调度以及水情测报自动化、数据通信自动化、水库发电优化调度自动化等决策支持系统。自 20 世纪中叶优化理论被引入水电站水库调度以来，水库群的发电优化调度就一直是水利水电科研工作者关注的重要研究领域。

6.3.1　水库发电优化调度约束条件

在编制兴利调度计划时，应按设计中的规定，协调好发电与其他用水部门间的关系。对于调节性能为年或年以下的水库来说，通常设置年末水位与年初水位一致或相差不大。

目标函数：

$$E = \max \sum_{t=1}^{T} K Q_t H_t \Delta T \qquad （6-19）$$

式中，E——水电站某一时段内的发电量；

　　　K——水电厂机组的出力系数，取为 8.0；

　　　Q_t——第 t 个时段的平均发电流量（m³/s）；

　　　H_t——第 t 个时段的平均发电水头（m）；

　　　ΔT——时段长度（s）；

　　　T——时间段数。

约束条件：

①水库水量平衡方程：

$$V_{t+1} = V_t + (q_t - Q_t - S_t) \cdot \Delta T \qquad （6-20）$$

式中，V_{t+1}，V_t——第 t+1 时段初和第 t 时段初的水库蓄水量（万 m³）；

q_t，Q_t——第 t 时段的水库入库流量和发电流量（m³/s）；

S_t——第 t 时段的弃水量。

②水库水位（库容）约束：

$$Z_{t,\,min} < Z_t < Z_{t,\,max} \qquad （6\text{-}21）$$

式中，$Z_{t,\,min}$，$Z_{t,\,max}$——第 t 时段允许的水库最低、最高水位（m）。

由于水位和库容之间存在一定的函数关系，所以水位约束也可以转换为库容约束，即

$$V_{t,min} < V_t < V_{t,max} \qquad （6\text{-}22）$$

式中，$V_{t,\,min}$，$V_{t,\,max}$——第 t 时段允许的水库最小、最大库容（万 m³）。

③水电站出力约束：

$$N_{t,\,min} < N_t < N_{t,\,max} \qquad （6\text{-}23）$$

式中，$N_{t,\,min}$，$N_{t,\,max}$——第 t 时段水电站允许的最小、最大出力（kW）。

④水库下泄流量约束：

$$Q_{t,\,min} < Q_t < Q_{t,\,max} \qquad （6\text{-}24）$$

式中，$Q_{t,\,min}$，$Q_{t,\,max}$——第 t 时段水库下游所需的最小下泄流量和所允许的最大下泄流量（m³/s）。

⑤变量非负约束。所有变量满足非负要求。

6.3.1.1 多年调节水库年末库容优化模型

1. 多年调节水库年末库容随机优化模型

（1）目标函数

模型以最大化综合电能为目标，包括调度期内发电量、供电不足的电量惩罚以及库群系统在调度期末的蓄能，即

$$\max Bs\left(\{\omega_i\}\right) = \sum_{i=1}^{I} P(\omega_i) \left\{ \sum_{m=1}^{M} \left[\sum_{t=1}^{T} E_{m,t}^i + V_m\left(S_{m,T+1}^i, S_{m+1,T+1}^i, \quad, S_{M,T+1}^i\right) \right] - \sum_{t=1}^{T} D_t^i C \right\}$$

$$（6\text{-}25）$$

式中，$Bs(\{\omega_i\})$——径流模式树（ω_i）对应模型下综合电量的期望值（MW·h）；

$\overset{i}{E}_{m,t}$——水库 m 在径流模式 i、时段 t 内的发电量（MW·h）；

M——水库数；

D_t^i——径流模式 i 时段内的缺电量（MW·h）；

C——单位缺电量的惩罚系数，用于评估供电不足造成的利益损失（以等价电量衡量）；

$V_m\left(S_{m,\ T+1}^i, S_{m+1,\ T+1}^i,\ ,\ S_{M,\ T+1}^i\right)$——水库 m 在径流模式 i 时段 t 内的流量。

（2）约束条件

①水量平衡方程：

$$S_{m,t+1}^i = S_{m,t}^i + 30.4 \times 24 \times 3600(W_{m,t}^i - R_{m,t}^i - SP_{m,t}^i - WL_{m,t}^i)\Delta t \qquad (6\text{-}27)$$

式中，$S_{m,\ t+1}^i$，$S_{m,\ t}^i$——水库 m 在径流模式 i 与 t 时段初和 t 时段末的库蓄水量（m³）；

$W_{m,\ t}^i$，$R_{m,\ t}^i$，$SP_{m,\ t}^i$——水库 m 在径流模式 i、t 时段平均入流、发电流量和弃水流量（m³/s）；

$WL_{m,t}^i$——水库 m 在径流模式 i 与 t 时段的水量损失率，包括水库蒸发和渗漏损失；

Δt——时段长（月）。

② 水力联系：

$$W_{m,\ t}^i = \omega_{i,\ t,\ m} + R_{m-1,\ t}^i + SP_{m-1,\ t}^i,\quad m \geqslant 2$$
$$W_{m,\ t}^i = \omega_{i,\ t,\ m},\quad m = 1 \qquad (6\text{-}28)$$

式中，$\omega_{i,\ t,\ m}$——水库 m 在径流模式 i 与 t 时段内的区间流量，为径流模式向量 $\omega_{i,\ t}$ 的第 m 个元素。

③ 发电量：

$$E_{m,t}^i = 30.4 \times 24 \times 3600 R_{m,t}^i \varepsilon_m\left(H_{m,t}^i\right)\Delta t \qquad (6\text{-}29)$$

$$H_{m,t}^i = f_1\left(\frac{\left(S_{m,t}^i + S_{m,t+1}^i\right)}{2}\right) - f_2(R_{m,t}^i + SP_{m,t}^i) \qquad (6\text{-}30)$$

式中，$H_{m,\ t}^i$——水库 m 在径流模式 i 与 t 时段的平均毛水头（m）；

f_1、f_2——水位库容曲线和尾水位流量关系曲线。

④ 库容限制：

$$\underline{S}_{m,\,t+1} \leqslant S^i_{m,\,t+1} \leqslant \overline{S}_{m,\,t+1} \tag{6-31}$$

式中，$\overline{S}_{m,\,t+1}$，$\underline{S}_{m,\,t+1}$——水库 m 在 t 时段末库蓄水量的上、下限（m^3）。

⑤发电量约束：

$$E^i_{m,\,t} \leqslant U_{m,\,t} \tag{6-32}$$

$$D^i_t = \begin{cases} B_t - \sum_{m=1}^{M} E^i_{m,\,t}, \left(B_t > \sum_{m=1}^{M} E^i_{m,\,t} \right) \\ 0, \quad 其他 \end{cases} \tag{6-33}$$

式中，$U_{m,\,t}$——水库 m 在时段 t 内发电量上限（$MW \cdot h$）；

B_t——水库群系统在时段 t 内的最低电能需求（$MW \cdot h$）；

D^i_t——）不足最低电能需求的缺电量（$MW \cdot h$）。

⑥ 初始条件：

$$S^i_{m,1} = Sb_m \tag{6-34}$$

式中，Sb_m——水库 m 的初始库容（m^3）。

⑦ 解一致性：在径流模式树相同节点上决策变量（发电流量、弃水流量）的值相同：

$$R^{i_1}_{m,\,t} = R^{i_2}_{m,\,t}, \ SP^{i_1}_{m,\,t} = SP^{i_2}_{m,\,t}, \ \text{if} \omega_{i_1,\,t} = \omega_{i_2,\,t}, \ \forall i_1, i_2 \in [1, I] \tag{6-35}$$

2. 多年调节水库年末库容确定性优化模型

求解最优年末库容方案的确定性优化模型，指在单一径流模式输入条件下，通过求解确定性优化模型仅能求得单一、确定性的库容及水库调度方案。该方案无法直接与随机优化模型的方案相比，因随机优化模型的方案是对应于径流模式树的方案集，方案集中的每一种方案都对应唯一一条径流模式，并且其概率与对应径流模式的概率相同。为在采用确定性模型求解年末库容方案时考虑径流随机性，将径流模式树的每条径流模式逐个拆分，并将拆分的径流模式独立地输入确定性优化模型中，即可得到在每种径流模式下的最佳水库蓄水量及调度方案。

确定性优化模型与随机优化模型结构类似，不同之处在于：确定性优化模型的目标函数为在给定径流模式下系统综合电能最大化，即

$$\max Bs(\omega_i) = \left\{ \sum_{m=1}^{M} \left[\sum_{m=1}^{T} E_{m,\ t}^{i} + V_m \left(S_{m,\ T+1}^{i},\quad S_{m+1,\ T+1}^{i},\quad ,\quad S_{M,\ T+1}^{i} \right) \right] - \sum_{t=1}^{T} D_t^{i} C \right\},$$
$$i = 1, 2,\quad ,\quad I$$

（6-36）

除了解一致性约束不适用于确定性模型以外，其余约束条件均适用于确定性优化模型且表达式一致。

6.3.1.2　考虑实时修正的随机规划模型

考虑实时修正的多阶段随机规划模型中将阶段分为当前阶段和未来阶段。应用该模型求解水库水电站优化调度问题时，将时间段作为阶段。当前时段的径流预报精度一般较高，可直接用于制定调度策略；未来阶段的径流预报精度难以保证，一般假定为随机过程，采用随机径流模式树进行离散化描述。在当前时段，决策者依据本时段的预报来水以及未来时段的随机来水模式制定当前时段的放水策略。在实时调度中，当前时段的放水策略、时段末的库蓄水量以及当前时段放水策略对应的阶段效益均为确定性的唯一值。由于未来时段的入流信息不确定，决策者可根据不同的径流模式拟定不同的调度策略，以纠正径流信息认知的不足对调度决策带来的影响。因此，未来时段的放水策略不确定，但与具体的径流模式有关。决策者仅采用当前时段的放水策略指导实时调度。随着时间的推移，决策者将依据最新的信息对调度策略进行实时更新调整。

1. 目标函数

以水库群系统在调度期内的期望发电量最大为目标：

$$\max Es\left(\{\omega_i\}\right) = \sum_{m=1}^{M} E_{m,1}^{i} + \sum_{i=1}^{I} P(\omega_i) \sum_{m=1}^{M} \sum_{t=2}^{T} E_{m,\ t}^{i}$$

（6-37）

式中，$E_{m,\ 1}^{i}$——水库 m 在时段 t、径流模式 i 下的发电量；

　　M——水库数；

$\sum\limits_{i=1}^{I} P(\omega_i) \sum\limits_{m=1}^{M} \sum\limits_{t=2}^{T} E_{m,t}^i$ ——水库群系统在未来时段（时段 t 至时段 T）的期望发电量；

$P(\omega_i)$ ——径流模式 ω_i 的概率；

$Es(\{\omega_i\})$ ——径流模式树 $\{\omega_i\}$ 对应随机规划模型的目标函数值。

当前时段的发电量 $E_{m,1}^i$ 为确定性的唯一值；由于未来时段放水策略具有不确定性，其对应的发电量也具有随机性：$E_{m,t}^i$ 对应于径流模式 ω_i 下的发电量，即反映径流随机性对调度效益的影响。

2. 约束条件

（1）水量平衡方程

$$S_{m,t+1}^i = S_{m,t}^i + (W_{m,t}^i - R_{m,t}^i - SP_{m,t}^i - EV_{m,t}^i)\Delta t_t \tag{6-38}$$

式中，$S_{m,t+1}^i$，$S_{m,t}^i$ ——水库 m 在径流模式 i 下、t 时段初及时段末的库蓄水量（m^3）；

$W_{m,t}^i$，$R_{m,t}^i$，$SP_{m,t}^i$ ——水库 m 在时段 t、径流模式 i 下的入库流量、发电流量和弃水流量（m^3/s）；

$EV_{m,t}^i$ ——水库 m 在时段 t、径流模式 i 下的水面蒸发速率（m^3/s）；

Δt_t ——时段 t 的时段长（s）。

（2）上下游水力联系

$$\begin{aligned} W_{m,t}^i &= \omega_{i,t,m} + R_{m-1,t}^i + SP_{m-1,t}^i, \quad m \geq 2 \\ W_{m,t}^i &= \omega_{i,t,m}, \quad m = 1 \end{aligned} \tag{6-39}$$

令最上游水库的序号为 1，最下游水库的序号为 M。$\omega_{i,t,m}$ 为水库 m 在时段 t、径流模式 i 下的区间入流，即径流向量 $\omega_{i,t}$ 的第 m 个元素。

（3）发电量

$$E_{m,t}^i = R_{m,t}^i \eta(H_{m,t}^i)\Delta t \tag{6-40}$$

$$H_{m,t}^i = f_1\left(\frac{(S_{m,t}^i + S_{m,t+1}^i)}{2}\right) - f_2(R_{m,t}^i + SP_{m,t}^i) \tag{6-41}$$

式中，$H_{m,t}^i$ ——水库 m 在径流模式 i、时段 t 的平均毛水头（m）；

f_1, f_2——库水位和尾水位的计算函数；

$\eta\left(H_{m,\ t}^{i}\right)$——水库发电效率（MW·h/m³）。

①库容限制。

$$\underline{S}_{m,\ t+1} \leqslant S_{m,\ t+1}^{i} \leqslant \bar{S}_{m,\ t+1} \qquad （6\text{-}42）$$

式中，$\underline{S}_{m,\ t+1}$，$\bar{S}_{m,\ t+1}$——水库 m 在 t 时段末库容的上、下限（m³）。

②出力限制。

$$\underline{L}_{m,\ t} \leqslant E_{m,\ t}^{i} / \Delta t_t \leqslant \bar{L}_{m,\ t} \qquad （6\text{-}43）$$

式中，$\underline{L}_{m,\ t}$，$\bar{L}_{m,\ t}$——机组出力的下限和上限（MW）。

③初始和边界条件。

$$S_{m,1}^{i} = SB_m; \quad S_{m,\ T+1}^{i} = SE_m \qquad （6\text{-}44）$$

式中，SB_m，SE_m——水库 m 的初始库容及期末库容（m³）。其中，期末库容即年末库容，采用前面提到的年末库容随机优化模型的计算结果约束该库容。

6.3.2　水库发电优化调度多目标决策

6.3.2.1　水库调度的特性

在水库调度中，由于天然径流的随机特性、水库调度决策过程的多阶段决策特性、水库运用的多目标性以及水库结构的复杂性，给水库调度工作带来了很大困难。

1. 天然径流的随机特性

水库的天然入库流量是一种随机变量，它的出现具有偶然性，很难预先得知。这就给水库的控制运用带来了很大的困难。在入库径流量未知的情况下，确定水库的泄水量只能根据运行人员的主观经验判断。若水库的实际来水量比预计来水量少，就会使水库水位消落过快，水利部门可用水量减少，并使发电水头降低，发电量减少，危及水库的正常运行；若水库的实际来水量比预计来水量大，就有可能使水库很快蓄满，并发生大量弃水，造成水量浪费，影响水库的调度效益。

2. 水库调度的多阶段决策特性

对于年调节水库来说，其运行周期为一年。水库年初的运用情况，对年中、年末的运用情况将有很大的影响，也影响全年的调度效益。若年初用水量过多，就可能使后期的用水量减少甚至不足；若年初用得过少，就可能使年末用水量出现多余，并发生弃水。水库运用的目的，应该是使水库在整个运行周期内获得最大的运行效益。这就使水库调度问题变成了一个多阶段的决策问题，更由于径流出现的不确定性使得这种多阶段决策非常困难。对于单一水库的优化调度问题，一般应用动态规划法。借助电子计算机可以解决这一问题。对于库群的优化调度问题，应用动态规划法则会出现"维数灾难"。

3. 水库运用的多目标性

水库一般都具有综合利用任务，我国水库大多具有防洪、发电、灌溉、航运、供水等多种效益。水库的各个目标之间是互相影响和互相制约的，并且有些目标难以用定量的方法来描述，这使得水库的调度决策非常困难。对于这一问题，一般都是以某一目标为主，其他目标作为一种限制条件，使其得到最低限度的满足。目前，已有人应用多目标规划方法来研究水库调度问题，进行了一些有益的尝试，取得了一些积极的成果。

4. 水库结构的复杂性

水库本身是一种复杂的大型结构，其运行特性非常复杂，如水库的水位库容曲线是一条非线性曲线，与库区地形条件有关，很难用一条解析曲线来表示，在实际计算中往往给出一组实测数据点，给水库调度的具体计算带来了很大困难。另外，水库的出力是用非线性函数，而且这一函数的解析式不能求出，只能以一组实测点给出。在水库优化调度计算中，只能应用离散数学的计算方法进行计算，使计算工作量和计算精度都受到一定影响，正因为水库调度的这些特点，使水库调度问题成为一个非常复杂的问题，必须借助电子计算机才能实现计算。

6.3.2.2 多目标准则优化调度

许多水库具有保障多部门用水的综合利用任务，诸如发电、供水、航运、生态及环境用水等，单一目标优化与决策的方法已难以满足新时期综合利用水库调度的需求。特别是在能源问题和环境问题并举的情况下，社会和环境效益往往与经济效益处于同等重要的地位。综合利用水库调度问题具有一定复杂性，因调度目标之间往往存在着非线性的复杂依存关系。多目标优化是解决综合利用水库调度问题的有效手段，主要解决存在相互矛盾且不可公度的综合利用目标（部门）间的用水冲突。在多目标优化中不存在单一最优解，即不存在使所有目标均达到最优的解，只存在相互无法支配的非劣解集，即帕累托解集。非劣解集可为决策者提供灵活的备选决策方案。

1. 非劣解集生成

传统的多目标问题求解方法包括权重法和 ε 松弛法。权重法将目标函数进行权重组合转化为单一目标优化问题，通过连续设置不同的权重组合并求解对应的单目标优化问题求得帕累托解集。ε 松弛法每次优化一个目标，将其余目标转化为约束条件，并通过对转化的约束条件按原目标函数的取值范围进行逐步松弛，逐一求解对应的单目标优化问题得到帕累托解集。在实际应用中，寻求所有帕累托解需花费很长的计算时间且难度较大，并且在绝大部分情况下，决策者很难获得有关待寻求解空间的基本构造和基本特征等先验信息。同时，考察的目标函数很可能具备非线性、不连续等特征，甚至在部分条件下除矛盾冲突外还具有相互依存的关系。在此条件下，对应的帕累托前沿为离散的非凸集，理论上而言难以寻求帕累托解集的解析解。

多目标遗传算法可避免数学规划方法求解帕累托解集存在的问题。具体地，多目标遗传算法具有如下优点。

①一次性生成帕累托解集，计算效率显著高于数学规划法。

②普适性高，对待解问题无连续、可导、凸集性要求，多目标遗传算法可直接求解帕累托解集中存在非凸集区域的问题，而权重法已被证实难以求解非凸集的多目标优化问题。

③通过采用个体拥挤策略，多目标遗传算法还能增大帕累托解集中解的差异性。

近年来，研究发现非支配遗传算法存在如下方面的不足。

①每代进化过程中的非支配排序增大了算法计算开销，使得在种群数目较大的情况下计算时间骤增。

②缺乏精英个体保存机制，降低了算法性能和收敛速度。

因此，针对这些问题，二代非支配排序遗传算法引入了精英保存机制和提高多样性的拥挤机制。近些年来，多目标遗传算法已被广泛应用于水资源多目标优化调度问题求解。

2. 多目标决策

多目标非劣解集为决策者提供了大量彼此之间无支配、从属关系的备选决策方案，同时可供决策者分析目标函数之间的置换关系，如权衡改善其中一项或若干项指标对其余指标造成的损益。在实时调度决策时，决策者往往从方案集中挑选若干备选方案进行会商并确定最终方案。然而，非劣解集中存有任意多种备选方案。当方案数众多时，往往会影响决策者的判断。同时，水库调度通常为多人决策，当决策者们意见不一时，协调决策者的分歧颇为棘手。因此，在获得非劣解集后，仍需采用决策理论辅助决策者对方案进行选择、综合、协调。

多目标（准则）决策方法包含如下三类。

①综合评估类。决策者可依据自身偏好采用统一的计量方式对备选方案进行评估打分，然后采用一种准则综合各方案的得分，以得分最高方案为最终方案。该类方法包括专家评分法、德尔菲法等。

②目标近似类。该类方法选定与决策者心理预期或者某一既定的目标最接近的方案作为最终方案，如理想解法、目标规划法等。理想解法先逐一求解各目标函数的最优值，由所有最优值形成的目标函数值矢量即理想解，然后从非劣解集中找到距离理想解最近的方案。该方案往往具有较好的协调性，使得各个目标函数的取值均在折中均衡的状态，又被称为协调均衡解。将理想解替换为决策者的心理预期方案，则以距离决策者心理预期最近的方案作为推荐方案。

③比较排序类。该类方法将备选方案进行比较排序，决策依据个人偏好，以及方案之间的相对优劣关系进行排序，随后将所有排序结果进行综合，给出方案的综合优劣程度排序。层次分析法（Analytic Hierarchy Process，AHP）即代表性方法，将复杂问题中各因素进行分层，依据一定客观准则对方案进行两两比较，然后采用一致性检验验证排序有效性并给出方案的综合权重。

6.3.3 水库发电优化调度计算方法

6.3.3.1 线性规划法

线性规划是运筹学的一个重要分支，所研究的问题主要有两类：一类是当一项任务确定后，如何统筹安排，尽量做到以最少的人力、物力资源去完成任务；另一类是对已有的人力、物力资源，如何安排使用，并完成任务。在经济领域，这种问题很多。线性规划工作的一个很重要的任务就是在数量上计算出各种最优为现代管理工作中的经济利益服务。当今，线性规划发展非常迅速，已渗透到经济活动的各个领域，加上计算机的日益普及使线性规划成为国家重点推广的现代管理方法之一。

梯级水库优化调度分析的基本方法是以梯级枢纽总体利润最大化为优化目标，明确未知变量，确定约束条件，建立线性规划模型，最终实现发电企业经济效益最大化的生产调度方式。

1. 目标函数

发电收入 Q= 电站出力 $P\times$ 电价 $L\times$ 时间 t

电站出力 P 在一定条件下可视为水头的线性函数：

$$P_i = K_i h_i + C_i$$

式中，P_i——第 i 座水电站的出力；

K_i——系数；

h_i——水头；

C_i——常数。

在各约束条件下，使目标函数达到最大值。分析发电企业实际生产过程中的日发电情况，设模型的未知变量为发电企业电站的水头 h_i（j=1，2，…，n）

现假设各梯级水电站电价 L_i 均已知，水电站出力 P 是不断随时间不断变动的函数。在 t 时间段内，梯级电站效益 Q 为水电站出力 P 与电价 L 乘积的积分：

$$\max Q = \int_0^t \left\{ (K_1 h_1 + C_1)L_1 + (K_2 h_2 + C_2)L_2 + \cdots + (K_n h_n + C_n)L_n \right\} \mathrm{d}t$$
$$= \int_0^t \sum_{j=1}^n (K_j h_j + C_j)L_j \mathrm{d}t \tag{6-45}$$

2. 水头约束

在发电企业实际生产调度过程中，单级水头及梯级总水头总是受到来水量、库容、枢纽高程以及调度规程等制约，增添相应约束条件即可，建立约束不等式：

$$\begin{cases} h_1 \le b_1 \\ h_2 \le b_2 \\ \vdots \\ h_n \le b_n \\ h_1 + h_2 + \dots h_n \le b \end{cases} \tag{6-46}$$

式中，h_1，h_2，…，h_n——第 1，2，…，n 座水电站的水头；

b_n——第 n 座水电站允许的最高水头。

3. 电力市场需求约束

为了方便说明问题。假设发电企业所发电均能及时销售，即 $P_1+P_2+\cdots+P_n \ge 0$，无上限约束。

4. 非负约束

因为水电企业在实际生产过程中出力一般不可能为 0，所以所有变量 $P_j(j=1,2,\cdots,n)>0$。

综上所述，建立梯级水库优化调度决策分析的线性规划模型如下：

$$\max Q = \int_0^t \sum_{j=1}^n \left(K_j h_j + C_j \right) L_j \qquad (6\text{-}47)$$

$$\text{s.t.} \begin{cases} h_1 \leqslant b_1 \\ h_2 \leqslant b_2 \\ \quad \vdots \\ h_n \leqslant b_n \\ h_1 + h_2 + \cdots + h_n \leqslant b \end{cases} \qquad (6\text{-}48)$$

梯级水电站实际运行中，在一定时间内，水电站出力相对稳定，波动很小，基本可作为时间 t 的常数，则式（6-47）也可简化为

$$\max Q = t \sum_{j=1}^n \left(K_j h_j + C_j \right) L_j \qquad (6\text{-}49)$$

6.3.3.2 动态规划法求解原理

动态规划是运筹学的一个分支，是解决多阶段决策过程最优化的一种数学方法。动态规划及其改进方法，如马尔柯夫决策规划、随机动态规划、离散微分动态规划等也是水电站水库优化调度计算中应用广泛的一种方法。

当一个系统中含有时间变量或与时间有关的变量，且其现时状态与过去和未来的状态有关联时，这个系统称为动态系统。动态系统的优化问题是一个与"时间过程"有关的优化问题。在寻求动态系统的状态与最优决策时，不能只以某一时刻着眼，得到一个状态和决策的优化结果就算结束，而是要在某一时期内，连续不断地做出多次决策，得到一系列状态和最优决策，使得系统在整

个过程中，由这一系列决策造成的总的效果为最优。换句话说，就是在实践过程中，依次采取一系列最优决策，来求得整个动态过程的最优解。这种动态过程寻优的一种数学方法，被称为动态规划法。

　　动态规划的理论依据是 20 世纪 50 年代贝尔曼（Bellman）提出的最优性原理。最优性原理可以叙述为："作为整个过程的最优策略具有这样的性质：无论过去的状态和决策如何，对以前面的决策所形成的状态作为状态而言，余下的诸决策必须构成最优策略。"动态规划的基本方法是把一个复杂的系统问题分解，形成一个多阶段的决策过程，并按一定顺序或时序，以第一阶段开始，逐次求出每段当系统发生所有可能的状态时的最优决策，并经历各阶段到达终点，从而求得整个系统的最优决策。例如，本节应用动态规划法求解水库优化调度时，就是按时间过程把水库调度过程分为若干时段，在每个时段都根据时段初水库的蓄水量、该时段的入库径流量及其他已知条件，做出本阶段放水量的决策。在选定本阶段放水量的决策以后，根据水量平衡原理得到本时段末（下一时段初）的水库蓄水量，并以此作为下一时段初的初始蓄水量，对下一阶段的放水量做出决策。随着时间过程的递推，依次做出各个时段放水量的决策系列。在选择各个时段的最优决策（最优放水量）时，不能只考虑本阶段所取得效益的大小，而要争取在长期内的总效益达到最大。

　　动态规划法的基本步骤如下：

　　①定义阶段变量。制定长期调节水库运行调度策略时，一般将其整个调节期从开始到终端划分为 M 时段，以各时段的顺序编号，作为阶段变量。

　　②定义状态变量。在水库调度中，常以每个时段的水库蓄水量 V（或水位 Z）作为状态变量。在调节计算期中，计算期开始时刻的 V 称为初始状态，终端时刻的 V 称为终端状态；初始状态为一个确定的状态，为已知计算期的初始水库蓄水量，终端状态为多次递推计算求得的稳定的水库蓄水量。调节期中任一时段初、末的状态，分别以 V_i 和 V_{i+1} 表示，V_{i+1} 也是第 $i+1$ 时段的初始蓄水状态。

　　③定义决策变量。在任一面临时段 i 时段初的 V_i 定值条件下，为了实现系统总体最优，需要决策引用流量 $q_i(V_i)$。因此，定义 $q_i(V_i)$ 为第 i 时段的决策变量。

　　④列出状态转移方程。在水库调度系统中，水量平衡方程即状态转移方程。根据上述的状态变量及决策变量，水库调度系统的状态转移方程为

$$V_{i+1} = V_i + (Q_i - q_i)T \qquad (6\text{-}50)$$

式中，Q_i——第 i 阶段的入库流量；

　　　T——时段内的秒数。

⑤列出目标函数方程。以"发电量最大"作为优化准则，水库在任意阶段 i 采用某个决策 q_i 时，可以计算得到相应的发电量。在水库调度系统中，每个阶段的发电量指标 e_i 与阶段状态 V_i 及阶段决策 q_i 有关，所以其阶段发电量为

$$e_i = e_i(V_i, \ q_i) \tag{6-51}$$

整个调节周期总的发电量指标为

$$E(V_i) = \sum_{i=1}^{M} e_i(V_i, \ q_i) \tag{6-52}$$

⑥建立水库优化调度的寻优递推方程。进行水库优化调度的目的，就是要获得最优的目标函数：

$$E^* = \mathrm{opt} \sum_{i=1}^{M} e_i(V_i, \ q_i) \tag{6-53}$$

利用动态规划寻求的逆时序递推公式为：

$$E^*(V_i) = \max \left\{ e_i(V_i, \ q_i) + E^*(V_{i+1}) \right\} \tag{6-54}$$

式中，E^*——整个计算期的发电量最大值；

　　　$E^*(V_i)$——第 i 时段的总发电量最大值，即从第 i 时段初的水库蓄水量 V_i 出发，面临时段 i 及余留使其各自最大发电量的累加值；

　　　$e_i(V_i, \ q_i)$——面临时段 i 在时段初水库蓄水量为 V_i 和该时段决策引用流量为 q_i 时的时段发电量，它隐含为时段最大发电量值；

　　　$E^*(V_{i+1})$——余留使其在其初始水库蓄水量 V_{i+1} 时的最大发电量值。

⑦明确约束条件。水电站运行调度中的约束条件以水库的任务不同而不同，一般有以下各项：

$$Z_{\min} \leqslant Z_i \leqslant Z_{\max}$$

$$V_{\min} \leqslant V_i \leqslant V_{\max}$$

$$N_{\min} \leqslant N_i \leqslant N_{\max}$$

$$q_{\min} \leqslant q_i \leqslant q_{\max}$$

式中，$Z_{\min}$，$V_{\min}$——水库死水位及相应库容；

$Z_{\max}$，$V_{\max}$——水库最高兴利水位及相应库容，其中非汛期为水库正常蓄水位及相应库容，汛期为水库防洪限制水位及相应库容；

$N_{\min}$，$N_{\max}$——水电站最小要求出力和预想出力；

$q_{\min}$，$q_{\max}$——水轮机最小过机流量和最大过机流量。

6.3.3.3 增量动态规划法

动态规划方法的优点显著，具有严格的理论，全局情况下绝对收敛，求解效率高，但处理多维问题时，容易遇到"维数灾"。增量动态规划法是一种改进的动态规划法，采用逐次逼近的方法来解决高维问题。增量动态规划法采用动态规划的后反馈递推公式，它在初始可行的轨迹下寻求改进的轨迹，然后在新定义的"廊道"内寻求改进新的轨迹。

$$f_j^*\left(S_j\right) = \max/\min\left\{C_{S_j X_j} + f_{j+1}^*\left(S_{j+1}\right)\right\} \tag{6-55}$$

$$S_{j+1} = t(S_j,\ X_j) \tag{6-56}$$

式中，X_j——j 期的决策变量；

$S_{j+1} = t(S_j,\ X_j)$——状态转移方程；

S_j——系统状态；

$C_{S_j X_j}$——在决策变量 X_j 下的效益函数；

$f_{j+1}^*\left(S_{j+1}\right)$——累积最优效益函数。

经过改进，得到一条当前"廊道"划分下的最优轨迹和相应的最优目标函数值，然后在这个最优轨迹附近建立新的"廊道"，并且"廊道"宽度逐渐变窄。当满足收敛准则时，计算过程结束。以水库水位作为各个时段的状态变量，以水库的下泄流量作为各个时段的决策变量，取"廊道"的最终宽度缩小到一定程度为收敛准则，即当"廊道"缩窄到一定程度时停止迭代。寻优"廊道"如图 6-16 所示。

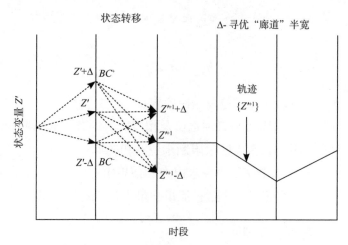

图 6-16　增量动态规划寻优示意图

6.3.3.4　逐步优化法

逐步优化方法是动态规划法最优原理的一个推论，其基本思想是：先将多阶段优化问题分解为若干个子问题，子问题之间通过系统状态进行联系，通过对这些子问题逐级迭代求解，最终得出原问题的解。该方法的优点在于，在求解每个子问题时只需考虑与该子问题相邻的两个时段的子目标值，从而大大减小了计算过程中所占用的内存。

任给一个系统，设其状态方程为

$$S_{i+1} = f_i\left(S_i,\ R_i\right) \tag{6-57}$$

式中，S_i——时段的状态变量；

R_i——i 时段的决策变量；

f_i——i 时段的状态转移函数。

目标函数为

$$F = \max\sum_{i=1}^{N} g_i\left(S_i,\ R_i\right) \tag{6-58}$$

式中，g_i——i 时段系统效益值，对不同的具体目标有不同的形式。

将式（6-58）展开，得

$$F = \max_{S_i}\left[g_1\left(S_1,\ S_2\right),\ g_2\left(S_2,\ S_3\right) +\quad + g_N\left(S_N,\ S_{N+1}\right)\right], i = 1,2,\cdots,N \tag{6-59}$$

设一满足约束条件的初始轨迹 S_1^0, S_2^0, $\cdots$, S_{N+1}^0，将其代入式（6-59），得

$$F = \max \left[g_1 \left(S_1^0, \ S_2^0 \right), \ g_2 \left(S_2^0, \ S_3^0 \right) + \ + g_N \left(S_N^0, \ S_{N+1}^0 \right) \right] = F^0 \qquad （6-60）$$

利用逐步优化法的求解过程为如下：

设 $S_i = S_i^0 (i = 1,3, \ \cdots, \ N+1, \ i \neq 2)$，则有

$$F = \max_{S_1} \left[g_1 \left(S_1^0, \ S_2^0 \right), \ g_2 \left(S_2^0, \ S_3^0 \right) + \ + g_N \left(S_N^0, \ S_{N+1}^0 \right) \right] \qquad （6-61）$$

所以求解 S_2 的最优决策等价于：

$$F^{12} = \max_{S_2} \left[g_1 \left(S_1^0, \ S_2 \right) + g_2 \left(S_2, \ S_3^0 \right) \right] \qquad （6-62）$$

当求得 S_2 的最优值 S_2^{10} 后，以 S_2^{10} 作为初始值，同样对 S_2 求解两阶段问题：

$$F^{13} = \max_{S_3} \left[g_2 \left(S_2^{10}, \ S_3 \right) + g_3 \left(S_3, \ S_4^0 \right) \right] \qquad （6-63）$$

重复上述步骤。一般地，对第 n 个子问题有

$$F^{jn} = \max_{S_n} \left[g_{n-1} \left(S_{n-1}^{j0}, \ S_n \right) + g_n \left(S_n, \ S_{n+1}^{j-10} \right) \right], \ n = 2,3, \ \cdots, \ N \qquad （6-64）$$

其中，j 为迭代次数。一次迭代指 n 从 2 到 N 计算全部完成。所有状态以第一次迭代得到的改进值作为初始值再进行下一次迭代计算。迭代的收敛条件为两相邻迭代计算的状态轨迹变化最大值在设定的精度范围内。

逐步优化法是 1975 年加拿大学者提出的，用于求解多状态动态规划问题，已经证明这个算法能够收敛到整体最优解。该方法根据最优化原理的思想，提出了逐步最优化原理，即"最优策略具有这样的性质，每两阶段的决策相对其始端决策和终端决策是最优的"。

逐步优化法将多阶段问题转化为多个两阶段问题，每次都只对多阶段决策中的两个阶段的决策进行优化调整，将上次优化结果作为下次优化的初始条件，再进行下一次的寻优。如此逐时段进行，反复循环，直至收敛。逐步优化法适用于求解多阶段动态优化问题，属于动态规划算法，在水资源研究中应用较多，是水库调度中较为成熟的一种优化算法。其优点是：对动态规划数学模型中的状态变量和决策变量不需要进行离散，而是直接按连续变量求解，这样可避免因状态变量离散化而引起的"维数灾"问题。逐步优化法具有隐性并行搜索的特性，其计算效率高，耗费时间较短，可以保证在所有的情况下都收敛

到真正的总体最优解，编程也较容易。

为方便描述，以单一水库四个阶段为例描述该算法的求解步骤，如图 6-17 所示。

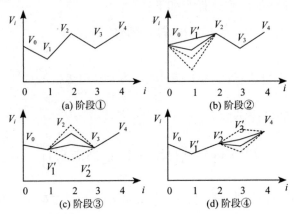

图 6-17　逐步优化法单个水电站寻优示意图

阶段目标函数为

$$\text{Opt } E = \max\left(N_i + N_{i+1}\right)$$

式中，i=1，2，3，4，初始库容 V_0 和终止库容 V_4 为已知，计算步骤如下：

①确定初始状态序列（初始调度线）。在该水库库容的允许变幅范围内拟定初始调度轨迹线为 V_0，V_1，V_2，V_3，V_4。

②固定 V_0，V_1，V_2，V_3，V_4，调节水库库容 V_1，使得在第 1 和第 2 两个时段目标函数达到最优，即

$$\text{Opt } E = \max\left(N_1 + N_2\right) \tag{6-65}$$

则相应的 V_1 变为 V_1'，得到新轨迹 V_0，V_1'，V_2，V_3，V_4。

③固定 V_0，V_1，V_2，V_3，V_4，调节水库库容 V_2，使得在第 2 和第 3 两个时段目标函数达到最优，相应的 V_2 变为 V_2'，得到新轨迹 V_0，V_1'，V_2'，V_3，V_4。

④固定 V_0，V_1，V_2，V_3，V_4，调节水库库容 V_3，使得在第 3 和第 4 两个时段目标函数达到最优，相应的 V_3 变为 V_3'，得到新轨迹 V_0，V_1'，V_2'，V_3'，V_4。

⑤反复迭代直到收敛。若

$$\Delta = \max_i = \text{abs}|V_{i'} - V_i|, (i=1,2,3) \tag{6-66}$$

大于预先给定的精度要求，则令 $V_i \Leftarrow V_i'$，$i=1$，2，3进行第二次迭代，重复步骤②至④，直到前后两次所得到的轨迹满足精度要求为止。

逐步优化法求解的关键在于选择一个既合理又可行的两阶段寻优计算方法。本节研究采用0.618法（黄金分割法）求解两阶段优化问题，如图6-18所示。0.618法是较成熟的求解非线性规划问题的算法，具有状态变量不必离散、易搜索最优解等优点。0.618法求解的基本原理如下：

图6-18　0.618黄金分割法示意图

①找出状态空间中的极大点 $V_i^{\max}$ 和极小点 $V_i^{\min}$，令 $b = V_i^{\max}$，$a = V_i^{\min}$。

②目标函数 $\max E(x)$，$x_2 = a + 0.618(b-a)$，$x_1 = a + 0.321(b-a)$。

③计算 $E(x_1)$、$E(x_2)$，如果 $E(x_1) > E(x_2)$，则 $x_2 < b$；如果 $E(x_1) < E(x_2)$，则 $x_1 < a$。

④判断 $\mathrm{abs}|E(x_1) - E(x_2)| / E(x_1) < \varepsilon_1$ 和 $\mathrm{abs}|x_1 - x_2| < \varepsilon_2$ 是否成立。若成立，则输出最优值；若不成立，则回到步骤①重新计算。ε_1 和 ε_2 为非常小的数。

6.3.3.5　粒子群算法及改进算法

梯级水电站群所涉及的单元众多，上下游水电站关系错综复杂，系统规模庞大，其优化调度实质是一个高维、强耦合的非线性复杂系统问题。传统的求解方法如线性规划、非线性规划、动态规划、逐步优化法等在求解过程中都存在计算时间过长、求解精度不高等问题。近年来，智能算法的出现给梯级水电站的优化调度提供了新的思路。相比传统的优化算法，智能算法对目标函数与约束条件的要求不高，在处理非凸、不可微、非连续等复杂问题上具有明显的优越性，因此，在水库优化调度中广泛应用。

粒子群优化算法作为一种新型的智能进化算法，具有简便易行、对目标函数和约束条件要求低、收敛速度快等特点，已被广泛应用到电力系统中非线性、不可微的复杂优化问题中。但是粒子群优化算法不是全局收敛算法，容易陷入局部最优，导致"早熟"现象。因此，在粒子群优化算法的基础上，本节从宏观和微观两个层面对粒子群优化算法进行改进，提出文化粒子群算法和病毒粒子群算法，以克服粒子群优化算法的"早熟"现象和后期收敛速度慢等缺点。

1. 粒子群优化算法思想

在模拟鸟群觅食过程中的迁徙和集群行为时，相关学者通过对鸟群飞行的研究发现，每只鸟仅仅是追踪它有限数量的邻居，但最终的整体结果是整个鸟群好像在一个中心的控制之下，即复杂的全局行为是由简单规则的相互作用引起的。粒子群优化算法源于对鸟群捕食行为的研究，一群鸟在随机搜寻食物时，如果这个区域里只有一块食物，那么找到食物的最简单有效的策略就是搜寻目前离食物最近的鸟的周围区域。在粒子群优化算法中，每个粒子代表待求解问题的一个潜在解，相当于搜索空间中的一只鸟，每个粒子都能够感知自身的历史最优位置和全局最优位置，通过群体间的信息共享和个体自身经验的总结来不断修正每个粒子的行为策略，并根据当前状态和简单的运动规则，调整自己下一步的飞行速度和方向，逐步接近最优解。

2. 粒子群优化算法数学描述

随机生成一个粒子群，设粒子个数为 U_0，粒子 i 在 M 维搜索空间中的位置向量表示为 x_i，其"飞行"速度向量表示为 v_i。在每一次迭代中，粒子 i 通过跟踪两个"极值"来更新自己，一个是粒子 i 自身所经历的最佳位置记作 P_i^t，另一个是整个粒子群经历的最佳位置，记作 P_g^t，粒子 i 将改变速度和位置。

$$v_i^{t+1} = w \cdot v_i^t + c_1 r_1 \left[p_i^t - x_i^t \right] + c_2 r_2 \left[p_g^t - x_i^t \right] \tag{6-67}$$

$$x_i^{t+1} = x_i^t + v_i^{t+1} \tag{6-68}$$

式中，w——惯性权重，决定了先前速度对当前速度的影响程度，能够平衡算法的全局搜索和局部搜索能力。一般设 w 随时间线性减少；

r_1，r_2——0 ~ 1 之间的随机数；

c_1，c_2——加速正常数，一般取 $c_1=c_2=2$。

3. 粒子群优化算法计算流程

①参数初始化。随机产生 U 个符合约束条件的粒子，并初始化各粒子的初始速度 v_i 与初始位置 x_i。设定加速常数 c_1 和 c_2，惯性权重 w，最大进化迭代数 G。

②根据适应度函数（粒子的适应度函数一般是根据所求的问题设定，通常以所求问题的目标函数与约束条件组成的罚函数形式表示）计算每个粒子的适应度函数值。根据计算结果，更新每个粒子自身所经历的最佳位置 p_i^t，以及整个粒子群经历的最佳位置 p_g^t。

③改变粒子的速度和位置，生成下一代粒子群。

④判断算法迭代过程是否达到终止条件。算法迭代的终止条件一般为设定

最大迭代次数或粒子群迄今为止搜索到的最优位置的适应度值满足预定阈值。若满足终止条件，寻优结束，否则转入步骤②继续寻优。

4. 文化粒子群算法

（1）文化算法

在人类社会中，文化是存在于一定文明、社会及社会群体（尤其是一个特殊的时代）中的包含了知识、习俗、信念、价值等的复杂系统。从人类学角度来看，文化被定义为：一个通过符号编码表示众多概念的系统，而这些概念是在群体内部及不同群体之间被广泛和历史般长久传播的。文化被看作信息的载体，可以被社会所有的成员全面接受，并用于指导每个社会成员的各种行为。1994 年，相关学者基于对人类社会的进化过程思想的模拟，提出了文化算法（Cultural Algorithm，CA）。种群在文化的作用下以一定的速度进化并适应环境，这个速度超越了生物单纯依靠基因遗传的进化速度。文化算法中，个体知识通过一定的传递方式在另一个层面上积累和交流后形成经验，然后反过来指导种群空间的群体进化，文化算法的基本框架如图 6-19 所示。

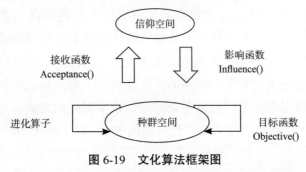

图 6-19　文化算法框架图

不同于其他进化算法，文化算法包含两个进化空间：由具体个体组成的种群空间（Population Space）；由进化过程中获取的知识和经验组成的信仰空间（Belief Space）。这两个空间通过接受函数和影响函数组成的通信协议进行交流。

文化算法进化的原理：在种群空间，个体通过目标函数来计算适应值，然后个体将在迭代进化过程中形成的经验信息等，通过接受函数传递到信仰空间；在信仰空间，通过一定的规则将接收到的个体经验信息等进行总结和提炼，并通过更新函数更新信仰空间。信仰空间更新后，采用更新信息，通过影响函数指导种群空间中的个体修改自己的行为规则，从而达到高效指引种群空间进化的目的。

（2）文化粒子群算法

文化算法实质是提供了一种高效的算法框架，任何一种基于种群的进化算法都可以为文化算法的群体空间提供种群。对于信仰空间的定义，最常用的两类是形势知识（SK）和规范化知识（NK），即 <S，N> 结构。粒子群优化 - 文化算法在群体空间采用粒子群优化算法，并在信仰空间中使用 <S，N> 结构来引导群体空间中种群的进化。针对粒子群优化算法易陷入局部最优，导致"早熟"现象问题，利用信仰空间中的形式知识对群体空间陷入局部最优的情况进行监视和改进，利用信仰空间的规范化知识提高算法的计算效率。

（3）信仰空间的定义及更新

形式知识由 $n+1$ 个元素组成（n 为种群规模），如图 6-20 所示，前 n 个元素为（E_1，$\cdots$，E_i，$\cdots$，E_n），其中，E_i 由 i 粒子的历史最优位置（x_1，x_2，$\cdots$，x_m），其对应的适应度值 y_f 和其连续更新的迭代次数组成。第 $n+1$ 个元素为 E_g，由整个种群的历史最优值、其对应的适应度值 y_f 和其连续未更新的迭代次数组成。

初始化形式知识时，每个元素取其对应粒子的初始化位置和初始适应度值，迭代次数值取 0。全局最优元素取初始化群体中适应度值最大的粒子的初始位置和其适应度值，迭代次数值也取 0。每次迭代时，通过接受函数对形式知识进行更新，当某个粒子的当前的适应度值大于形式知识中其对应元素中的适应度值时，用当前粒子的信息更新形式知识中对应的元素，并将元素的迭代次数值赋 0。否则将对应元素的迭代次数值加 1。对于形式知识中的 E_g 也做同样的处理。

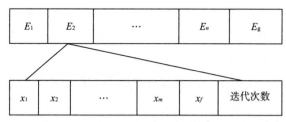

图 6-20 形式知识数据结构图

规范化知识 $N=$（X_1，X_2，$\cdots$，X_m），表示每个决策变量的取值区间信息，m 为决策变量的个数，X_i 表示为 <L，L，U>。其中，$I=[l_i，u_i]=\{x|l_i \leqslant x \leqslant u_i\}$，表示决策变量 i 的取值范围，L_i 表示变量 i 的下限 l_i 所对应的适应值，U_i 表示变量 i 的上限 u_i 所对应的适应值，均初始化为 $+\infty$。假设第 i 个粒子影响第 j 个决策变量的下限，第 k 个个体影响 j 的上限，则规范化知识 N 更新为

$$l_j^{t+1} = \begin{cases} x_{i,\,j}^t, & x_{i,\,j}^t \leqslant l_j^t \text{或} F(x_i^t) < L_j^t \\ l_j^t, & \text{其他} \end{cases}$$

$$L_j^{t+1} = \begin{cases} x_i^{'}, & x_{i,\,j}^t \leqslant l_j^t \text{或} F(x_i^t) < L_j^t \\ L_j^t, & \text{其他} \end{cases}$$

$$u_j^{t+1} = \begin{cases} x_{k,\,j}^t, & x_{k,\,j}^t \leqslant u_j^t \text{或} F(x_k^t) < U_j^t \\ u_j^t, & \text{其他} \end{cases}$$ （6-69）

$$U_j^{t+1} = \begin{cases} x_k^{'}, & x_{k,\,j}^t \leqslant u_j^t \text{或} F(x_k^t) < U_j^t \\ U_j^t, & \text{其他} \end{cases}$$

（4）信仰空间对群体空间的影响

信仰空间通过影响函数对群体空间的粒子施加影响。

①形式知识对群体的影响。为了防止算法陷入局部最优，设定一个阈值。当信仰空间中某个元素的连续未更新迭代次数大于这个阈值时，就将此元素对应的粒子列为待变异个体。当群体中的待变异粒子数达到设定的比率，或者全局最优粒子未更新的迭代次数达到某一阈值时，对所有的待变异个体进行随机交叉变异，并更新它们对应的信仰空间的元素。

②规范化知识对群体的影响。对于每一次迭代不同的粒子，当前位置、状态的不同，则它下一次"飞行"受到的影响也不同，根据当前粒子的位置确定下一步的速度。这体现了知识对各粒子不同的指导作用，使算法更合理有效。

$$x_a(t+1) = s \cdot x_a(t) + (1-s) \cdot x_b(t)$$
$$x_b(t+1) = s \cdot x_b(t) + (1-s) \cdot x_a(t)$$ （6-70）

$$v_{i,\,j}^{t+1} = \begin{cases} w^t \cdot v_{i,\,j}^t + c_1 \cdot r_1 \left[p_{i,\,j}^t - x_{i,\,j}^t \right] + c_2 \cdot r_2 \left[p_{g,\,j}^t - x_{i,\,j}^t \right], & x_{i,\,j}^t < l_j^t, \ x_{i,\,j}^t < p_{g,\,j}^t \\ w^t \cdot v_{i,\,j}^t - c_1 \cdot r_1 \left[p_{i,\,j}^t - x_{i,\,j}^t \right] - c_2 \cdot r_2 \left[p_{g,\,j}^t - x_{i,\,j}^t \right], & x_{i,\,j}^t > u_j^t, \ x_{i,\,j}^t > p_{g,\,j}^t \\ w^t \cdot v_{i,\,j}^t \pm c_1 \cdot r_1 \left[p_{i,\,j}^t - x_{i,\,j}^t \right] \pm c_2 \cdot r_2 \left[p_{g,\,j}^t - x_{i,\,j}^t \right], & \text{其他} \end{cases}$$

（6-71）

式中，"±"——按相同概率取"+"或"-"。

5.病毒粒子群算法

（1）病毒进化理论

病毒进化理论是病毒粒子群算法的基础。病毒转录和反转录是在物种间传播 DNA 片段的核心机制，如图 6-21 所示。物种进化的本质是基因的突变，病毒的入侵将造成细胞内基因急剧变化，这比仅靠细胞自身基因突变要快几十个时间数量级。当病毒带入的基因对物种发展有利，这个物种就得到发展与快速进化；如果不利，这个物种就慢慢消失了。因此，在生命史的某个时期，病毒主宰了物种的兴亡，也对物种的发展做出了巨大贡献。

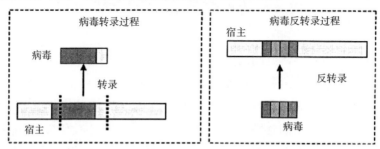

图 6-21　病毒转录与反转录过程

（2）病毒粒子群算法基本原理

病毒粒子群算法在进化过程中生成两种群体：主群体和病毒群体。主群体的实质是问题的解空间，其中每一个粒子都代表一个可行解。主群体在上下代之间纵向传递信息，实现种群的全局寻优；病毒个体通过转录某个主个体的基因片段，并反转录给另一个个体，使此个体部分染色体基因发生变化，从而改变其遗传信息。病毒在同代个体之间横向传递进化信息，指导粒子群的局部搜索。

（3）病毒粒子群算法参数设置

① 主群体的适应度函数。一般是根据所求的问题设定，通常情况下适应度函数以所求问题的目标函数与约束条件组成的罚函数形式表示。对所求模型的约束条件处理，通常是使粒子位置向量的取值范围与模型中的状态变量（如出力和流量等）的上下限对应，而其他不等式形式的约束条件则以惩罚函数来体现。

② 病毒个体对主群体的感染深度用病毒个体适应度函数来衡量。

衡量标准：病毒 i 的适应度定义为所有被 i 感染的主个体的适应度函数变化值之和。

$$S_i = \sum_{j \in s} \left(Pre_{i,\,j} - Aft_{i,\,j} \right) \qquad （6-72）$$

式中，S_i——被病毒 i 感染的主个体集合；

$Pre_{i,\,j}$，$Aft_{i,\,j}$——主群体中 j 个体受病毒 i 感染前和后的适应度函数值。

③病毒生命力用以度量病毒的生存能力。

病毒 i 在 $t+1$ 代的生命力定义为

$$LF_{i,\,t+1} = y \times LF_{i,\,t} + S_i \qquad （6-73）$$

式中，y——生命衰减率。

④病毒活跃度。以病毒在进化过程中被选择感染主个体的概率表示。病毒个体适应度值越大，表明其生命力越强，则在进化过程中被选择感染主群体的概率就越大。但病毒被选择的概率过大，将会造成主群体个体之间的遗传物质局部相似程度过高，导致种群多样性丢失，从而加速收敛到局部最优；反之，被选择概率过小，种群差异性变小，将严重影响收敛速度。为避免上述情况，设定病毒 i 被选择概率为

$$PC = \frac{1}{1 + ae^{-S_i}} + \frac{1}{1 + be^{-m}} \qquad （6-74）$$

式中，m——与病毒 i 基因编码完全相同的病毒个数；

a，b——加权值，分别用来平衡病毒个体和病毒群体的活跃度。一般取 $a>b$，以增强病毒个体的活跃度对其选择概率的影响。

⑤病毒更新机制。以往，许多学者在研究中通常设定病毒个体死亡即生命力衰减到 0 时才生成新的病毒。但在实验过程中发现，病毒在感染了一代或几代个体后生命力可能仍未衰减到 0。而主群体由于受同种病毒的多次重复感染，多样性将迅速下降，严重影响收敛速度。在这里是通过采用个体的染色体相似度来衡量病毒个体是否需要更新。

设 B_{ik} 和 B_{jk} 分别为 i 个体和 j 个体上的第 k 个染色体基因，则这两个个体的染色体欧氏距离用 d_{ij} 表示：

$$d_{ij} = \sqrt{\sum_{k=1}^{n} (B_{ik} - B_{jk})^2} \qquad （6-75）$$

式中，n —— 染色体基因个数。

i 个体和 j 个体相似度表示为染色体 H_{ij}：

$$H_{ij} = \frac{1}{1+d_{ij}}, \quad d_{ij} \in [0, \ +\infty) \tag{6-76}$$

当 H_{ij} 达到设定标准 H 时，为保证群体的多样性，在下一代算法中将重新生成新的病毒个体。

在种群进化中，病毒对主群体的感染进化过程如图 6-22 所示。

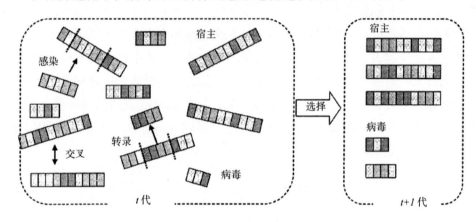

图 6-22　病毒对主群体的感染进化过程

（4）病毒粒子群算法计算流程

① 参数初始化。随机产生符合约束条件的 N 个主群体粒子和 V 个病毒个体。选取学习 c_1 和 c_2、惯性权重 w 和最大进化迭代次数 G；初始化各粒子的速度。

② 计算每个粒子的适应度函数值，并保存粒子 i 自身所经历的最佳位置 P_i^t 和整个粒子群经历的最佳位置 P_i^t 两个"极值"。

③ 采用传统粒子群优化算法，更新主群体。

④ 病毒感染。病毒个体 i 以选择概率 PC_i 对主群体粒子 x_k 进行随机感染，得到另外一个主个体 x_l。

⑤ 重新计算主群体各粒子的适应度值，并更新粒子两个"极值"。并根据粒子感染前后的适应度值计算病毒个体的适应度值、生命力和活跃度。

⑥ 判断迭代是否达到终止条件。算法迭代的终止条件一般为设定最大迭代次数或粒子群迄今为止搜索到的最优位置的适应度值满足预定阈值。若满足终止条件，寻优结束，否则转入步骤③继续寻优。

6.3.3.6 遗传算法

遗传算法是建立在达尔文的生物进化论和孟德尔的遗传学说基础上的一种模拟自然界生物进化选择的优化方法。在自然界中，基因突变或通过基因杂交的方式都有可能产生对环境适应性强的后代，这些适应性强的后代在优胜劣汰的自然选择中生存下来，并将优良的基因结构保存了下来。遗传算法则是基于随机统计学原理，模仿生物的遗传、进化过程。

遗传算法的基本求解步骤如下：

①编码。遗传算法可以采用二进制编码或实数编码，本节实例采用实数编码，即采用梯级水电站时段末水位进行编码。

②生成初始种群。通过一般的随机方法，随机生成给定数量的初始种群个体。然后，计算每个个体相应的适应度值 F_i，个体染色体的优劣按 F_i 的大小来进行评价，F_i 值越大就表示第 i 个个体的染色体质量越好。初始种群中，个体的染色体质量一般较差，遗传算法的任务就是以这些初始的种群个体为基础，通过模拟进化，逐次迭代，逐步选出具有优秀基因的个体，最终找出 F_i 最大时所对应的第 i 个个体。

③个体的选择。在进行 $t+1$ 次优化迭代前，需要从第 t 代种群中按照一定的规则和方法选出较优良的个体参与遗传进化。个体的选择采用选择概率来实现。即适应度值 F_i 大的个体，其给定的选择概率更大，这就使得具有优良基因的个体有更多繁殖后代的机会，有利于优良基因的保留和遗传。

④个体的变异。个体的变异通过变异概率来实现。即个体以设定的某个变异概率将其原本基因串上的基因值改变成其他的等位基因。

⑤重复上述步骤③和步骤④。在迭代过程中，个体适应度值和种群的平均适应度值不断上升，种群中的优良基因随着迭代进化次数的增加逐渐积累，当达到迭代收敛精度时，迭代终止。

6.3.4 中长期水库发电优化调度

中长期水库发电优化调度的基本任务是研究水电站在较长时期内的运行调度方式。水电站中长期发电优化调度主要依靠利用水电站的调节能力，对较长时段内的天然径流进行重新调节分配，蓄丰补枯以达到优化水电系统输出的目的。对于调节能力差或无调节能力的水电站，一般只考虑上游调节能力强的水电站对其补偿调度作用。发电调度方法则大致可分为水库发电调度图法、确定性优化调度方法和随机优化调度方法三类。

1. 水库发电调度图法

水库发电调度图是根据河川径流特性及电力系统和综合用水部门要求编制而成的曲线图，时间为横坐标，水位为纵坐标，由一些控制指示线将不同时期水库水位划分为不同的调度出力区域。它综合反映了各种来水条件下的水库调度规则，是指导水电站水库经济运行的实用工具。常规发电调度图简单直观、易于操作，很好地结合了管理人员的经验，对水库运行调度能够起到一定的指导作用。按照水库发电调度图运行能使水电站很好地满足电力系统提出的可靠性和经济性要求，避免出现因人为差错而造成不应有的损失。在水库实际运行过程中，即使缺乏有效的径流预报，也可根据各时刻水库的实际蓄水量，按照发电调度图及其所体现的调度规则，确定水电站当前应当工作在怎样一个合理状态，计算出水电站各时段出力值和出库流量。水库发电调度图是实现水库合理运行的重要手段，既具有较高的实用性又可以较好地满足各个方面的要求，对指导水电站长期合理、安全、有效运行具有极其重要的意义。在正常年份和丰水年份，水电站能合理利用多余水量发电，减小弃水，增加发电效益。常规发电调度图针对典型枯水年，保证出力区范围较大，在一定程度上牺牲了优化效果。水电站运行时还是以自身水位为指导，并未考虑当前时段其他水库状态，无法充分发挥梯级系统整体利益。

2. 确定性优化调度方法

水库发电调度图法建立在水文稳态性假设的基础之上，用过去的径流序列特性代表未来，没有考虑径流预报，利用的调度信息有限。受气候变化和人类活动的影响，流域水文特征将有可能发生显著变化，水库发电调度图所确定的运行调度策略和相应决策只是相对合理的，难以充分发挥水电站水能效益。因此，为了能够充分利用所获得的水文信息制定调度方案，就需要采用水库优化调度方法。梯级水电站群中长期联合调度面临网络拓扑结构复杂、数据量庞大和约束条件众多等难题。传统的运筹学方法在求解这类问题时不可避免地存在约束处理困难、计算效率低等问题。智能优化算法不受限于任何约束形式，寻优效率高且方式灵活。随着计算机技术的发展进步，一批水电站优化调度领域的专家开始尝试利用智能优化方法求解。

3. 随机优化调度方法

确定性优化调度方法将来水当作已知，没有考虑径流变化的随机性。大多数确定性优化调度成果无法直接用于实际运行中。在无准确的中长期径流预报情况下，确定性理论方法与实际脱节，所得结果往往偏大，通常只具备一定的参考价值。

随机优化调度方法通过大量确定性优化计算成果的统计分析提取调度规则来体现径流随机特性，是一种处理随机来水的经典方法。除利用随机优化调度方法获得调度规则或调度函数外，众多专家学者还对其他中长期随机发电调度模型展开了研究。

6.3.4.1 中长期随机优化调度

水电系统的中长期发电优化调度作为水资源规划管理领域的一个重要分支，是一个复杂的非线性优化问题，因其潜在的巨大经济效益和社会效益，一直倍受国内外学者关注。随着我国水能资源的不断开发，水电规模不断增大，水电系统的优化调度问题变得更加复杂，求解也更加困难。因此，对优化调度的模型和算法的要求相对较高，不仅要求模型要能够处理诸多的复杂约束条件，符合工程实际，还要求优化算法具有求解快速、占用内存少等特点。

中长期发电优化调度的主要目的是确定在某个时间长度（季度、年、三年等）内的水库水位运行策略，以实现资源的优化配置和提高水电系统的运行效益。确定水库水位运行策略主要是通过求解水库群优化调度问题来调整控制期内水电站群的运行方式，从而使水电站群按照特定方式运行，以满足某个预先设定的目标，以求得发电效益和控制期末水库群蓄能之和最大化。

由于受气象、水文、降雨等不确定性因素的影响，中长期径流预报存在着不可避免的偏差，中长期优化调度问题本质具有随机性，即便对采取不同方法描述径流做了确定性处理，问题的不确定性依然存在。通过延长控制期来降低控制期末水库蓄能对调度策略影响的方法在求解上效果也不够理想。因此，用具有随机变量的模型来对水电系统的中长期优化调度问题进行描述更能反映实际情况。

随机动态规划是一种可灵活处理非线性和随机特性，并具有闭环反馈控制策略的优化方法。当入库径流被看作随机过程时，随机动态规划被广泛应用于求解水库群优化调度问题。在随机动态规划中，控制期为递推计算的次数。当控制期足够长时，控制期末水库蓄能对下一时段水库运行决策的影响可忽略不计。与此同时，当前时段的水库运行策略也将收敛于最优策略。但当考虑多库情况时，由于需要求解各个时段水库在不同状态下的余留效益或最优决策，随机动态规划会遭遇所谓的"维数灾"瓶颈，导致计算困难甚至无法计算。也有学者曾尝试使用聚合一分解法来降低维数影响，但都收效甚微。迄今为止，随机动态规划所能求解问题的状态变量个数仍无法超过四个。

于是，出现了结合确定性优化模型和径流预报的确定性优化方法来代替闭环优化。在确定性优化策略下，每个时段初对径流进行预报，预报结果作为确定性优化模型的输入，然后求解确定性优化模型得到当前时段的运行策略。确定性优化方法本质上是采用更长的控制期来消除控制期末水库蓄能对运行决策的影响。由于随着控制期的延长，径流预报的误差也随之增加，由确定性优化策略所得的水位控制策略结果往往偏离最优运行策略。

一言以蔽之，随机动态规划的闭环反馈控制策略通过增加控制期来使当前的调度决策收敛于最优解，是求解水库群优化调度问题的最佳方法。但由于存在维数问题的瓶颈，无法求解大规模水库群优化调度问题。开环确定性优化策略则可较容易地求解大规模维数问题，使水库运行决策收敛于最优策略。但由于控制期的延长，径流预报误差也随之加大。另外，控制期末水库蓄能估计也存在偏差，也会导致水库运行偏离最优运行方式。

还有一种随机优化方法（Stochastic Optimization Approach，SCA），采用开环确定性优化策略，充分考虑径流预报中的随机性（误差），使之同时具有随机优化方法闭环反馈控制策略和开环确定性优化策略的优点。该方法并没有采用确定性优化策略中将径流看作确定性输入或平均值输入的通常做法，而是将自然径流看作受预报影响的白噪声随机变量，充分考虑了径流预报的不确定性。通过增加控制期来消除控制期末水库蓄能对水库运行方式的影响，使当前的调度策略收敛于最优策略，并推断当控制期足够长时，控制期的中间会出现年循环现象。控制期可划分为受控制期初水位和径流预报影响的过渡期（Transition Period，TP）、年循环期（Annual Cycle Period，ACP）和结束期（End Period，EP）。

在年循环期中，某一时段的约束条件和径流概率分布在各年份中没有差异，即在年循环期中优化模型采用的数据呈现周期性年循环的特点。基于这种年循环的特点，可以合理地假设在年循环期内水库的最优水位过程也会出现年循环的特点，在水库的实际运行中，只选取第一个时段末的最优水位来指导水库运行，因此有必要构造一个包含过渡期的实时调度期。实时调度模型基于这样的思想：水库水位从每时段初的实际水位出发，并保证实时调度期末水库水位收敛于年循环水位轨迹的最优水位，取实时调度期第一时段水库最优水位用于指导水库的实际运行。至此，随机优化模型可由一个年循环模型和一个实时调度模型组成。

年循环和实时调度模型为两个独立的模型，求解采用直接搜索法，有效地避开了动态规划求解时遇到的"维数灾"问题，并且既不要求优化问题目标函数连续或可导，也不要求目标函数可解析表达，适于求解大规模的复杂水电调度问题。

6.3.4.2 随机优化调度模型

中长期水库优化调度要根据水库的任务与调节性能，在保证水库及大坝的安全前提下，通过调蓄水库，合理地对天然入流进行蓄泄，提高水能利用率，以保证电网安全、稳定、优化运行。中长期水库群随机调度的目的即在一定的控制期内对入库径流和水库蓄水量进行调节与分配，将输入能量优化分配到更短的时段中，来获得最大的运行效益，目标函数的数学表达如下：

$$\max S_{it} E_{Q_{it}} \left\{ \sum_{t=0}^{T-1} \sum_{i=1}^{N} \left[\eta_i\left(S_{it}\right) \cdot \lambda_{it} \cdot \min\left(R_{it}, \ U_i^{\max}\right)\right] + \atop F_T\left(S_{1T}, \ S_{2T}, \ \cdots, \ S_{NT}\right) \right\} \tag{6-77}$$

式中，$Q_{it} = Q_{it} + \varepsilon_{it}$；

S_{it}——t 时段初第 i 个水库库容；

λ_{it}——第 i 个水库的丰枯电价；

T——控制期内时段数；

N——水电站个数；

$F_T\left(\cdot\right)$——控制期末水库蓄能；

R_{it}——t 时段初第 i 个水库出库流量；

$\eta_i\left(S_{it}\right)$——发电效率，水库库容函数；

$U_i^{\max}$——t 时段初第 i 个水电站最大过流流量；

ε_{it}——t 时段初第 i 个水库入库径流预报误差；

Q_{it}——t 时段初第 i 个水库天然入库流量的随机变量。

预报误差 ε_{it} 为白噪声随机变量，其不确定性随着预报期的增加而增加，当超过预报期后，其概率分布趋于平稳，表现出年周期循环的特点。

由于径流为受预报影响的白噪声随机变量，且相邻时段的径流相互独立，当 N 很小时，目标函数可由随机动态规划求解，即求解以下后向递推方程：

$$f_t\left(S_{1t}, \ S_{2t}, \ , \ S_{Nt}\right) = \max S_{1t+1}, \ S_{2t+1}, \ , \ S_{Nt+1}$$

$$E_{Q_{it}} \left\{ \sum_{i=1}^{N} \left[\eta_i\left(S_{it}\right) \cdot \lambda_{it} \cdot \min\left(R_{it}, \ U_i^{\max}\right) + f_{t+1}\left(S_{1t+1}, \ S_{2t+1}, \ , \ S_{Nt+1}\right)\right] \right\} \tag{6-78}$$

式中，$f_t\left(S_{1t}, \ S_{2t}, \ \cdots, \ S_{Nt}\right) = F_T\left(S_{1T}, \ S_{2T}, \ \cdots, \ S_{NT}\right)$，$t = 0, \ 1, \ \cdots, \ T-1$。

$f_t\left(S_{it},\ \cdots,\ S_{Nt}\right)$ 是 t 时段初余留效益，为时段初库容 $\left(S_{it},\ \cdots,\ S_{Nt}\right)$ 和时段末库容 $\left(S_{it+1},\ \cdots,\ S_{Nt+1}\right)$ 的函数。

由式（6-78）可求得控制期内水库水位的最优运行策略，当控制期增加到足够长时，当前时段末的水位收敛于最优水位。控制期可划分为受控制期初水位和径流预报影响的过渡期、年循环期和受控制期末水库蓄能影响的结束期。在年循环期内，某一时段的约束条件和径流概率分布特性没有差异，即用于优化的数据输入呈现年周期循环的特点。基于这种稳态特点，可以合理地假设在年循环期内水库最优运行轨迹也会出现周期性年循环，即 $S_{it}^{opt}=S_{it+1}^{opt}$。

由于只有控制期 T 内第 1 时段末的水库最优水位被用来指导水库的实际运行，水库调度策略可以等价于：在每时段初，确定在一个实时调度期内收敛于最优年循环水位轨迹的最优水位过程，并把实时调度期内第一时段末的水库最优水位用于指导水库实际运行。初步设想：该调度策略需要构建和求解一个实时优化调度模型来确定实时调度期的最优水位轨迹，其中实时调度期包含过渡期和一个年循环期，并保证水位在实时调度期末收敛到年循环期最优水位轨迹；其中，年循环期最优水位轨迹可通过求解一个年周期优化调度模型来确定。

1. 年循环模型

在年循环优化调度模型中，水库水位满足年初水位等于年末水位的周期性条件，由于年循环期内的最优水位过程每年都是相同的，所以只需考虑一年的水库运行过程优化。目标函数如下：

$$\max S_{it} E_Q \left\{ \sum_{t=0}^{T_l-1} \sum_{i=1}^{N} \left[\eta_i\left(S_{it}\right) \times \lambda_{it} \times \min\left(R_{it},\ U_i^{\max}\right) \right] \right\} \tag{6-79}$$

式中，T_l——一年中的时段数，且 $Q_{it}=Q_{it}^{\text{mean}}+\varepsilon_{it}$。

年初水位等于年末水位：

$$S_{i0}=S_{iT_l} \tag{6-80}$$

水量平衡方程：

$$S_{it+1}=S_{it}+Q_{it}+\sum_{j\in\theta(i)} R_{jt}-R_{it} \tag{6-81}$$

水库库容上下限：

$$0 \leqslant S_{it} \leqslant S_{it}^{\max} \qquad (6\text{-}82)$$

出库流量约束：

$$R_{it} \geqslant 0 \qquad (6\text{-}83)$$

式中，Q_{it}^{mean}——t 时段第 i 个水库的平均入流；

$S_{it}^{\max}$——t 时段第 i 个水库的库容上限；

$\theta(i)$——第 i 个水库的直接上游水库集合。

由于年循环期内的最优水位轨迹不受实时信息更新和控制期末蓄能的影响，具有静态与平稳特性，因此年循环优化调度模型只需被离线求解一次，其结果用作实时调度模型的边界条件。

为简化求解，进行以下变形：

$$X_{it} = \sum_{j \in \omega(i)} S_{jt} - S_{it+1} \qquad (6\text{-}84)$$

$$I_{it} = \sum_{j \in \omega(i)} Q_{jt} \qquad (6\text{-}85)$$

式中，$\omega(i)$——第 i 个水库及其直接上游水库的集合。

由此，每个水库的水量平衡可由式（6-86）表示：

$$R_{it} = X_{it} + I_{it} \qquad (6\text{-}86)$$

年循环模型为

$$\max S_{it}, \quad X_{it} \sum_{t=0}^{T_l-1} \sum_{i=1}^{N} \eta_i \left(S_{it}\right) \times \lambda_{it} \times E_{I_{it}} \left\{ \min \left(X_{it} + I_{it}, \ U_i^{\max}\right) \right\} \qquad (6\text{-}87)$$

$$I_{it} = I_{it}^{\text{mean}} + \xi_{it} \qquad (6\text{-}88)$$

约束条件变为：

$$X_{it} = \sum_{j \in \omega(i)} S_{jt} - S_{it+1}, \quad S_{i0} = S_{il} \qquad (6\text{-}89)$$

$$0 \leqslant S_{it} \leqslant S_{it}^{\max} \tag{6-90}$$

$$X_{it} + I_{it}^{\text{mean}} \geqslant 0 \tag{6-91}$$

$$I_{it}^{\text{mean}} = \sum_{j \in \omega(i)} Q_{jt}^{\text{mean}} \tag{6-92}$$

$$\xi_{it} = \sum_{j \in \omega(i)} \varepsilon_{it} \tag{6-93}$$

式中，I_{it}^{mean}——I_{it} 的最小历史观测值；

S_{it}——I 决策变量而非随机变量。

因此，期望算子 $E_{I_{it}}\left\{\min\left(X_{it} + I_{it},\ U_{it}^{\max}\right)\right\}$ 被移到求和符号内。

假设有 Y 年的时段径流观测资料 $I_{it}^{(y)}(y=1,2,\cdots,Y)$，则发电流量的期望为：

$$E_{I_{it}}\left[\min\left(X_{it} + I_{it},\ U_i^{\max}\right)\right] = \frac{1}{Y}\sum_{y=1}^{Y}\left[\min\left(X_{it} + I_{it}^{(y)},\ U_i^{\max}\right)\right] \tag{6-94}$$

进一步可求解年循环模型得到水库最优运行轨迹 $S_{it}^{\text{cyc}}(t=0,1,\cdots,T_l-1)$。

如果只考虑电站最小技术出力限制和水库最大出库流量约束，则年循环模型很难得到一个满足全部约束的最优解。由于水库运行采用确定性优化策略，而径流为白噪声随机变量，因此即使在水库运行方案确定的情况下，水库出库流量和水电站出力仍是依赖于水库最优运行轨迹的随机变量。

因此，通过合理地确定水库运行方案可在概率意义上满足诸如最小出力限制和水库最大出库流量等的约束条件。例如，给定一个水库运行策略，水库出库流量不大于最大出库流量的概率满足：

$$\begin{aligned}
\text{prob}\left\{R_{it} \leqslant R^{\max}\right\} &= \text{prob}\left\{I_{it} \leqslant R^{\max} - X_{it}\right\} \\
&= \text{prob}\left\{I_{it} \leqslant R^{\max} - \sum_{j \in \omega(i)} S_{jt} - S_{it+1}\right\} \\
&= F\left[R^{\max} - \sum_{j \in \omega(i)} S_{jt} - S_{it+1}\right]
\end{aligned} \tag{6-95}$$

式中，F——I 随机变量 I_{it} 的累积分布函数。

2. 实时调度模型

实时调度模型要求保证在实时调度期末水库水位收敛于年循环最优水库水位。实时调度模型的任务是确定水库水位控制策略使水库水位从实时调度期初水位出发到实时调度期末年循环最优水库水位，使实时调度期内运行效益最大。随着实时调度期的滚动更新，径流信息也在发生着不断变化，故只取第一时段的水库水位来指导水库运行。数学模型如下：

$$\max S_{it} E_Q \left\{ \sum_{t=0}^{\text{RTP}-1} \sum_{i=1}^{N} \left[\eta_i(S_{it}) \times \lambda_{it} \times \min\left(R_{it}, \ U_i^{\max} \right) \right] \right\} \quad (6\text{-}96)$$

径流为受预报影响的白噪声随机变量：

$$Q_{it} = Q_{it} + \varepsilon_{it} \quad (6\text{-}97)$$

水库水位在实时调度期初、末的边界条件分别为

$$S_{i0} = S_i^{\text{ini}} \quad (6\text{-}98)$$

$$S_{i,\text{RTP}} = S_{i,w(\text{RTP})}^{\text{cyc}} \quad (6\text{-}99)$$

式中，S_i^{ini}——I 实时调度期初第 i 个水库水位的观测值；

$S_{i,w(\text{RTP})}^{\text{cyc}}$——$I$ 从年循环模型得到的第 i 个水库的年循环最优水库水位；

$w(\text{RTP})$——实时调度期末在年循环模型中对应的时段编号。

这里，$w(x)=x-T_l$ 且 $T_l \cdot k \leqslant x < T_l \cdot (k+1)$，$T_l$ 为年循环模型中的时段数，k 为非负整数。如取时段间隔为旬，一年中，时段数 T_l=36，则 $w(15)=15(k=0)$，$w(39)=39-36=3(k=1)$。

年循环模型和实时调度模型构造基本相同，不同的是两个模型中控制期末的水位约束，这是因为在实时调度模型中，自然径流是受预报影响的随机变量并随实时调度期的变化滚动更新，而在年循环模型中各年中自然径流趋于相同，没有差异

$$\max_{S_{it}, \ X_{it}} \sum_{t=0}^{\text{RTP}-1} \sum_{i=1}^{N} \eta_i(S_{it}) \times \lambda_{it} \times E_{I_{it}} \left\{ \min\left(X_{it} + I_{it}, \ U_i^{\max} \right) \right\} \quad (6\text{-}100)$$

$$I_{it} = \overline{I}_{it} + \xi_{it} \tag{6-101}$$

约束条件：

$$X_{it} = \sum_{j\in\omega(i)} S_{jt} - S_{jt+1} \tag{6-102}$$

对任意 i 和 t 均已知 S_{i0}，且 $S_{i,\text{RTP}} = S_{i,\ w(\text{RTP})}^{\text{cyc}}$

$$0 \leqslant S_{it} \leqslant S_{it}^{\max} \tag{6-103}$$

$$-\left(\overline{I}_{it} + \xi_{it}^{\min}\right) \leqslant X_{it} \tag{6-104}$$

这里

$$\overline{I}_{it} = \sum_{j\in\omega(i)} \overline{Q}_{jt} \tag{6-105}$$

为 I_{it} 的预报值，ξ_{it} 为预报误差的随机变量，其正负取决于径流预报值是否大于实际值，$\xi_{it}^{\min}$ 为所观测到的径流资料中预报误差 ξ_{it} 的最小值，ξ_{it} 样本可由预报模型和历史径流资料经模拟得到。

设 i 水库某时段 t 的 Y 年径流误差样本 $\xi_{it}^{(y)}(y=1,2,\cdots,Y)$，则目标函数式中的发电流量期望值可由式（6-106）估计得到：

$$\begin{aligned}
E_{I_{it}}\left\{\min\left(X_{it}+\overline{I}_{it}, U_i^{\max}\right)\right\} &= E_{\xi_{it}}\left\{\min\left(X_{it}+\overline{I}_{it}, U_i^{\max}\right)\right\} \\
&= \frac{1}{Y}\sum_{y=1}^{Y}\left[\min\left(X_{it}+\overline{I}_{it}+\xi_{it}^{(y)}, U_i^{\max}\right)\right]
\end{aligned} \tag{6-106}$$

然后，求解实时调度模型得到实时调度期的水库运行方案 S_{it}^{opt}（$t=0,1,\cdots,$ RTP-1），取第一时段末的水库水位 S_{i1}^{opt} 用来指导水库运行。

年循环模型和实时调度模型类似，其目标函数中发电流量期望值 $E_{I_{it}}\left\{\min\left(X_{it}+I_{it},\ U_i^{\max}\right)\right\}$ 可表达为 $E_{\xi_{it}}\left\{\min\left(X_{it}+I_{it}^{\text{mean}}+\xi_{it},\ U_i^{\max}\right)\right\}$，其中 $\xi_{it}=I_{it}-I_{it}^{\text{mean}}$。

6.3.4.3　模型求解方法及流程

由于年循环期内的最优水位轨迹不受实时信息更新和控制期末蓄能的影响，具有静态与平稳特性，因此年周期优化调度模型只需被离线求解一次，其结果作为边界条件来对实时调度模型进行约束。实时调度模型中，当前时段的径流预报误差样本由模拟预报得到。当时段预报径流变化较显著时，由实时调度模型对水库水位轨迹进行调整，并取第一时段的优化结果来指导水库当前的运行。

1. 去顶初始可行解

年循环模型中初始解设水库水位均为正常蓄水位，实时调度模型中控制期初末的水库水位分别为当前观测到的实际水位值和由年循环模型得到的年循环最优水库水位值，求解得到的当前时段末的水库水位作为下一时段的水库初始水位，如此滚动计算下去直至控制期末。如果是第一次计算，那么实时调度模型除控制期初末分别采用水位观测值和年循环水库最优水位值外，其余时段的初始解采用年循环模型中相应时段的水库水位值。如果实时调度模型的初始可行解不可行，则对其进行局部修正至可行为止。

2. 直接模式搜索法

年循环模型和实时调度模型目标函数的非连续性使得用于求解的方法受到了限制。直接模式搜索法的优点在于：当在所求解问题的可行域的搜索过程中，即使达到约束条件的边界时仍然可以沿着其边界继续搜索。整个过程只计算目标函数值，并不涉及目标函数的求导以及解析表达，也不需要对状态变量进行离散处理。

年循环模型和实时模型中具有上限与下限的约束为

$$0\leqslant S_{it}\leqslant S_{it}^{\max} \tag{6-107}$$

$$X_{it}^{\min}\leqslant X_{it} \tag{6-108}$$

式中，$X_{it}^{\min}$——X_{it} 的下限。

决策变量为水库蓄水状态 S_{it}，年循环模型中，决策变量为 S_{it}（$t=0$, 1,

2，⋯，T_{l-1}），决策变量个数为 $T_l \times N$，且 $S_{i0}=S_{iT}$；实时调度模型中，决策变量为 S_{it}（t=0，1，⋯，RTP−1），决策变量个数为 (RTP−1)$\times N$，S_{i0} 为实际观测值，$S_{i,\text{RTP}}$ 由年循环模型控制。T_l，RTP，N 的意义同前，在此不再赘述。

　　直接模式搜索法从一个初始可行解出发，并沿着一个总能得到可行解的方向搜索，直至得到最优解。问题的重点在于如何合理地确定搜索方向。对于一定的目标函数，如果只考虑约束可用坐标轮换法求得最优解，即对当前主调水库进行搜索时，将其他水库的解均设为常数在当前水库的解收敛后，固定此解，将第 2 个水库设为主调水库，并将其他水库的解设为常数，对第 2 个水库进行搜索。如此反复轮换迭代，直至达到各个水库的最优解。但如果同时考虑条件约束，当搜索到达约束条件边界时，坐标轮换法可能会失去作用。因此，我们希望当搜索到达约束条件的边界时仍然能沿着其边界进行搜索，实时调度模型中搜索模式如图 6-23 所示。

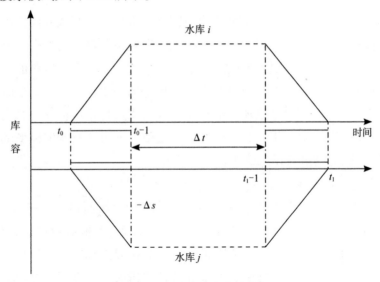

图 6-23　模式搜索法示意图

　　直接模式搜索法可简单描述为：对于主调水库 i，从 t_0+1 时段初到 t_1−1 时段末，水库蓄水增加 ΔS，对于协调水库 j，水库蓄水则减少 ΔS。对处于水库 i，j 出库流量汇流处下游的水库来说，其出库流量并没有受到影响，即当考虑水库出库流量约束时，若搜索到达约束条件的边界，则该方法仍能够沿着约束条件的边界进行搜索；若搜索达到水库库容约束条件大于边界，可通过改变 t_1 的值来使其沿着边界进行搜索。

　　实时调度模型可以通过搜索来求解，但年循环模型与 t_0 和 t_1 的取值有关。

从搜索方向可以看出水库蓄水状态在实时调度期初末是不变的，这是因为实时调度期初、末的水库水位分别为实际观测值和由年循环模型得到的年循环最优水库水位值。但在年循环模型中，控制期初末水位虽然相同，却可以一起变化。于是，年循环问题可以看作一个没有开头和没有结束、一个为期一年的循环期。因此，年循环问题中的搜索方向因 t_0 和 t_1 组合的不同而异。

由于年循环问题中的搜索方向数量几乎是实时调度模型中搜索方向数量的两倍，年循环问题的求解要比实时调度模型的求解更耗时。值得注意的是，当取 $t_1=t_0+2$ 时，该模式搜索方法即众所周知的逐步优化法。这里调整 t_0 和 t_1 的目的主要是加快求解速度和降低当到达约束条件边界时迭代过早停止的概率。

当搜索方向确定后，可采用一维搜索来得到该方向上的最佳步长。传统的一维搜索方法包括变步长试验法、黄金分割搜索法、试错法等。从上述三种方法仿真结果来看，变步长试验法和试错法计算速度快，但结果不稳定，黄金分割搜索法计算速度最慢但结果可靠。为保证试验结果稳定可靠，本节采用了黄金分割搜索法。

3. 水电转换关系

水电站出力通过式（6-111）进行计算：

$$G_{it} = e_i \times h_i(S_{it})U_{it} \tag{6-111}$$

式中，U_i——水电站 i 在 t 时段内的出库流量；

h_i——水电站 i 的水头，由式（6-112）决定：

$$h_i = h_i^{min} + \alpha \times \sqrt[3]{S_{it}} \tag{6-112}$$

$$h_i^{max} = h_i^{min} + \alpha \times \sqrt[3]{S_i^{max}} \tag{6-113}$$

基于将水库形状近似看成椎体形状的假设构造，有式（6-114）：

$$V = \frac{1}{3}\pi r^2 \times h = \frac{1}{3}\pi(\lambda \times h)^2 \times h \tag{6-114}$$

式中，λ——水库库容系数。

实际中要更精确地确定水电站的水头不仅需要水库库容曲线，还需要尾水管泄流曲线，相对复杂，本节只是分析水电站近似水头。

实时调度模型中径流预报采用一阶自回归模型 AR（1）进行预报：

$$x_t = \phi_t x_{t-1} + \xi_t \tag{6-115}$$

式中，x_t——标准化径流；

　　　ϕ_t——相关系数；

　　　ς_t——随机变量。

$$x_t = \phi_t x_0 + \xi_t \qquad (6\text{-}116)$$

ξ_t 为随机变量且有

$$\phi_t = \prod_{j=1}^{t} \phi_j \qquad (6\text{-}117)$$

模拟预报模型可表示为

$$Q_t = \bar{Q}_t + \phi_t \times \frac{\sigma_t \left(Q_0 - \bar{Q}_0 \right)}{\sigma_0}, \quad t \geqslant 0 \qquad (6\text{-}118)$$

这里

$$\bar{Q}_t = \frac{1}{Y} \sum_{y=1}^{Y} Q_t^{(y)} \qquad (6\text{-}119)$$

$$\sigma_t = \sqrt{\frac{\sum_{y=1}^{Y} \left(Q_t^{(y)} - \bar{Q}_t \right)^2}{Y-1}} \qquad (6\text{-}120)$$

$$\phi_t = \frac{\sum_{y=1}^{Y} \left[Q_0^{(y)} Q_t^{(y)} \right] - \bar{Q}_0 \bar{Q}_t Y}{\sigma_t \sigma_0 (Y-1)} \qquad (6\text{-}121)$$

式中，Y——径流序列资料的年份数；

　　　y——每年的编号；

　　　$t=0$——当前时段；

　　　Q_0——当前时段的径流。

径流预报误差样本采用 52 年径流序列资料模拟预报得到：

$$\xi_t^{(y)} = Q_t^{(y)} - \left\{ \bar{Q}_t + \phi_t \times \frac{\sigma_t \left[Q_0^{(y)} - \bar{Q}_0 \right]}{\sigma_0} \right\}, \quad t \geqslant 1 \qquad (6\text{-}122)$$

对于年循环模型，由于径流趋于平稳，预报值采用的是多年时段平均径流：

$$Q_t = \bar{Q_t}, \quad t \geq 0 \tag{6-123}$$

相应的有：

$$\xi_t^{(y)} = Q_t^{(y)} - \bar{Q_t}, \quad t \geq 0 \tag{6-124}$$

可得电量期望

$$E_{I_{it}}(G_{it}) = e_i \times h_i(S_{it}) E_{I_{it}}(U_{it}) \tag{6-125}$$

其中，发电流量期望由式（6-126）得到：

$$E_{I_{it}}(U_{it}) = \frac{1}{Y}\sum_{y=1}^{Y}\left\{\min\left[\sum_{j=1}^{i}\beta_j \times \left(Q_t + \xi_t^{(y)}\right) + X_{it}, U_i^{\max}\right]\right\} \tag{6-126}$$

式中，β_j——水库 i 到 j 所属流域系数之和；

X_{it}——t 时段包括水库 i 及其所有上游水库在内的水量。

6.3.5 流域梯级水电站短期优化调度

水电站短期发电优化调度的主要任务是综合考虑径流预报、水电站检修计划、机组气蚀振动区、水库运行约束等因素，根据电网下达的负荷优化水电站间和机组间水量分配减小耗水量或在给定计划水量条件下增加电能输出，分别对应耗水量最小模型和发电效益最大模型。依据"以水定电"或"以电定水"原则，水电站短期调度又可以细分为短期发电计划编制和厂内经济运行。无论哪种方式，除了要协调水电站间利益外，通常还涉及优化水电站内机组间水量或电量分配。通常来说，短期来水预报精度较高，梯级水电站短期调度一般不考虑入流的不确定性。然而，由于涉及机组层面，需要考虑其他众多复杂约束条件，是一个非线性、非凸、多约束、复杂时空耦合问题。水电站短期发电调度与水电站在电力系统中的最终运行紧密相关，需要综合考虑众多实际运行需求，一直是国内外专家学者研究的热点。

6.3.5.1 短期发电计划编制

短期发电计划编制是短期发电调度的重要组成部分，主要任务是以发电量最大、发电效益最大或调峰量最大为目标，根据预估来水总量、水库当前蓄水量、电网下达的负荷曲线、水电站机组检修计划等因素，将中期调度分配至短期的水量在日内进一步细化，制定出建议的次日最优发电计划上报电网调度中心相关部门进行审核。

6.3.5.2 厂内经济运行

水电站厂内经济运行的基本任务是在满足电网下达的负荷任务前提下，综合考虑机组最小开停机时间、振动区约束、出力特性、电力系统安全稳定运行边界等因素，以水电站总的耗水率最小或梯级水电站蓄能最大为目标，确定最优开机台数、机组组合方式、各机组启停次序和机组间所带负荷大小，减少水资源消耗，充分发挥水电站水能利用效益。

6.3.5.3 短期发电优化调度

电力系统经济调度通常指的是水火电站联合发电优化调度，通过调节水火电源供电分配，来实现电力系统的优化运行，具有可观的经济效益和社会效益。水火电联合优化调度的任务是确定在某个特定时间长度的控制期内各个时段的水电站运行区域计划和发电计划，从而使整个电力系统的运行费用最小，通常体现为火电费用的最小。随着电力工业的解制、电力市场的逐步形成和电源结构的日益多元化，水火电发电系统逐步剥离，单独调度。调度控制期长度可为若干小时、日、五日等，也可长达一个星期，时段间隔可取 15 min、0.5 h、1 h 等。

在梯级水电系统中，从空间上讲，流域或梯级水库及河段间由于水流的连续性而存在着水力和水流联系；在时间上讲，各水电站间由于受电网电力平衡的约束还存在来自电网的系统负荷需求及旋转备用要求。经过发电体合成后，水电站作为一个合成发电体，其出力为发电流量和水库水头的非线性函数，在时间上表现为连续的非线性优化问题；另外，为保证机组的安全运行，还需要考虑电站的开停机持续时间、开停机次数及水电站的运行区域等离散约束条件，从而使得优化问题也具有离散特性。不难看出，相比于火电系统的调度，水电系统的发电优化调度问题要考虑的因素更为复杂和众多，求解难度也要大得多。

6.3.5.4　短期发电优化调度数学模型

水电系统发电优化调度的目标函数有发电效益最大、用水量最小（控制期末蓄能最大）以及调峰电量最大等类型，本小节对短期水电系统发电优化调度问题进行了数学建模，研究了不同情况下的目标函数和所考虑的约束条件，叙述所采用目标之间的相互关系。

1. 发电效益最大

发电效益最大的含义为在给定用水量的条件下，对水库与水电站的水量在一定的控制期内进行调度和分配，使整个水电系统的发电效益最大；考虑到抽水蓄能电站，效益最大化可表示为

水电站发电收益 – 重复计算的内部用电收益 – 蓄能电站的外部购电费用

目标函数表达式为

$$\max F\left(S,\ q_j^+,\ q_j^-,\ p_j^{-,in},\ p_j^{-,\ ex},\ spl,\ z\right)$$
$$= \max \sum_{j,\ t} p_{jt}^+\left(\lambda_{jt} - \alpha_{jt}\right) - \sum_{j,\ m,\ t} p_{jmt}^{-,\ in}\lambda_{mt} - \sum_j p_{jt}^{-,\ ex}\mu_{jt} \qquad （6\text{-}127）$$

式中，j——水电站编号；

$\quad t$——时段编号；

$\quad p_{jt}^+$——j 水电站 t 时段出力；

$\quad p_{jmt}^{-,\ in}$——j 电站 t 时段向内网 m 水电站的购电功率；

$\quad p_{jt}^{-,\ ex}$——j 水电站 t 时段外网抽水用电功率；

$\quad \lambda_{mt}$——j 水电站 t 时段的电价；

$\quad \alpha_{jt}$——j 水电站 t 时段的过网费；

$\quad \lambda_{mt}$——m 水电站 t 时段的售电价；

$\quad \mu_{jt}$——j 水电站 t 时段的外网购电价。

水量平衡方程：

$$S_{i,\ t+1} - S_{it} - \sum_{k\in\Omega_i} Q_{k,\ t-T_1} + q_{it} + spl_{it} = I_{it} \qquad （6\text{-}128）$$

其中：

$$\begin{cases} Q_{it} = q_{it} + spl_{it} \\ q_{it} = \sum_{j\in\theta_i} q_{it} \\ q_{jt} = q_{jt}^+ - q_{jt}^- \\ q_{jt}^- = 0,\left(j\in N\right) \\ q_{jt}^-\ q_{jt}^+ = 0 \end{cases} \qquad （6\text{-}129）$$

式中，S_{it}——i 水库 t 时段初的库容；

$\quad\quad Q_{it}$——i 水库 t 时段出库流量；

$\quad\quad q_{it}$——i 水库 t 时段发电流量；

$\quad\quad spl_{it}$——i 水库 t 时段的弃水流量；

$\quad\quad I_{it}$——i 水库 t 时段的区间来水；

$\quad\quad q_{it}$——j 水电站 t 时段的发电流量；

$\quad\quad q_{jt}^{+}$——j 水电站 t 时段的发电流量；

$\quad\quad q_{jt}^{-}$——j 水电站 t 时段的抽水流量；

$\quad\quad N$——常规电站集合（非抽水蓄能电站）；

$\quad\quad \Omega_i$——i 水库的直接上游水库集合；

$\quad\quad \Theta_i$——i 水库的下属水电站集合。

水库库容上、下限：

$$S_{it}^{\min} \leqslant S_{it} \leqslant S_{it}^{\max} \quad\quad （6-130）$$

式中，$S_{it}^{\min}$，$S_{it}^{\max}$——i 水库 t 时段的水库库容上限、下限。

出库流量上、下限：

$$Q_{it}^{\min} \leqslant Q_{it} \leqslant Q_{it}^{\max} \quad\quad （6-131）$$

式中，$Q_{it}^{\min}$，$Q_{it}^{\max}$——i 水库 t 时段的出库流量上限、下限。

出库流量变幅限制：

$$\left| Q_{i,t+1} - Q_{i,t} \right| \leqslant \delta_i \quad\quad （6-132）$$

$$Q_{i,-1} = Q_i^{\mathrm{ini}} \quad\quad （6-133）$$

式中，δ_i——i 水库 t 时段的出库流量变幅；

$\quad\quad Q_i^{\mathrm{ini}}$——$i$ 水库的初始出库流量。

水库出力上限、下限：

$$p_{it}^{\min} \leqslant p_{it} \leqslant p_{it}^{\max} \quad\quad （6-134）$$

其中：

$$\begin{cases} p_{it} = \sum_{j \in \Theta_i} p_{jt} \\ p_{jt} = p_{jt}^+ - p_{jt}^- \\ p_{jt}^- = p_{jt}^{-,\ in} + p_{jt}^{-,\ ex} \\ p_{jt}^{-,\ in} = \sum_m p_{jmt}^{-,\ in} \\ p_{jmt}^{-,\ in} = 0, \quad j \in N \end{cases} \quad (6\text{-}135)$$

式中，p_{it}——i 水库 t 时段的出力；

$p_{jt}^{-,\ in}$——j 水电站 t 时段内网抽水用电功率；

$p_{it}^{\min}$，$p_{it}^{\max}$——i 水库 t 时段出力的上、下限。

水库出力变幅限制：

$$|p_{i,\ t+1} - p_{it}| \leqslant \Delta_i \quad (6\text{-}136)$$

$$p_{i,-1} = p_i^{\mathrm{ini}} \quad (6\text{-}137)$$

式中，Δ_i——i 水库 t 时段的出力变幅；

p_i^{ini}——水库的初始出力。

母线负荷上、下限：

$$p_{bt}^{\min} \leqslant p_{bt} \leqslant p_{bt}^{\max} \quad (6\text{-}138)$$

其中

$$p_{bt} = \sum_{j \in \phi_b} \left(p_{jt}^+ - \sum_{m \in \phi_b} p_{jmi}^{-,\ in} \right) \quad (6\text{-}139)$$

式中，p_{bt}——b 母线 t 时段的负荷；

$p_{bt}^{\min}$，$p_{bt}^{\max}$——b 母线 t 时段的出力上限、下限；

ϕ_b——b 母线的下属电站集合。

母线负荷变幅限制：

$$|p_{b,\ t+1} - p_{bt}| \leqslant \theta_b \quad (6\text{-}140)$$

$$p_{b,\,-1} = p_b^{\text{ini}} \tag{6-141}$$

式中，θ_b——b 母线 t 时段的出力变幅；

p_b^{ini}——b 母线的初始出力。

最小弃效益约束：

$$\sum_{i \in \psi_r} spl_{ti} \cdot \eta_i^{\text{mean}} \leqslant spl_r^{\text{min}} \tag{6-142}$$

式中，$\eta_i^{\text{mean}}(\cdot)$——$i$ 水库出库流量流经其下游水电站的综合平均发电效率；

spl_r^{min}——r 梯级最小弃效益；

ψ_r——r 梯级的水电站集合。

电站运行区域限制：

$$\sum_k q_j^d(k) \cdot \rho(z_{jt} - k) \leqslant q_{jt} \leqslant \sum_{k \geqslant t} q_j^u(k) \rho(z_{jt} - k) \tag{6-143}$$

其中，$\rho(z)$ 是一个脉冲函数：

$$\rho(z) = \begin{cases} 1, & z = 0 \\ 0, & \text{其他} \end{cases} \tag{6-144}$$

式中，$q_j^u(k)$，$q_j^d(k)$——j 水电站 k 运行区域的流量上限、下限；

z_{jt}——j 水电站 t 时段所在运行区域。

水电站最多开机次数限制：

$$y_{jt} \leqslant ST_j^{\text{max}} \tag{6-145}$$

其中：

$$y_{jt} = \sum_j w_{jt} \tag{6-146}$$

$$w_{jt} = \begin{cases} 1, & u_{jt \neq u_{j,\,t-1}} \text{且} u_{j,\,t-1} = 0 \\ 0 \end{cases} \tag{6-147}$$

$$u_{jt} = \begin{cases} 1, & z_{jt} > 0 \\ 0, & z_{jt} = 0 \\ -1, & z_{jt} < 0 \end{cases} \tag{6-148}$$

式中，ST_j^{max}——j 水电站最多开机次数；

　　　y_{jt}——j 水电站到 t 时段已开机次数；

　　　w_{jt}——j 水电站 t 时段开、停机决策（开机：1，否则：0）；

　　　u_{jt}——j 水电站 t 时段发电（1）、抽水（-1）与停机（0）变量。

水电站最小持续开停机时间限制：

$$\begin{cases} u_{jt}=-1, -U_j^{min}<x_{jt}<0 \text{且} u_{j,\ t-1}=-1 \\ u_{jt}=1,\ \ 0<x_{jt}<-U_j^{min} \text{且} u_{j,\ t-1}=1 \\ u_{jt}=0,\ \ 99<x_{jt}<100D_j^{min} \text{且} u_{j,\ t-1}=0 \end{cases} \quad (6\text{-}149)$$

式中，U_j^{min}，D_j^{min}——j 水电站最小开机时间和最小停机时间；

　　　x_{jt}——j 水电站 t 时段初发电、抽水或停机持续时间，定义见表6-1。

考虑到抽水蓄能水电站抽水和发电两种情况，水电站都属开机状态，此处为了将抽水、发电、停机三种状态区分开来，将停机状态持续时间放大100倍，抽水状态持续时间以负值表示。例如，$x_{jt}=-2$ 表示已抽水 2 h，$x_{jt}=1$ 表示已发电 1 h，$x_{jt}=300$ 表示已停机 3 h。

表6-1　开停机持续时间取值

电站状态	范围
抽水	x_{jt}=-1，-2，-3，…，-99
发电	x_{jt}=1，2，3，…，99
停机	x_{jt}=100，200，300，…

水库特性函数：

$$z_{it}^u = z_i^u(S_{it}) \quad (6\text{-}150)$$

$$z_{it}^d = z_i^d(Q_{it}) \quad (6\text{-}151)$$

水电站出力特性函数：

$$p_{jt}^+ = p_{jt}^+ \cdot v_i^+(h_{it}),\ j \in \Theta_i \quad (6\text{-}152)$$

其中：

$$h_{it} = \frac{\left(z_{i,\ t+1}^{u} + z_{it}^{u}\right)}{2} - z_{it}^{d} \qquad (6\text{-}153)$$

$$q_{jt}^{+} \leqslant q_{j}^{+,\max}\left(h_{it}\right),\ \ j \in \Theta_i \qquad (6\text{-}154)$$

$$p_{jt}^{-} = q_{jt}^{-} \cdot \bar{v}_i\left(h_{it}\right),\ \ j \in \Theta_i \qquad (6\text{-}155)$$

$$q_{jt}^{-} \leqslant q_{j}^{-,\max}\left(h_{it}\right),\ \ j \in \Theta_i \qquad (6\text{-}156)$$

式中，v_i^{+}，v_i^{-}——水库的发电效率和抽水用电效率特性函数；

      h_{it}——水库时段的平均水头；

      $q_{j}^{+,\max}\left(\cdot\right)$，$q_{j}^{-,\max}\left(\cdot\right)$——$j$ 水电站的最大发电量和抽水用电量的函数。

水电系统负荷带宽限制：

$$p_t^{s,\min} \leqslant \sum_j p_{jt}^{+} - \sum_j p_{jt}^{-,\ in} \leqslant p_t^{s,\max} \qquad (6\text{-}157)$$

式中，$p_t^{s,\min}$，$p_t^{s,\max}$——t 时段水电系统的最小和最大出力。

水库初、末库容限制：

$$S_{i0} = S_i^{\mathrm{ini}} \qquad (6\text{-}158)$$

$$S_{iT} = S_i^{\mathrm{end}} \qquad (6\text{-}159)$$

式中，S_i^{ini}，S_i^{end}——i 水库控制期初、末库容。

2. 用水量最小

用水量最小（控制期末蓄能最大）的含义是在给定水电系统负荷的条件下，使整个水电系统在控制期末水库蓄能达到最大，目标函数表达为

$$\max F\left(S,\ q_j^{+},\ p_j^{-,\ in},\ p_j^{-,\ ex},\ spl,\ z\right)$$

$$= \max \sum_i \left\{ \begin{array}{l} \displaystyle\int_{v_{it}^{\min}}^{iT} \eta_i\left(S\right)\mathrm{d}S + \eta_i^{mean}\left(S_T\right) \cdot \left(S_{iT} - S_{iT}^{\min}\right) + \\[2mm] \displaystyle\sum_{k \in \Omega_i} \sum_{t=T-\tau_j}^{T-1} Q_{kt} \cdot \left(\eta_i^{mean}\left(S_T\right) + \eta_i\left(S_{iT}\right)\right) \end{array} \right\} \qquad (6\text{-}160)$$

式中，$\eta_i\left(\cdot\right)$——i 水电站的发电效率；

      $\eta_i^{mean}\left(\cdot\right)$——水库容 S 的函数；

S_{iT}——i 水库出库流量流经其下游水电站的综合平均发电效率。

约束条件中各时段的上、下限取为相等（即给定水电系统负荷）。

3. 调峰电量最大

调峰电量最大的含义是给定电力系统负荷，将水库与水电站的水量在一定的控制期内进行调度和分配，以达到在控制期内水电系统调峰最大的目的，目标函数表达为：

$$\min F\left(S,\ q_j^+,\ q_j^-,\ p_j^{-,\ ex},\ spl,\ z\right) = \min\left\{\max_t\left[d_t^{sys} - \sum_j\left(p_{jt}^+ - p_{jt}^{-,\ in}\right)\right]\right\}$$

（6-161）

为了便于优化计算，此处引入一个人工变量，使得调峰电量最大目标函数变为

$$\min F\left(S,\ q_j^+,\ q_j^-,\ p_j^{-,\ ex},\ spl,\ z\right) = \min \pi$$

（6-162）

相应地增加下列约束：

$$\pi \geq d_t^{sys} - \sum_j\left(p_{jt}^+ - p_{jt}^{-,\ in}\right)(t = 0,\ 1,\ \cdots,\ T-1)$$

（6-163）

6.3.5.5 模型求解方法及流程

短期水电系统发电优化调度是一个典型非线性、非凸、离散、有时滞、大规模优化问题，模型求解采用结合线性规划逐次逼近法和 P 分原理的混合分解算法，求解线性、非线性约束条件下的非线性优化问题，可将大规模系统分解为多个子规划，各个子规划通过一个主规划协调，达到简化问题求解的目的。

1. 线性规划逐次逼近法

具有线性约束的非线性优化问题的一般表达为

$$\min f(x)\ \text{s.t}\begin{cases} Ax \geq b \\ x \geq 0 \end{cases}$$

（6-164）

式中，x 可行域为 $D = \left\{x \mid Ax \geq b,\ x \geq 0\right\}$，假设 $f(x)$ 是一阶连续偏导数。

由线性规划的理论知识可知，可行解集合为凸多面体，且具有有限个极点。任意取可行域 D 中的一个极点 $x^0 \in D$，将 $f(x)$ 在 x^0 点一阶泰勒展开，并记前两项为

$$f_L(x) = f(x^0) + \nabla f(x^0)^T \cdot (x - x^0) \tag{6-165}$$

将式（6-165）作为目标函数 $f(x)$ 在 x^0 点处的线性逼近函数，用下列线性规划问题逼近原规划问题：

$$\min_{x \in D} f_L(x) \tag{6-166}$$

式中，$f(x^0)$ 和 $-\nabla f(x^0)^T \cdot x^0$ 为常数项，不影响优化。因此，去掉这两项后线性规划问题等价于以下线性规划问题：

$$\min_{x \in D} \nabla f_L(x^0)^T \cdot x \tag{6-167}$$

为保证该线性规划有有限解，对于任意可行点 $x \in D$，在可行域 D 上有下界。求解问题可得最优解 $y^0 \in D$，则 y^0 必为一个极点，有下列两种情况：

① 若 $\nabla f(x^0)^T \cdot (y^0 - x^0) = 0$，则目标函数无可行下降方向，$x^0$ 即为最优解，停止迭代，得 $x^* = x^0$。

② 若 $\nabla f(x^0)^T \cdot (y^0 - x^0) \neq 0$，则 y^0 为问题的最优解，有：

$$\nabla f(x^0)^T \cdot y^0 < \nabla f(x^0)^T \cdot x^0 \tag{6-168}$$

进一步有：

$$\nabla f(x^0)^T \cdot (y^0 - x^0) < 0 \tag{6-169}$$

可得到 $y^0 - x^0$ 为 $f(x)$ 在 x^0 处的下降方向。沿此方向进行有约束的一维搜索：

$$\min_{\lambda \in [0,\ 1]} f(x^0 + \lambda(y^0 - x^0)) \tag{6-170}$$

设最优解为 λ_0，则必有 $0 < \lambda_0 \leqslant 1$，令

$$x^1 = x^0 + \lambda_0(y^0 - x^0) \tag{6-171}$$

得到 x^1 后，继而用线性规划问题

$$\min_{x \in D} \nabla f(x^1)^T \cdot x \tag{6-172}$$

逼近原问题，重复这些步骤。每次迭代必定为上述两种情况之一，若属于第一种情况，则问题得到解答；若属于第二种情况，则继续迭代下去，在保证精度的前提下，为减少计算量，可预先定义目标函数允许误差值 $\varepsilon > 0$。如果满足

$$\left| \nabla f\left(x^k\right)^T \left(y^k - x^k\right) \right| \leqslant \varepsilon \tag{6-173}$$

则可停止迭代，得到 $x^* = x^k$。

上述线性规划逐次逼近法的步骤可归纳如下：

①给定初始解 $x^0 \in D$，允许误差 $\varepsilon > 0$，令 $k=0$。

②用单纯形法求解线性规划问题：

$$\min_{x \in D} \nabla f\left(x^k\right)^T \cdot x \tag{6-174}$$

得最优解 $\lambda_k \in [0, 1]$。

③检验是否满足收敛判别标准。如果满足，则停止迭代，得 $x^* = x^k$；否则，转至下一步。

④求有约束的一维搜索问题

$$\min_{\lambda \in [0, 1]} f\left(x^k + \lambda\left(y^k - x^k\right)\right) \tag{6-175}$$

得到最优解。

⑤令 $x^{k+1} = x^k + \lambda\left(y^k - x^k\right)$，$k=k+1$，返回步骤②。

2. P 分原理

P 分原理的基本思想是通过解决一系列子问题来实现大规模规划问题的求解。数学原理如下：

根据前述线性规划逐次逼近原理，连续的非线性规划问题可以通过分别求解一系列线性规划子问题来解决，若问题可表达为以下形式：

$$\min z = C_1 x_1 + C_2 x_2 + \cdots + C_p x_p \tag{6-176}$$

$$A_{11} x_1 + A_{12} x_2 + \cdots + A_{1p} x_p = b_1 \tag{6-177}$$

$$\begin{cases} A_{21}x_1 = b_{21} \\ A_{22}x_2 = b_{22} \\ \cdots\cdots \\ A_{2p}x_p = b_{2p} \\ x_1 \geq 0, \ x_2 \geq 0, \ \cdots, \ x_p \geq 0 \end{cases} \quad (6\text{-}178)$$

设

$$S_{2k} = \left\{ x_k \big| A_{ik}x_k = b_{2k}, \ x_k \geq 0 \right\}, \ k = 1, \ 2, \ \cdots, \ p \quad (6\text{-}179)$$

为有界闭集，并设其基本可行解为 $\left(x_k^{(1)}, \ x_k^{(2)}, \ \cdots, \ x_k^{(n_k)} \right)$，则

$$\begin{cases} x_k = \displaystyle\sum_{j=1}^{n_k} \lambda_{jk} x_k^j \\ \displaystyle\sum_{j=1}^{n_k} \lambda_{jk} = 1, \ \lambda_{jk} \geq 0 \end{cases} \quad (6\text{-}180)$$

可得

$$\min z = \sum_{j=1}^{n_k} f_{jk} \lambda_{jk} \quad (6\text{-}181)$$

$$\begin{cases} \displaystyle\sum_{k=1}^{p} \sum_{j=1}^{n_k} R_{jk} \lambda_{jk} = b_1 \\ \displaystyle\sum_{j=1}^{n_k} \lambda_{jk} = 1, \ k = 1, \ \cdots p \\ \lambda_{jk} \geq 0 \end{cases} \quad (6\text{-}182)$$

式中，$f_{jk} = C_k x_k^j$；
$\qquad R_{jk} = A_k x_k^j$。

由已知主规划得到一个基本可行基 B，其对应的乘子记为

$$\pi = \left(\pi_1,\ \pi_{01},\ \pi_{02},\ \cdots,\ \pi_{0p} \right) \tag{6-183}$$

根据单纯形法，B 为最优基的条件是对应任何 x_k^j 的检验系数均应为非负，因此有：

$$f_{jk} - \pi \begin{bmatrix} R_{jk} \\ e_k \end{bmatrix} = \left(C_k - \pi_1 A_{1k} \right) \cdot x_k^j - \pi_{0k} \geq 0 \tag{6-184}$$

式中，e_k——第 k 个 p 维的单位向量。

上式等同于下列各线性规划问题：

$$\begin{cases} \min \left(C_k - \pi_1 A_{1k} \right) x_k \\ A_{2k} x_x = b_{2k},\ k = 1,\ 2,\ \cdots,\ p \\ x_k \geq 0 \end{cases} \tag{6-185}$$

至此，原问题分解为一个主规划问题和 p 个子规划问题，各子规划通过主规划协调。

若子规划问题中有一个无可行解，则原规划也无可行解；否则，如存在子规划的最优解 x_k^S，且 $\left(C_l - \pi_1 A_{1k} \right) x_k^S > \pi_{0k}$，通过旋转变换可生成主规划的旋转列：

$$P_S = B^{-1} \begin{bmatrix} A_{1k} x_k^S \\ e_k \end{bmatrix} \tag{6-186}$$

然后进入第二阶段计算，求得一个更好的解。这里，第二阶段的计算与二分法中第二阶段的计算步骤类似，在此不再赘述。

3. 主规划初始基

P 分原理又分为两阶段：若已知主规划的一个初始基，则可直接从第二阶段开始计算；否则，需要在第一阶段构造一个辅助规划，用于求解主规划的一个初始可行基。

辅助规划可表达为

$$\min \left(\sum_{k=1}^{p} y_{0k} y_0 + \sum_{k=1}^{m} y_k \right) \tag{6-187}$$

$$
\begin{cases}
y + \sum_{k=1}^{p} \sum_{j=1}^{n_k} R_{jk} y_{0k} = b_1 \\
y_{0k} + \sum_{j=1}^{n_k} \lambda_{jk} = 1, \quad k = 1, 2, \cdots, p \\
y \geqslant 0, \quad y_{0k}, \quad y_{0k} \geqslant 0
\end{cases}
\quad (6\text{-}188)
$$

式中，$y = (y_1, y_2, \cdots, y_m)^{\mathrm{T}}$；

y_{0k} —— 一个变量。

求解开始之前，所有的 R_{jk} 都是待求的向量，因为它们对应的极点 x_k^j 还不知道。这里取 y_{0k} 和 y_k 为基可行解，由单纯形法可获得上述问题的一个基本可行基。然后按照 P 分原理并根据单纯形法进退基规则将基变量换为非基变量，至基变量中不再包含人工变量时，便获得主规划的一个初始可行解；否则，原问题无可行解。

4. 变量带上限简化

大多数工程实际问题中约束变量往往同时具有上、下限。一般表达为如下线性规划问题：

$$
\begin{cases}
\min Cx \\
Ax = b \\
0 \leqslant x \leqslant u
\end{cases}
\quad (6\text{-}189)
$$

式中，$\boldsymbol{u} = (u_1, u_2, \cdots, u_n)^{\mathrm{T}}$，$0 < u_j < +\infty$，$1 \leqslant j \leqslant n$。

对于这种问题，通常的解法是引入松弛变量对上限约束进行松弛，将 $x_j \leqslant u_j$ 化为 $x_j + y_j = u_j$，采用单纯形法进行求解。但如此一来将使方程的变量数激增为 $2n$ 个，方程数将会增加 $(m+n)$ 个，而且如果碰到较大的 n，计算量将大幅增加，甚至可能导致根本无法计算。因此，应利用问题本身的特殊性，采用一种更有效的方法进行求解，只要对一般的单纯形法稍加变更，用不到上限约束的明确表达式。

在许多实际的工程优化问题中，都存在着较多的带上限约束的变量，采用引入人工变量的方法往往会导致无法计算，通过这种带上界变量简化后，计算效率和问题规模都大为改进。

5. 约束破坏处理

短期发电优化调度要考虑的约束条件多且复杂，即使在实际调度中也无法完全准确给出一个可行的约束范围。从优化调度的角度来讲，会导致优化问题无可行解，那么优化调度也就无从谈起了。因此，结合水库调度中固有的特性，设计了约束条件自动破坏顺序。根据质量守恒定律，水量平衡约束条件是不允许被破坏的：水库及水电站的物理特性决定了水电站的发电流量不能大于水库的出库流量，其他约束条件按照下列由高到低的优先顺序逐级破坏：

①库容上、下限约束。

②出库流量上、下限约束。

③水电站出力上、下限约束。

④最小弃效益约束。

⑤水电站出力变幅限制。

⑥母线负荷及变幅限制。

⑦控制期末水位约束。

这样总能保证得到优化问题的可行优化解。

6. 模型求解流程

短期发电优化调度问题为典型的非线性优化问题，本节根据线性规划逐次逼近法对非线性目标和水库特性、水电站出力特性等非线性约束进行线性化处理，将原问题化为一个线性优化问题，再通过分解系统耦合约束将原问题分解到各个梯级，主规划通过构造辅助规划总可以得到一个初始可行解，进而采用单纯形法求解各梯级子规划，求解过程中对带上限约束条件变量进行简化，求解得到各梯级子规划的最优解后，进行旋转变换，更新主规划的最优解。重复上述过程直至所得到的原问题的解无法再改进，即为短期优化调度的最优解。

7. 水电站运行区域计划

水电站的运行区域计划是一个整数规划问题，目标函数阶段可分且维数较低，较适合用动态规划求解。当水电系统优化调度完成后，梯级各水库的最优出库流量 Q_{it}^* 和各电站的出力 p_{jt}^{+*} 或抽水用电功率 p_{jt}^{-*} 便已确定，即各电站的出力过程均已确定。可以得到各水电站的发电或抽水水头 h_{it}^*，同时也得到了各水电站的初步优化发电流量 q_{it}^{+*} 或抽水流量 q_{it}^{-*}。这样，水电站的运行区域计划可表达为如下动态规划问题：

$$F_{jt}\left(x_{jt},\ y_{jt}\right) = \max\left[g\left(u_{jt},\ u_{jt}^0\right) + F_{j,\ t+1}\left(x_{j,\ t+1},\ y_{j,\ t+1}\right)\right] \quad （6-190）$$

其中：

$$g\left(u_{jt},\ u_{jt}^0\right) = \begin{cases} 1,\ u_{jt} = u_{jt}^0 \\ 0,\ u_{jt} \neq u_{jt}^0 \end{cases} \quad （6-191）$$

式中，u_{jt}^0——水电系统优化调度完成后 j 水电站的初始开停机状态。

边界条件为

$$\begin{cases} F_{jT}\left(x_{jT},\ y_{jT}\right)=0 \\ x_{j0}=x_j^{ini} \\ y_{j0}=0 \end{cases}\quad(6\text{-}192)$$

式中，x_{jt}——j 水电站 t 时段初的发电、抽水或停机持续时间；

x_j^{ini}——j 水电站初始发电、抽水或停机持续时间。

状态转移方程为

$$y_{j,\ t+1}=y_{jt}+w_{jt}\left(u_{jt}\right)\quad(6\text{-}193)$$

$$x_{j,\ t+1}=\begin{cases} x_{jt}+u_{jt},\ x_{jt}\cdot u_{jt}>0 \\ x_{jt}-u_{jt},\ x_{jt}\cdot u_{jt}<0 \\ x_{jt}+100,\ x_{jt}\cdot u_{jt}=0且u_{j,\ t-1}=0 \\ 100,\ x_{jt}\cdot u_{jt}=0且u_{j,\ t-1}\neq0 \\ u_{jt},\ x_{jt}\cdot u_{jt}=0且u_{j,\ t-1}=0 \end{cases}\quad(6\text{-}194)$$

该式表示状态持续时间，根据三种不同的开停机状态（抽水、发电及停机），共有 9 种组合，如图 6-24 所示。

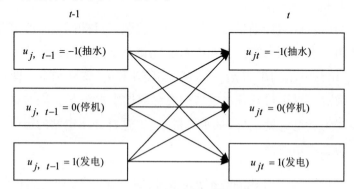

图 6-24　时段开停机决策示意图

第一项表示（t-1）时段抽水 t 时段继续抽水或（t-1）时段发电 t 时段继续发电（两种可能）；第二项表示（t-1）时段抽水 t 时段发电或（t-1）时段发电 t 时段抽水（两种可能）；第三项表示（t-1）时段停机 t 时段继续停机（一种

可能）；第四项表示（t-1）时段抽水或发电而 t 时段停机（两种可能）；第五项表示（t-1）时段停机 t 时段发电或抽水（两种可能）。

考虑到包含抽水蓄能水电站的水电系统，对于某一时段的水电站开停机及运行区域计划来说，状态变量离散点共有 $\left(2U_j^{\min}+D_j^{\min}\right)\times ST_j^{\max}$ 个。例如，某水电站最小开机（抽水或发电）时间为 $U_j^{\min}=3$ h，最小停机时间为 $D_j^{\min}=2$ h，最多开机次数为 $ST_j^{\max}=3$ 次，则状态变量个数为（2×3+2）×3=24。

下面分情况说明水电站状态转移以及可行决策情况：

①若 j 电站（t-1）时段开机抽水且到 t 时段初抽水持续时间（以负值表示）不小于最小开机时间，即 $x_{jt}\leqslant -U_j^{\min}$。那么，无论开机次数是否大于最多开机次数 $ST_j^{\max}$，j 水电站在 t 时段的状态既可以为开机，也可以为停机，即 $W_{jt}=1$ 或 0，开机又包含抽水和发电两种情况。所以水电站可行的决策为 $u_{jt}=1$，-1，0，$z_{jt}=1$，-，0；

②若 j 水电站（t-1）时段开机抽水且到 t 时段初抽水持续时间（以负值表示）小于最小开机时间，即 $-U_j^{\min}<x_{jt}<0$。那么，无论开机次数是否大于最多开机次数 $ST_j^{\max}$，j 水电站在 t 时段的状态只能为继续开机抽水，即 $w_{jt}=1$。所以，水电站可行的决策为 $u_{jt}=-1$，$z_{jt}=-$。

③若 j 水电站（t-1）时段开机抽水且到 t 时段初抽水持续时间小于最小开机时间，即 $0<x_{jt}<U_j^{\min}$。那么，无论开机次数是否大于最多开机次数 $ST_j^{\max}$，j 水电站在 t 时段的状态只能为继续开机发电，即 $w_{jt}=1$。所以，水电站可行的决策为 $u_{jt}=1$，$z_{jt}=+$。

④若 j 水电站（t-1）时段开机抽水且到 t 时段初抽水持续时间不小于最小开机时间，即 $x_{jt}\geqslant U_j^{\min}$。那么，无论开机次数是否大于最多开机次数 $ST_j^{\max}$，j 水电站在 t 时段的状态可以为开机，也可以为停机，即 $w_{jt}=1$ 或 0，开机又包含抽水和发电两种情况。所以，水电站可行的决策为 $u_{jt}=1$，-1，0，$z_{jt}=+$，-，0。

⑤若 j 水电站（t-1）时段初停机持续时间（放大 100 倍）小于最小停机时间，那么无论开机次数是否大于最多开机次数，j 水电站在 t 时段的状态只能保持继续停机。

⑥若 j 水电站(t-1)时段初停机持续时间(放大 100 倍)不小于最小停机时间，即 $x_{jt}\geqslant 100D_j^{\min}$。若此时的水电站已开机次数大于等于该水电站最多开机次数 $\left(x_{jt}>100D_j^{\min}\right)$，则 j 水电站在 t 时段的状态只能保持继续停机，即 $w_{jt}=0$。所以，水电站可行的决策为 $u_{jt}=0$，$z_{jt}=0$。若此时的水电站已开机次数小于该水电站最多开机次数 $\left(y_{jt}<ST_j^{\max}\right)$，那么 j 水电站在 t 时段的状态可以为开机，也可

以为停机，即 w_{jt}=0 或 0，开机又包含抽水和发电两种情况。所以，水电站可行的决策为 u_{jt}=1，-1，0，z_{jt}=+，-，0。

取不同的状态变量值得到的可行决策 u_{jt}，z_{jt}，以及相应的状态变量值如表 6-2 所示。水电站运行区域计划采用逆序求解，运行区域计划确定后，开停机计划也随之确定。

表 6-2 可行决策表

x_{jt}	y_{jt}	w_{jt}	u_{jt}	z_{jt}
$x_{jt} \leqslant -U_j^{\min}$	任意	1，0	1，0，-1	+，-，0
$-U_j^{\min} < x_{jt} < 0$	任意	1	-1	-
$0 < x_{jt} < U_j^{\min}$	任意	1	1	+
$x_{jt} \geqslant U_j^{\min}$	任意	1，0	1，0，-1	+，-，0
$99 < x_{jt} < 100D_j^{\min}$	任意	0	0	0
$x_{jt} \geqslant 100D_j^{\min}$	$x_{jt} \geqslant ST_j^{\max}$	0	0	0
$x_{jt} \geqslant 100D_j^{\min}$	$x_{jt} \geqslant ST_j^{\max}$	1，0	1，0，-1	+，0，-

6.4 沅江流域梯级水库群发电优化调度

6.4.1 中长期优化调度

水电站中长期发电优化调度主要利用的是水电站的调节能力，对较长时段内的天然径流进行重新调节分配，蓄丰补枯达到优化水电系统输出的目的。

1. 长期优化调度

针对沅江流域梯级水电站全部建设完成后的联合优化调度问题，开展专项课题研究。研究沅江流域梯级水库群不同"时间窗"、来水情景、水位边界下的优化调度规律，创新性地提出了水位控制的最优约束域，核心是解决龙头水库三板溪的中长期调度问题。

充分发挥三板溪龙头水库的优势，汛前消落水位为下游补水，汛期为下游拦洪错峰，汛后高水头发电；2017—2021 年，汛前三板溪水库累计为下游补偿水量为 87.681 亿 m³，补偿电量为 44.44 亿 kW·h。2017—2021 年，三板溪水位过程线见图 6-25。2017—2021 年，汛前消落特征值见表 6-3。

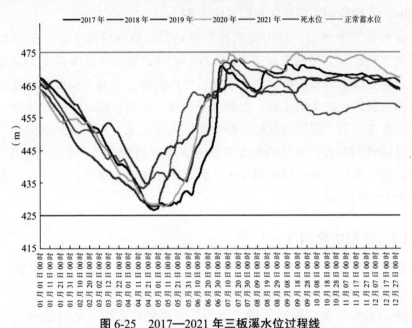

图 6-25　2017—2021 年三板溪水位过程线

表 6-3　2017—2021 年三板溪汛前消落特征值表

年份	年初库水位 /m	汛前库水位 /m	消落深 /m	补偿水量 /亿 m³	补偿电量 /亿 kW·h
2017	467.21	426.54	40.67	19.963	10.31
2018	463.62	427.88	35.74	17.152	8.48
2019	465.68	434.47	31.21	16.14	8.3
2020	463.37	428.24	35.13	16.872	8.53
2021	467.08	433.22	33.86	17.554	8.82
累计 / 平均	465.39	430.07	35.32	87.681	44.44

2. 中期优化调度

中期优化调度通常基于气象预报对来水作出预测，充分发挥水库的调节能力，为下游拦洪减灾的同时，最大限度地提高发电效益，主要采取洪前腾库、拦洪错峰、动态控制、拦蓄洪尾等方式。下面以一场实际洪水调度过程为例进行说明。

2021年6月27日至7月5日，沅江流域发生强降雨过程，累计降雨量为163.4 mm，此轮降雨主要集中在沅水中下游。

洪前根据气象预报，提前加大各水电站发电负荷消落水位，主要水库腾空库容共4.3亿 m³，增发电量为5 600万 kW·h，预留防洪库容为34.6亿 m³。洪中结合本轮降雨分布特点，充分发挥各水库的综合效益。在预测下游洪江库区支流舞水将发生较大洪水时，上游的三板溪、白市、托口水库仅按最小生态流量方式发电，最大限度地减轻下游各水库入库洪水压力，洪江满负荷运行的同时，提前开闸预泄，成功确保支流舞水5年一遇的洪水平安通过下游河段。在预判后期，天气形势良好的情况下，各水库积极拦蓄洪尾，沅江各水库共拦蓄水量为27.95亿 m³。

6.4.2　短期优化调度

短期优化调度主要任务是按照用水需求对径流进行重新分配，依据"以水定电"或"以电定水"原则开展优化调度工作。

以洪江水库为例，根据最新气象预报、当前库水位、电网需求、机组检修计划、上游托口发电运行方式，合理编制七日运行发电计划，维持高水头运行；日内充分利用水头优势，减少发电耗水率增发电量。如洪江在库水位较高时，采取出入库平衡的发电方式，保持高水头运行。若遭遇黄善、黄桃断面受限致使洪江发电负荷减少或上游沅江支流舞水来水加大的情况。此时，洪江库水位上涨较快，弃水风险加大，在上游托口水库没有弃水风险的前提下，积极协调电网调度部门适当调减托口发电负荷，避免洪江产生弃水。洪江库水位较低时，通过减少发电方式提升库水位，从而达到高水头运行的目的。

参 考 文 献

［1］水利部水文局，长江水利委员会水文局. 水文情报预报技术手册［M］. 北京：中国水利水电出版社，2010.

［2］王本德. 水文中长期预报模糊数学方法［M］. 大连：大连理工大学出版社，1993.

［3］张勇传. 优化理论在水库调度中的应用［M］. 长沙：湖南科学技术出版社，1985.

［4］王文，马骏. 若干水文预报方法综述［J］. 水利水电科技进展，2005（1）：56-60.

［5］陈德辉，薛纪善. 数值天气预报业务模式现状与展望［J］. 气象学报，2004，62（5）：623-633.

［6］彭昱忠，王谦，元昌安，等. 数据挖掘技术在气象预报研究中的应用［J］. 干旱气象，2015，33（1）：19-27.

［7］包红军，张恒德，许凤雯，等. 国家级水文气象预报业务技术进展与挑战［J］. 气象，2021，47（6）：671-684.

［8］何惠. 中国水文站网［J］. 水科学进展. 2010，21（4）：460-465.

［9］张树田，吕涑琦. 洪水短期预报模型发展展望［J］. 山西建筑，2009，35（1）：360-362.

［10］徐峰. 水文站洪水预报的不确定性来源分析［J］. 河南科技，2017（11）：124-125.

［11］陈璐，卢韦伟，周建中，等. 水文预报不确定性对水库防洪调度的影响分析［J］. 水利学报，2016，47（1）：77-84.

［12］贺颖庆，任立良，李彬权. 基于 IBUNE 方法的水文模型不确定性分析［J］. 水文，2016，36（2）：23-27.

［13］王文川，程春田，邱林，等. 新安江模型参数有效优化及不确定性评估［J］. 中国工程科学，2010，12（3）：100-107.

[14] 曹玉涛, 郭向红, 杨玫. 基于 DREAM 算法的双超模型参数不确定性研究 [J]. 水电能源科学, 2017, 35 (9): 13-16.

[15] 刘章君, 郭生练, 许新发, 等. 贝叶斯概率水文预报研究进展与展望 [J]. 水利学报, 2019, 50 (12): 1467-1478.

[16] 范新岗. 长江中、下游暴雨与下垫面加热场的关系 [J]. 高原气象, 1993, 12 (3): 322-327.

[17] 刘清仁. 松花江流域水旱灾害发生规律及长期预报研究 [J]. 水科学进展, 1994, 5 (4): 319-327.

[18] 王富强, 许士国. 东北区旱涝灾害特征分析及趋势预测 [J]. 大连理工大学学报, 2007, 47 (5): 735-739.

[19] 章淹. 致洪暴雨中期预报进展田 [J]. 水科学进展, 1995, 6 (2): 162-168.

[20] 桑燕芳, 王栋, 吴吉春, 等. 基于 WA、ANN 和水文频率分析法相结合的中长期水文预报模型的研究 [J]. 水文, 2009, 29 (3): 10-15.

[21] 陈守煜. 模糊集理论与方法在水资源研究中的应用与前景 [J]. 大连理工大学学报, 1984, 23 (4): 1.

[22] 陈守煜. 中长期水文预报综合分析理论模式与方法 [J]. 水利学报, 1997, (8): 15-21.

[23] 徐忠峰, 韩瑛, 杨宗良. 区域气候动力降尺度方法研究综述 [J]. 中国科学: 地球科学, 2019, 49 (3): 487-498.

[24] 侯保俭, 王渺林, 傅华. 统计降尺度法在我国流域气候的应用进展 [J]. 重庆交通大学学报 (自然科学版), 2011, 30 (6): 1408-1411.

[25] 陆桂华, 吴娟, 吴志勇. 水文集合预报试验及其研究进展 [J]. 水科学进展, 2012, 23 (5): 728-734.

[26] 刘永伟, 王文, 刘元波, 等. 水文模型模拟预报的多源数据同化方法及应用研究进展 [J]. 河海大学学报 (自然科学版), 2021, 49 (6): 483-491.

[27] 顾炉华, 赖锡军. 基于 EnKF 算法的大型河网水量数据同化研究 [J]. 水力发电学报, 2021, 40 (3): 64-75.

[28] 杨瑞祥, 梁川, 景楠, 等. 基于粒子滤波同化方法的实时洪水预报 [J]. 黑龙江大学工程学报, 2016, 7 (3): 1-6.

[29] 段青云. 叶爱中. 改善水文气象预报的统计后处理 [J]. 水资源研究, 2012, (1): 161-168.

［30］张洪刚，郭生练. 贝叶斯概率洪水预报系统［J］. 科学技术与工程，2004（2）：74-75.

［31］张铭，王丽萍，安有贵，等. 水库调度图优化研究［J］. 武汉大学学报，2004，37（3）：5-7.

［32］尹正杰，胡铁松，吴运卿. 基于多目标遗传算法的综合利用水库优化调度图求解［J］. 武汉大学学报，2005，38（6）：40-44.

［33］王旭，雷晓辉，蒋云钟，等. 基于可行空间搜索遗传算法的水库调度图优化［J］. 水利学报，2013，44（1）：26-34.

［34］黄强，张洪波，原文林，等. 基于模拟差分演化算法的梯级水库优化调度图研究［J］. 水力发电学报，2008，27（6）：13-17.

［35］程春田，杨凤英，武新宇，等. 基于模拟逐次逼近算法的梯级水电站群优化调度图研究［J］. 水力发电学报，2010，29（6）：71-77.

［36］纪昌明，蒋志强，孙平，等. 李仙江流域梯级总出力调度图优化［J］. 水利学报，2014，45（2）：197-204.

［37］虞锦江. 水电站水库防洪优化控制［J］. 水电能源科学，1983，1（1）：65-69.

［38］王厥谋. 丹江口水库防洪优化调度简介［J］. 水利水电技术，1985（8）：17-20.

［39］胡振鹏，冯尚友. 防洪系统联合运行的动态规划模型及其应用［J］. 武汉水电学院学报，1987（4）：55-65.

［40］吴保生，陈惠源. 多库防洪系统优化调度的一种解算方法［J］. 水利学报，1991（11）：35-40.

［41］谭培伦. 三峡为中心的长江防洪系统实时优化调度模型研究［J］. 水科学进展，1996（4）：331-335.

［42］程春田，王本德，陈守煜，等. 长江上中游防洪系统模糊优化调度模型研究［J］. 水利学报，1997（2）：58-62.

［43］傅湘. 防洪系统最优化调度模型及应用［J］. 水利学报，1998（5）：49-53.

［44］周晓阳，张勇传，马寅午. 水库系统的辨识型优化调度方法［J］. 水力发电学报，2000（2）：74-86.

［45］徐旭. 气候变化和人类活动对流域径流变化的影响［J］. 东北水利水电，2019，37（8）：30-31.

［46］姜美武. 小水电发展问题浅析［J］. 小水电，2008（1）：5-7.

［47］肖弟康，温汝俊，吕红. 藏东地区小水电提前报废问题研究［J］. 中国农村水利水电，2007（12）：91-92.

［48］黄艳艳. 融合遥感信息的水文站网优化布局方法研究［D］. 北京：中国水利水电科学研究院，2020.

［49］张海荣. 耦合天气预报的流域短期水文预报方法研究［D］. 武汉：华中科技大学，2017.

［50］郭俊. 流域水文建模及预报方法研究［D］. 武汉：华中科技大学，2013.

［51］王锦. 基于气象水文耦合的三峡区间洪水预报研究［D］. 大连：大连理工大学，2021.

［52］葛宇生. 基于 NAR 动态神经网络后验信息的概率水文预报［D］. 哈尔滨：东北农业大学，2016.

［53］王文川. 水电系统中预报与调度的混合智能方法研究及应用［D］. 大连：大连理工大学，2008.

［54］张俊. 中长期水文预报及调度技术研究与应用［D］. 大连：大连理工大学，2009.

［55］王湘臻. 多源卫星降水产品在喀喇昆仑－昆仑山典型流域的精度评估与应用［D］. 曲阜：曲阜师范大学，2021.

［56］盛夏. 青藏高原地区卫星降水数据空间降尺度研究及时空变化分析［D］. 南京：南京信息工程大学，2020.

［57］刘莉. 基于 TIGGE 数据的分布式集合洪水预报研究［D］. 杭州：浙江大学，2020.

［58］丁震. 耦合水文气象信息的洪水预报调度应用研究［D］. 大连：大连理工大学，2021.

［59］郭嘉轩，储国强，傅丕毅. 4 万座小水电"大开发"危及生态安全［N］. 中国绿色时报，2006-2-9（A2）.

［60］Efstratiadis A, Koutsoyiannis D. One decade of multi-objective calibration approaches in hydrological modelling：A review［J］. Hydrological Sciences Journal/Des Sciences Hydrologiques，2010，55（1）：58-78.

［61］Piechota T C, Chiew F H S, Dracup J A, et al. Seasonal streamflow forecasting in eastern Australia and the El Nino Southern Oscillation［J］. Water Resources Research，1998，34（11）：3035-3044.

［62］Hamlet A F, Lettenmaier D P. Columbia River streamflow forecasting based on ENSO and PDO climate signals［J］. Journal of Water Resources

Planning and Management-ASCE, 1999, 125（6）: 333-341.

[63] Wang G L, Eltahir E A B. Use of ENSO information in medium and long-range forecasting of the Nile floods [J]. Journal of Climate, 1999, 12（6）: 1726-1737.

[64] Chang F J, Chen L. Realcoded genetic algorithm for rulebased flood control reservoir management [J]. Water Resources Management, 1998 : 185-198.

[65] Chang F J, Chen L, Chang L C. Optimizing the reservoir operating Rule curves by genetic algorithms [J]. Hydrological Processes. 2005（19）: 2277-2289.

[66] Chen L, McPhee J, Yeh WWG. A diversified multiobjective GA for optimizing reservoir rule curve [J]. Advanees in Wat er Resources, 2007, 30（5）: 1082-1093.

[67] Kim T, Heo J H, Bae D H, et al. Single-reservoir operating rules for a year using multiobjective genetic algorithm [J]. Journal of Hydroinformatics, 2008, 10（2）: 163-179.

[68] Paredes-Arquiola J, Solera Solera A, Andreu Alvarez J. Operation rules for multireservior systems combining heuristic methods and flow networks [J]. Ingenieria Hidraulica Mexico, 2008, 23（3）: 151-164.

[69] Little. The use of storage water in a hydroelectric system open [J]. Res. Amer. J., 1955, 3（2）: 187-197.

[70] Young GK. Finding reservoir operating rules [J]. Journal of Hydraulics Division, 1967, 93（6）: 297-321.

[71] Beckon G L. Multiobjective analysis of multireservoir operations [J]. Water Resources Res, 1982, 18（5）: 20-28.

[72] Changming Ji, Wang Liping. Multiobjective reliability programming and decision making method in reservoir system management [J]. Model Means Control C. 1994, 44（4）: 1-11.

[73] IPCC. Climate change 2007 : Synthesis report [R]. Geneva : IPCC, 2007 : 104.